高等学校土建类专业课程教材与教学资源专家委员会规划教材
高等学校土建类专业系列教材

COLLEGE STUDENTS
CAREER PLANNING AND EMPLOYMENT GUIDANCE

大学生职业生涯规划与就业指导

（土建类专业适用）

主编： 张立群　高延伟
主审： 沈鹏超

中国建筑工业出版社

图书在版编目（CIP）数据

大学生职业生涯规划与就业指导 ：土建类专业适用 = COLLEGE STUDENTS CAREER PLANNING AND EMPLOYMENT GUIDANCE / 张立群，高延伟主编. -- 北京 ：中国建筑工业出版社，2025. 7. -- (高等学校土建类专业课程教材与教学资源专家委员会规划教材) (高等学校土建类专业系列教材). -- ISBN 978-7-112-31457-7

Ⅰ. G647.38

中国国家版本馆 CIP 数据核字第 2025CZ3431 号

责任编辑：刘瑞霞　吉万旺　刘颖超

责任校对：张惠雯

高等学校土建类专业课程教材与教学资源专家委员会规划教材

高等学校土建类专业系列教材

大学生职业生涯规划与就业指导

（土建类专业适用）

COLLEGE STUDENTS CAREER PLANNING AND EMPLOYMENT GUIDANCE

主编：张立群　高延伟

主审：沈鹏超

*

中国建筑工业出版社出版、发行（北京海淀三里河路 9 号）

各地新华书店、建筑书店经销

国排高科（北京）人工智能科技有限公司制版

三河市富华印刷包装有限公司印刷

*

开本：787 毫米 × 1092 毫米　1/16　印张：15 ½　字数：344 千字

2025 年 8 月第一版　　2025 年 8 月第一次印刷

定价：64.00 元

ISBN 978-7-112-31457-7

（45481）

《大学生职业生涯规划与就业指导（土建类专业适用）》编写委员会

主　　编：张立群　高延伟

副 主 编：陈建伟　申彦利　张红芳　孙　彬　王　东　马　妍

参　　编：（按姓氏笔画排序）

于　辉　马洪保　王　星　王长瑞　王立荣　杨　薇　李超逸

吴　岳　张馨圆　孟令一　耿艳艳　栗东平　徐　硕　薄佩钰

主　　审：沈鹏超

组织单位：中国建设教育协会就业创业工作委员会

河北建筑工程学院

华北理工大学

河北工程大学

石家庄铁道大学

燕山大学

罗勒尚才（北京）科技有限公司

有为教育科技（唐山）有限公司

前　言

就业是民生之本，党和国家高度重视就业工作，对于大学生就业工作尤其重视。最近 10 年，每年国家都印发做好大学生就业工作的通知，为大学生就业提供政策、信息等服务。对大学期间的就业指导工作，教育部门和各个院校也是高度重视。2007 年，教育部办公厅印发《教育部办公厅关于印发〈大学生职业发展与就业指导课程教学要求〉的通知》（教高厅〔2007〕7 号），国务院办公厅印发《国务院办公厅关于进一步做好高校毕业生等青年就业创业工作的通知》（国办发〔2022〕13 号）。目前市场上的大学生就业指导和职业生涯规划教材多为通用性教材，与各个具体专业大学生的就业和职业生涯规划联系不紧密，介绍行业和人才发展规律不够深入。为完善土建类专业大学生就业规划指导课程体系和教材建设，做好土建类专业毕业生的就业岗位服务和就业指导工作，在中国建设教育协会指导下，组织河北省有关高校和有关人力资源及教育服务的教师和行业专家共同编写《大学生职业生涯规划与就业指导（土建类专业适用）》教材，并成立了教材编写委员会，编写委员会先后在张家口、石家庄召开了两次线下会议和多次线上会议，共同研究编写目的、编写要求、编写大纲、编写分工等。目的是编写一本适合土建类专业大学生职业生涯规划与就业指导课程教学的教材，教材内容既包括教育部办公厅 2007 年 7 号文件的教学要求，又涵盖了土木建筑行业基本情况、行业人才成长规律以及住建领域职业岗位要求和成长路径。既有理论教学内容，又有实践和技能的教学内容，期望为土建类专业学子提供一本在职业生涯规划和就业指导方面的理论和实践相结合的创新教材，为各个高校的就业课程教学贡献力量。

本教材由河北建筑工程学院张立群教授、中国建设教育协会高延伟研究员主编；华北理工大学陈建伟教授、河北工程大学申彦利教授、罗勒尚才（北京）科技有限公司张红芳董事长、河北建筑工程学院孙彬高级政工师、石家庄铁道大学王东高级工程师、有为教育科技（唐山）有限公司马妍总经理副主编；燕山大学沈鹏超副研究员主审。

绪论部分由中国建设教育协会高延伟研究员编写。

第一章由河北建筑工程学院孙彬高级政工师、杨薇副教授、李超逸讲师、薄佩钰讲师编写；

第二章由华北理工大学陈建伟教授、马洪保高级政工师、孟令一副教授、王立荣副教授、张馨圆讲师编写；

第三章由河北工程大学申彦利教授、栗东平教授、于辉讲师、耿艳艳讲师编写；

第四章由石家庄铁道大学王东高级工程师、王长瑞高级政工师、王星讲师、徐硕讲师编写；

第五章由有为教育科技（唐山）有限公司马妍总经理、河北广开工程有限公司吴岳高级工程师编写；

第六章、第七章由罗勒尚才（北京）科技有限公司张红芳董事长编写。

本教材专门为高校土建类本科专业大学生职业生涯和就业指导课程教学师生使用，对相关专业研究生、高职学生以及学生家长也是重要的参考。在使用过程中，如发现不妥之处，请给予批评指正。

目 录

CONTENTS

绪 论

一、做好职业生涯规划的重要性

对土建类专业大学生来说，学习职业生涯规划课程，不仅是理论和知识的学习，更是实践和技能的训练，对其个人职业发展具有重要的现实意义，可以从以下几方面分析。

1. 个人发展方面

（1）能发掘自我潜能，增强个人实力。有效的职业生涯规划能引导土建类专业大学生正确认识自身的个性特质、现有的或潜在的自我优势，重新定位自己的价值并使其持续增值。测试认清自己未来适合的岗位，是适合技术类岗位，如建筑师、结构工程师，还是适合管理类岗位，如技术经理、项目经理等。同时，还能引导发挥自己的综合优势，有的学生空间抽象思维能力和数学能力较强，但书写能力和语言表达能力较差，通过职业规划可以扬长补短，增强职业竞争力。

（2）能增强自身发展的目的性与计划性，提升职业发展成功的机会。土建行业具有很强的专业性和系统性，需要有明确的发展计划。做好职业生涯规划，土建类专业大学生可以尽早确定自己的职业目标。例如，是从基层施工员做起，还是向设计、规划及预算方向发展。有了清晰的目标和计划，就能够有针对性地学习专业知识和技能，避免学习的盲目性和被动性，在职业发展中少走弯路，增加成功的可能性。

（3）能保持平稳心态，按目标有序努力。职业生涯规划能让大学生把握自己的职业定位，保持平稳和正常的心态。在土建行业，竞争激烈且工作环境可能较为艰苦，有了明确的规划，大学生就能坚定信念，按照自己的目标和理想有条不紊、循序渐进地努力。如，确定了要成为项目经理后，就会积极积累工作经验、提升人际交往能力等。

（4）能提升自身竞争能力。当今社会竞争激烈，土建类专业也不例外。提前做好职业生涯规划，就能做到心中有数。如果毕业生没有充分认识到职业生涯规划的意义与重要性，盲目求职，就会浪费大量的时间、精力与资金。相反，如果有清晰的规划，学生就能在求职中，有目标地层层推进，脱颖而出，找到理想的工作岗位。

（5）能更好地适应市场需求。职业生涯规划能够提前培养土建类专业大学生关注今后职业发展和人才市场信息的意识，了解市场需求。如土建行业工程人员不但需要精通专业知识和技术，还需要取得必要的注册工程师执业资格证书，如全国一、二级注册建筑师，全国注册土木工程师，全国一、二级注册结构工程师等。通过规划，学生可以根据行业市场需求，有计划地准备和考取相关证书，提升自己的就业竞争力。

2. 行业发展方面

（1）能推动行业人才合理配置。土建类专业大学生做好职业生涯规划，可根据自身的兴趣、优势和职业目标，选择适合自己的职业方向，如工程技术方向、设计规划方向、工程质量监督及工程监理方向等。这样可以有效地促进人才在行业内的合理流动与配置，提高整个行业的效率和效益。

（2）为行业发展注入新动力。有规划的大学生能够明确自己的职业目标和发展方向，在工作中更有动力和积极性。他们会不断学习和创新，为土建行业带来新的理念和技术，推动行业的发展和进步。例如，一些有创新意识的学生在从事建筑设计工作时，会引入新的设计理念和设计方法（包括 AI 技术、BIM 技术等），提高建筑的品质和性能，提升建筑行业设计能力。

3. 国家对人才教育和使用方面

（1）人才是国家发展的宝贵资源和动力源泉。国家通过一系列举措培养和吸引人才，能够为国家的长远发展奠定坚实的人才基础，推动国家不断迈向繁荣和强盛。人才是科技创新的源泉，能带来新的技术、产品和产业。例如美国的硅谷吸引了众多高科技人才，成为全球科技创新的高地；我国的华为公司拥有众多优秀技术人才，从而在 5G 领域取得领先地位。有了人才的创新，国家的科技水平才能不断提升，在国际竞争中占据优势，为国家的经济发展作出贡献。

（2）党和国家高度重视人才培养和使用。国家实施人才强国战略，为人才发展提供更为灵活、开放的发展空间，促进人才资源在各行各业中的高效流动与优化配置，形成人尽其才、才尽其用的良好局面。而职业生涯规划和就业指导课程的教学目的，就是从学生阶段开始，通过课程学习，了解自己、了解行业，培养和发展自己的兴趣并和国家发展战略相结合，从而自觉或不自觉地适应社会发展需要，学习和选择自己的合适岗位，做到人尽其才，人尽其能，使自己成为具有创新精神和实践能力的高素质人才。

二、土建类专业面向的行业发展趋势与就业前景

1. 土建类专业与专业发展

从专业目录分类上讲，土建类专业是指包括土木类、建筑类、管理科学类及公共管理类等数十个专业，涵盖了研究生、本科、职业教育本科、高职高专及中等职业教育等学历层次，是培养掌握土木工程、建筑学、城乡规划、管理科学与工程等学科的基本原理和基本知识，能在房屋建筑、地下建筑、道路桥梁、隧道工程、水电站建筑、港口与航道、近海结构与设施、给水排水、建筑环境和地基处理等专业领域从事规划、设计、施工、管理和研究工作的工程技术和管理专门人才的学科。从过去数十年的统计数据来看，土建类专业是毕业生专业对口就业率较高的专业，也是个人成才率较高的专业，是毕业生进入土木建筑行业的重要专业之一。

2. 行业发展趋势

土木建筑行业与国家政策支持密切相关。土建类专业与国家基础设施建设紧密相关，随着国家对于城市化、城市更新、交通运输、环境保护、乡村振兴、通信工程等领域的投入和支持，土建类专业的发展得到有力保障和推动。例如“一带一路”“长江经济带”

“东北振兴”“中部崛起”“西部大开发”“京津冀协同发展”“大湾区建设”等国家战略和倡议的实施，为土木建筑行业提供了广阔的发展空间，将持续带动土建类专业就业需求的增长和行业的发展。

国家基础设施建设对人才的需求也持续增长。随着国家经济发展和城市化进程的推进，各种基础设施建设规模不断增加，如：城市轨道交通、高速公路、机场、港口、大型体育场馆等项目的建设，好房子、好小区、好城区建设、老旧小区的升级，都为土建类专业人才就业带来了新的机遇。

技术创新推动行业变革。随着科技的不断进步，土木建筑行业也在不断引入新技术、新材料、新工艺、新规范等。例如，随着建筑信息模型（BIM）、智能建造、绿色建筑、智能建筑的应用，数字化、智能化技术和智能设备广泛应用于规划、设计、施工和管理等阶段，显著提高了项目的质量和效率；同时也对土建类专业人才提出了更高的要求。未来，土木建筑行业将更加注重可持续发展和智能化建设与发展。

3. 就业前景方面

土建类专业的毕业生就业方向广泛。主要工作方向有工程施工、规划设计、投融资与预算、质量监督与工程监理、行政管理、教学及科研等。所涉行业包括建筑业、房地产业、工程勘察设计、交通与市政公用事业、工程造价、教学科研、行业管理等领域。毕业生可在业主单位（建设单位）、设计（咨询）单位、施工单位、监理单位、质量监督站等单位从事规划、设计、投融资与造价、监管施工现场及进度，对质量实施监督，负责竣工验收及质量评估等工作。

就业机会相对较多。尽管当前建筑行业的发展进入新常态，由高速发展转入稳定常态发展，但由于土建类专业涉及的行业领域广泛，所容纳的就业机会和就业人数仍然较多，全行业近 5000 万人才队伍，每年 100 多万毕业生进入行业。特别是在基础设施建设、城市更新改造等方面，对土建类专业人才的需求仍然较大。此外，随着行业的技术创新和发展，也将创造出一些新的就业岗位。

就业学历要求逐步提高。当前房地产行业的调整对土建类专业的就业产生了一定的影响，导致就业数量有所减少。房地产企业的招聘主要集中在国企，反而对人才的要求越来越高，应届生想进入国企，学历要求越来越高；设计院一般要求硕士以上学历；施工单位对学历、专业能力和综合素质的要求也越来越高。

总体而言，土建类专业毕业生的就业前景仍然较为广阔，前景长期看好，但也面临一些波动和转型挑战。对于已经在该类专业学习或有意选择土建类专业的学生来说，需要充分了解行业的发展趋势和就业情况，努力提升自己的专业能力和综合素质，以适应未来的职业发展需求。

第一章

大学生职业生涯规划导论

人生最重要的一件事就是确定一个伟大的目标，并决心实现它。

——歌德

学习目标：

1. 掌握职业生涯规划的定义。
2. 理解职业生涯规划的目的及意义。
3. 了解大学生活与职业生涯规划的关系。
4. 了解个人发展与职业生涯规划的关系。
5. 了解三种职业生涯规划基本理论。
6. 学会规划自己的大学生涯和职业生涯。

课堂活动：《大学梦想单》

我希望成为一个_____、_____、_____的自己。

大学梦想单 **表 1-1**

大学梦想单		心动指数	信心指数
学业			
社团			
工作			
能力			
父母期待			
爱情			
领域高手			

注：心动指数：反映你对该梦想的渴望程度；信心指数：反映你认为实现该梦想的可能性。请用 1～5 分进行评估，"非常低"为 1 分，"比较低"为 2 分，"一般"为 3 分，"比较高"为 4 分，"非常高"为 5 分。

梦想单（表 1-1），是我们对未来的一种规划和憧憬。在大学这个新的人生阶段，每个人都怀揣着不同的梦想和目标。今天，我们就通过填写自己的大学梦想单的方式，来明确自己的方向，并为实现梦想而努力。

第一节　职业生涯规划的定义目的及意义

一、职业生涯规划的定义

基于个人认同的人生理想、目标、期望、追求，对个人职业生涯的主客观条件进行测定并结合眼前的机遇和制约因素，为自己确立生涯方向、目标，选择特定职业道路，确定个人教育发展计划；为实现生涯目标，确定较具体的行动计划，并且持续执行、反馈调整，同时能享受这个实践过程。通俗地讲，职业生涯规划就是打算选择什么样的行业、什么样的职业、什么样的组织，达到什么样的成就，过什么样的生活，如何通过努力达成目标。

如果问你："你曾经做过职业生涯规划吗？"可能你会回答"没有"。但是，从规划的"动词"角度看，你能走到今天，其实都是规划的结果。你在中学的时候有一个"大学"目标，所以你的学习有了方向感、意义感。你今天能来上大学，说明你自己生涯发展的阶段目标实现了。那么，接下来，你将怎样规划自己的大学及人生呢?

有学者总结了一些常用的规划策略，见表 1-2。

常见的"生涯规划"策略　　表 1-2

类别	描述	好处
自然发生法	高中填报志愿时并未仔细考虑自己的兴趣与志向，只能找到分数所能录取的最好学校、院系，便草草签下自己的一生	节省大脑，不用费心去琢磨，也不用为"不良"结果担责
目前趋势法	随时注意当前热门的东西，然后把自己的时间、精力都投入其中，时刻做好重新选择的准备	有可能会遇到一个好机会而获得快速发展
最少努力法	只选择最容易、自己付出最少的事情，只做自己"舒适区"内的事情	会很有把握地做每件事，让自己免去风险
"拜金"主义法	以钱为纲，所有的选择都是以挣更多的钱为标准，如选专业、选职业	可能获得较高的经济回报
刻板印象法	坚信某种性别就只能做某些工作，坚信某个专业就只能做某些工作，而不去思考更多的可能性，如男护士、女挖掘机司机	留在自己的安全区，而有安全的选择
橱窗游走法	不能预估到趋势并定位自己，而是随时准备换新的工作，试图通过无数次的尝试找到自己真爱的生活方式、生涯模式	会积累丰富的人生经历，了解许多领域的事情
假手他人法	把自己的人生选择都交给别人来裁决——希望父母继续包办、听从朋友劝说、请老师指点等	省事，付钱（或者免费）就可以得到答案

二、职业生涯规划的目的

职业生涯规划的目的是突破障碍、激发潜能、实现自我，帮助个人找到适合自己的工作。

每个工作都有优势和劣势，每个人都有长处和短处，因此，定位是职业生涯规划的首要环节，它决定着个人职业生涯的方向，也决定着职业生涯规划的成败。求职之前，要进行职业生涯规划；进行职业生涯规划之前，要进行准确的自我定位。先弄清自己想干什么、能干什么、适合干什么。可以通过可靠的量表工具来评估职业倾向、能力倾向和职业价值观，这是职业生涯规划的基础。职业生涯规划就是根据测评结果的各项指标，以及自身的学历、经历、能力，了解一个人的内在和外在优势，并且把这些优势整合在一起，作为其在职场上打拼的核心竞争力。

我们可以通过职业生涯规划找到一些有效的方法或工具，从而有能力在不同发展阶段都能对自己的过去、现在和未来进行重新审视、评估。即使是在无法预期、充满不确定性的人生中，我们也能学会如何根据这些可能发生的变局，不断调整自己、修正可执行的计划，为自己人生的每一个阶段创造最大的成就感和满足感。正如大海中航行的船必须有目标一样，只有经过规划的人生，才有明确的方向和强大的动力。要想更好地实现自己的梦想，让自己的人生从此熠熠生辉、精彩纷呈，那么从现在开始，好好地规划自己的人生，好好地按照规划努力，让自己每天都过得精彩而充实，让自己的梦想最终牢牢地被抓在手中，成为现实！

三、大学生职业生涯规划的意义

职业生涯规划对大学生发展至关重要。其一，明确职业目标，指导课程选择与实践方向，提升学习效率。其二，通过了解行业需求、积累实习经验，增强就业竞争力。同时，规划过程促使学生认清自身的兴趣、优势与价值观，实现个人与职业的适配。面对社会变化，规划培养灵活调整能力，及时优化发展方向，适应职业环境变迁。此外，规划中持续的决策可训练、强化问题解决能力，而早期构建的职业网络为未来提供资源支持。总体而言，职业生涯规划是整合个人特质与社会需求的系统性过程，助力学生实现自我价值与社会价值的统一，为长远发展夯实基础。

1. 明确人生的奋斗目标

明确人生目标并制定科学的职业生涯规划，是实现自我价值与社会价值统一的核心路径。成功者的经历表明，决定人生高度的并非机遇或背景，而是能否像航海者般锚定职业“北极星”——通过清晰的目标设定将人生愿景转化为行动坐标。职业生涯规划的本质在于构建个人发展的战略框架：首先，确立志向作为“定盘星”，在30余年的职业周期中保持方向，避免随波逐流；其次，将宏愿拆解为阶段性目标，使日常努力形成通向卓越的阶梯；最后，建立动态调整机制，在坚守核心方向的同时灵活应对社会变革。这种系统性设计不仅能提升时间与资源的投入产出比，更能激发持续进取的内生动力，让平凡积累产生复利效应。当个体特质与时代需求通过科学规划形成共振时，人生便能在目标驱动下实现效率最大化，最终抵达自我价值绽放的彼岸。

案例 1

1984 年，在东京国际马拉松邀请赛中，名不见经传的日本某选手出人意料地夺得了冠军。当记者问他凭什么取得如此惊人的成绩时，他说了这么一句话：凭智慧战胜对手。两年后，国际马拉松邀请赛在意大利北部城市米兰举行，该选手代表日本参加比赛。这一次，他又获得了冠军，记者又请他谈一谈经验。他性情木讷，不善言辞，回答的仍是上次那句话：凭智慧战胜对手。大家都对他所谓的智慧迷惑不解。

十年后，这个谜团终于被解开了。该选手在他的自传中是这么说的：每次比赛之前，我都要乘车把比赛的线路仔细地察看一遍，并把沿途比较醒目的标志画下来，比如第一个标志是一个银行，第二个标志是一棵大树，第三个标志是一座红房子……这样一直画到赛程的终点。比赛开始后，我就奋力地向第一个目标冲去，等到达第一个目标后，我又以同样的速度向第二个目标冲去。四十多公里的赛程，就被我分解成这么几个小目标轻松地跑完了。起初，我并不懂这个道理，我把自己的目标定在四十多公里外终点线上的那面旗帜上，结果跑到十几公里时就疲惫不堪了，我被前面那段遥远的路程给吓倒了。后来，我调整策略，将全程分解为若干小目标（如银行、大树、红房子等地标），每到达一个目标就获得一次成就感。最终，我凭借这种方法在东京和米兰两次夺冠。

分析

当人们的行动有了明确的目标，并能把自己的行动与目标不断地加以对照，进而清楚地知道自己的行进速度和与目标之间的距离时，人们行动的动机就会得到维持甚至加强，就会自觉地克服一切困难，努力达到目标。就像该选手一样，把大目标分解为多个易于达到的小目标，脚踏实地向前迈进，那么每前进一步，达到一个小目标，就会体验到“成功的喜悦”。因此大学生在明确人生奋斗的总目标时，也不要忘记将总目标分解为不同阶段的小目标，充分调动自己的潜能去达到下一个目标，从而最终实现自己的总目标。

2. 促使大学生适时自我觉醒

在校大学生对职业问题的认识大多较为浅薄，有的家长和学生甚至将“上大学”视为人生的最大目标，殊不知，“上大学”只是今后从事某一职业的准备阶段。所以，一部分学生进入大学后就自我放松或失去了生活的目标，也失去了学习的动力，以至于整天无所事事，更有甚者，终日沉溺于网络游戏中不能自拔。职业生涯规划一方面给大学生灌输职业的概念、类型及其他相关的知识，促使他们主动考虑要成为社会人或职业人所需的能力和素质，有目的地汲取知识，增强学习动力；另一方面也使大学生理解“人职匹配”的重要性，简单地说，就是一个人的性格特点、能力特长、价值需要等因素要与所从事的职业特点相吻合。

3. 提升职业品质，增强就业竞争力

职业品质是职业行为中体现的思想认知、专业素养与道德品性的综合体系，而职业

生涯规划正是培育这一品质的核心路径。通过系统分析自我特质、职业环境以及社会需求，个体得以明确职业定位，在动态匹配中构建职业认知框架。对大学生而言，科学规划职业生涯具有双重价值：其一，目标导向性促使学业与生活形成协同效应，通过课程选择、技能训练和社会实践的精准配置，逐步累积目标职业所需的复合型能力；其二，职业敏感度的培养帮助学生建立动态适应机制，在实习实践中洞察行业标准变化，及时调整知识结构与发展策略，形成“规划-实践-反馈”的成长闭环。尤其值得关注的是，规划过程本身即是职业品质的塑造过程——从信息分析中锤炼决策力，在岗位体验中培育职业伦理，通过人职匹配的持续优化，深化责任意识。这种将战略设计与战术执行相结合的模式，既强化了个体在专业技能、心理素质等显性层面的竞争力，也在职业价值观、发展韧性等隐性维度实现突破，最终使职业品质成为贯通生涯发展的底层支撑系统。

四、影响大学生职业生涯规划的因素

1. 内在因素

影响职业生涯规划的内在因素是多方面的，关键因素有个人的气质、性格、兴趣、能力和价值观等。在制订职业生涯规划之前，必须对自己的气质、性格等内在因素进行系统的分析。

（1）气质

气质是人的典型的、稳定的心理特点，一般分为多血质型、胆汁质型、黏液质型和抑郁质型。这里简要介绍四种不同气质的特点，以及不同气质的人适合的职业。

① 多血质型

多血质型属于活泼、好动、敏感的气质类型。多血质型的人感受性低而耐受性高，行为敏捷、姿态活泼；情绪色彩鲜明，具有较大的可塑性和外向性；语言表达能力和感染能力强，善于交际，感情外露但又显得粗心浮躁；办事多凭兴趣，富于幻想，缺乏耐力和毅力。多血质型的人工作能力强，容易适应新环境，适应面较广泛，适合做政府及企事业单位管理工作、外事工作、公关工作、驾驶员、医生、律师、运动员、新闻工作者、演员、公安侦查员、服务员等。多血质型的人不适合做过细的工作，也很难胜任单调机械的工作。

② 胆汁质型

胆汁质型属于热情、直率、外露、急躁的气质类型。胆汁质型的人感受性低而耐受性高，情绪高涨、抑制性差，日常生活中表现为积极热情，精力旺盛，坚忍不拔，语言明确，富于表情，喜欢新的活动、热闹的场面，处理问题迅速而坚决；性情直率，但易急躁，热情忽高忽低，办事粗心，有时会刚愎自用、傲慢不恭。胆汁质型的人适合做导游、勘探工作者、推销员、节目主持人、外事接待人员、演员等，他们能适应热闹、繁杂的工作环境，而很难胜任长期安坐的细致工作。

③ 黏液质型

黏液质型属于稳重、自制、内向的气质类型。黏液质型的人情感不易变化和暴露，平素心平气和，不易激动，一旦引起波动就变得强烈、稳固而深刻；他们说话慢且言语少，遇事谨慎，善于克制忍让，对工作埋头苦干，有耐久力，注意力不易转移；但往往不够灵活，容易固执拘谨。黏液质型的人适合做外科医生、法官、行政管理人员、财会人员、统计人员、播音员等。

④ 抑郁质型

抑郁质型属于好静、情绪不易外露、办事认真的气质类型。抑郁质型的人感受性高而耐受性低，沉静、深沉，易相处，人缘好，工作细心审慎、稳妥可靠，但遇事缺乏果断和信心，工作适应能力差、容易产生悲观情绪。抑郁质型的人可以较好地胜任胆汁质型的人难以胜任的工作，比如人事、机要、秘书、编辑、档案、化验、保管等工作，也适合从事研究和艺术造型等工作。

需要说明的是，气质并无好坏之分，任何一种气质都有其积极和消极的方面，气质并不决定一个人的社会价值和成就的大小。

据有关专家研究，俄国四位著名的文学家就分别属于四种气质类型：赫尔岑属于活泼好动的多血质型，普希金属于热情、奔放的胆汁质型，克雷洛夫属于稳重、寡言的黏液质型，果戈理则属于深沉、孤独的抑郁质型。

另外，现实生活中，纯粹属于某一气质类型的人也不多，多数人是几种气质兼而有之。还要说明的是，决定人行为实际能力的是性格特点，而性格是后天形成的，是可以锻炼改造的，只要扬长避短，每一种气质类型的人都可以在大部分职业中有所作为。所以，确定职业生涯要考虑气质因素，但又不能将它的作用扩大化、绝对化。

（2）性格

性格是人对现实的态度和行为方式中比较稳定的心理特征的总和。职业性格是一个人对职业的稳定态度和在职业活动中习惯化了的行为方式所表现出来的个性心理特征，对个人的职业生涯规划有重要意义。

我们每个人都有自己独特的个性。也就是说，每个人的心理特征不同，看问题、处理事情的风格、方式也不同。有的人热情爽朗，有的人沉稳持重，有的人风风火火，有的人谨慎多疑……但“金无足赤，人无完人”，一个人在某方面有所不足，在其他方面必有过人之处，说不定这就是其制胜的法宝。

性格对职业生涯规划有重要的影响基于以下两方面原因：

第一，性格是个体人格中具有核心意义的部分。

性格使一个人更加偏爱某一种而不是另一种环境。由于性格不同，每个人在对不同环境的认知过程中，也表现出不同的个性化风格。若从事与自己的性格不匹配的工作，个人的才能就会受到阻碍，会让你觉得整个工作状态都很“不对劲”。使一个人在某种职业中获得成功的性格，可能会让他在另一种职业中大受挫折。因此，在职业选择中，应尽可能充分考虑自己的个性特征与职业要求是否相适应，这样在工作中就能够满足自己的独特欲望，能够发挥自己特有的能力，还能利用自己的个人资本，体验到更多的快乐和愉悦。

职业规划专家通过一个小小的实验阐释了这一观点。你在一张纸上或是书页边上签上自己的姓名，然后他会说："完成了吗？好，现在换一只手再签一次。"如果你感到别扭，那就对了，因为大多数人在第一次签名后会说"很自然""简单""很快""毫不费劲"；然而，当你换另一只手时感觉又如何呢？一些典型的回答有"很慢""别扭""困难""发酸""很累""要花很长时间""要花费更多的精力和心思"。职业规划师认为，用手的习惯可以很好地说明找到与性格匹配的职业的重要性。使用惯用手时，你会感到舒适和自信；若强迫使用另一只手，虽然可以拓展你的能力，但绝不会像先前那样灵活自如，收到的效果当然也就不那么令人满意了。

第二，在职业发展上，性格比能力重要。

用人单位在选人上逐渐认识到性格比能力重要。这种认识在国外已经相当普及。其原因是，如果一个人能力不足，可通过培训提高，一年不行就两年，两年不行就三年，总可以开发出来。但一个人的性格若与职业或岗位不吻合，要改变起来，那可就困难了。所以，公司在招聘新人时，将性格的测验放在首位，只有性格与职业或岗位吻合，才对其能力进行测验考察；如果性格与职业或岗位不吻合，即使有再高的学历、再强的能力，也不予录用。

（3）能力

能力是顺利完成某种活动所必需的，并直接影响活动效率的个性心理特征，包括一般职业能力和特殊职业能力。任何一种职业都要求从业者必须具备相应的能力，所以能力是职业适应性首要的和基本的制约因素。能力的强弱决定了人们活动效率的高低。

① 一般职业能力

一般职业能力，就是指从事任何职业都需要的、具有普遍适用性和共通性的能力。

就像沟通能力，不论是什么职业，都需要和别人交流、表达自己的想法；还有学习能力也很重要，要能适应新的知识和技能的学习；再比如团队协作能力，在大多数工作中，都需要和同事们一起合作完成任务；还有解决问题的能力，遇到难题要能想办法去解决它；以及自我管理能力，要能合理安排好自己的时间和工作，保持高效的工作状态。

这些一般职业能力，就像是职业生涯中的"万金油"，不管走到哪里都能派上用场。

② 特殊职业能力

特殊职业能力，就是指从事某具体的专业性职业活动所必须具备的、区别于一般职业能力的专门能力。

就像高空作业人员，他们需要具备在高空作业中确保自身及周围环境安全的能力；潜水员要能在水下环境中完成各种任务，要能克服水压、抵抗寒冷海水；消防员要能在火灾现场迅速作出判断，拯救生命财产；文物修复师，要能掌握传统修复技艺，具备高超的修复技巧，才能让文物重获新生；还有航空工程师，要具备扎实的航空力学、飞行控制等专业知识，才能参与飞机、火箭等航空器的设计制造。这些特殊职业能力，都是从事相关职业不可或缺的宝贵财富！

小故事

乌鸦学老鹰

鹰从高岩上飞下来，以非常优美的姿势俯冲而下，把一只羊羔抓走了。一只乌鸦看见了，非常羡慕，心想："要是我也能这样去抓一只羊，就不用天天吃腐烂的食物了，那该多好呀。"于是乌鸦凭借着对鹰的记忆，反复练习俯冲的姿势，希望也能像鹰一样抓住一只羊。

一天，它觉得练习得差不多了，呼啦啦地从山崖上俯冲而下，猛扑到一只公羊身上，狠命地想把猎物带走，然而它的爪子却被羊毛缠住了，怎么拔也拔不出来。尽管它不断地使劲拍打翅膀，却仍然飞不起来。牧羊人看到后，跑过去一把将它捉住，剪掉了它翅膀上的羽毛。傍晚，他带着乌鸦回家，把乌鸦交给了他的孩子们。孩子们问这是什么鸟，牧羊人回答说："这的的确确是一只乌鸦，可是它却非要充当老鹰。"

分 析

乌鸦的错误在于它并不具备老鹰的能力，却简单地以为自己只要用老鹰的姿势就可以抓到羊。这种脱离自己的实际能力水平而贪求不可企及的目标的做法，必然导致失败。

2. 外在因素

外在因素对大学生的职业生涯规划的影响是多方面的，例如，社会环境因素的改变、家庭环境因素的影响、教育与培训经历的增加、人际关系的转变与社交能力的需求等。

（1）社会环境因素

经济环境：社会经济的发展对大学生就业的数量和质量具有决定性作用。随着经济的增长，不同行业的发展差异会更加明显，一些新兴行业可能会提供更多的就业机会，而传统行业可能会面临更大的挑战。这种经济环境的变化会影响大学生的职业选择和发展方向。

政治环境：社会政治制度、政治状况以及法制完备程度也会影响大学生的职业生涯规划。例如，国家对某些行业的扶持政策可能会使这些行业更具吸引力，而一些限制性政策则可能影响大学生的职业选择。

（2）家庭环境因素

家庭需求：家庭经济状况和需求也会影响大学生的职业选择。例如，家庭经济困难的学生可能更倾向于选择易就业、薪资较高的职业方向。

家庭支持力度：家庭其他成员的社会地位、社会关系以及经济条件等，也会对学生的职业规划产生影响。家庭支持程度高的学生，在职业规划过程中可能更有底气去选择自己感兴趣的职业。

（3）教育与培训经历

专业知识和技能：大学生所学的专业知识和技能对其职业生涯规划有重要影响。专业背景往往决定了大学生的职业方向和就业领域。

实习与兼职经验：实习和兼职经历有助于大学生了解行业现状、积累工作经验，并可能影响他们的职业规划和选择。

案例 2

成功的公式

16 岁的王某，在学校懵懵懂懂地混日子，经常打架、斗殴、抽烟、逃学，连教师都有些怕他，但他却从没觉得这有什么不好。16 岁，正是情窦初开的年龄，那年他喜欢上了班内一个女同学，给她写了一封情书。她鄙夷地看了他一眼，竟然把他的情书贴到了学校的宣传栏里。虽然他的检讨书在宣传栏贴过不下 20 次，但这一次，不知为什么他感到一种刺心的痛。第二年，他就转学了，在后来的那两年的时间里他像变了个人似的，拼命地学习，最终考上了一所名牌大学。

22 岁，他大学毕业，顺利地进入了亲戚开的公司。每天一杯茶一张报地混日子，觉得自己过得很不错。有一回，他到乡下去访亲，看到亲友竟然把一头狼像狗一样地养在家里看家护院。他惊问其原因，亲友告诉他：这狼自幼就与狗一同驯养，久而久之，连长相都有些像狗，更别提狼性了。他当时看着那狼，想到了自己，顿时有些心惊。没过多久，他就在别人的惋惜声中辞职了，去了深圳。到了深圳后，他专去那些有名的外资公司求职，而且他总能想方设法地直接向外方经理面送自荐信，搞得那些外方经理一个个莫名其妙。他微笑着告诉对方：“总有一天你们会需要招聘的，真到那时，我就是第一个应聘的人。”还别说，他真的被其中一家公司录用了。那一年，他 24 岁。

27 岁，他因为工作突出，被调到地处丹佛的美国总部，担任美国丹佛市的全球第四大电脑公司的技术总监。上班第一天，他按习惯想请美国的新同事共进午餐以示友好。然而，结账时，新同事们坚持各自支付自己的费用。他当时觉得很是尴尬，但同时也明白了什么，于是更加努力地工作。

他在讲述自己经历时说道：“16 岁时的经历让我明白，一个人要想被他人接受，并且被他人尊重，首先得自己尊重自己；22 岁时我开始明白，狼之所以失去狼性，是因为它没有学会自立；24 岁时我知道，要想求职成功，首先自己要自信；而 27 岁时在美国上班的第一天，我知道了美国人为什么要实行 AA 制——因为每个人都不能指望别人为自己的人生买单，要想获得成功，你就得自己努力，这就叫自强。自尊 + 自立 + 自信 + 自强 = 成功，这就是成功的公式！”

第二节　职业生涯规划与个人发展的关系

一、职业生涯规划与个人发展紧密相连

职业生涯规划与个人发展之间存在着密不可分的关系，它们相互促进，共同推动个

体在职业道路上的成长与成功。

1. 明确个人定位与目标设定

首先，职业生涯规划要求个人对自己进行全面的自我评估，包括兴趣、能力、价值观、性格特质等，从而明确自己在职业市场中的定位。这有助于识别出个人的优势和劣势，为设定具体、可衡量的职业目标打下基础。

在明确职业定位的基础上，个人可以更加有针对性地制定个人发展计划。这些计划可能涉及技能提升、知识获取、经验积累等方面，能够不断增强自身竞争力，实现个人价值。

2. 持续学习与适应变化

在快速变化的职业环境中，职业生涯规划需要保持灵活性，定期评估外部环境变化（如行业趋势、市场需求）对个人职业发展的影响，并适时调整职业目标和行动计划。

持续学习是个人发展的核心。大学生应不断追求新知识、新技能，提高自己在专业领域内的竞争力。同时，保持开放的心态，适应职场中的变化和挑战，也是个人发展的重要组成部分。

3. 反馈与调整

职业生涯规划是一个动态的过程，需要定期回顾和评估自己的进展，通过自我反思、职业咨询等方式，个人可以了解自己的成就与不足，并根据实际情况调整职业目标和行动计划；个人发展同样需要持续的反馈与调整，通过自我评估、他人反馈等方式，个人可以了解自己的成长轨迹和潜在问题，及时采取措施进行改进和优化。

综上所述，职业生涯规划与个人发展之间存在着紧密的互动关系。通过明确个人定位、制定行动计划、持续学习、建立职业网络和寻求支持以及及时反馈与调整等操作，个人可以更加有效地推动自己的职业发展，实现个人价值的最大化。

案例 3

从施工员到项目经理的蜕变之路

李某 2018 年毕业于某高校土木工程专业，进入一家施工单位担任现场技术员。初入职场的他每天奔波于工地，负责测量放线、验收钢筋模板，常在烈日下工作十小时以上。虽然辛苦，但他抓住机会学习施工规范，主动参与编制施工方案，两年后晋升为技术主管。

2020 年，项目总工发现他对 BIM 技术感兴趣，鼓励他考取 BIM 工程师证书。李某利用业余时间学习建模，半年后成功将 BIM 技术应用于管线碰撞检测，为项目节约返工成本 30 万元。这次突破让他意识到技术创新和职业生涯规划对个人职业发展的价值，开始系统学习智慧建造相关知识。

2022 年，公司承接某装配式建筑项目，李某凭借技术积累被破格提拔为项目经理。面对预制构件安装精度控制等难题，他带领团队攻关，项目最终获评省级优质工程。此时他陷入职业选择：继续深耕技术还是转向管理？在职业导师建议下，他制定了“五年计划”——先考取一级建造师，同时攻读工程管理硕士，为未来担任区域工程总监储备能力。

分析

李某通过基层实践积累经验，抓住技术变革机遇实现突破，又结合行业趋势规划复合型发展路径。土建行业从业者需要在实干中明确方向，动态调整职业目标，做好职业生涯规划，方能在传统行业中走出现代化成长之路。

二、职业生涯规划与个人兴趣息息相关

在大学的职业生涯规划中，兴趣扮演着至关重要的角色。以下是对兴趣在职业生涯规划中影响的详细分析：

课堂活动：来明确自己的“兴趣四象限”（图 1-1）吧！

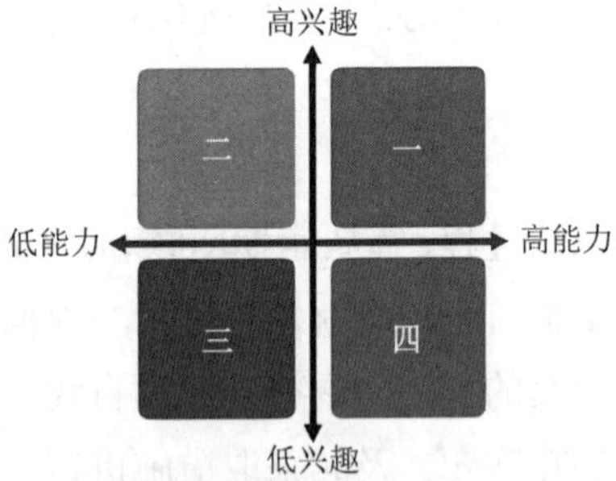

图 1-1 兴趣四象限

1. 兴趣是职业生涯规划的起点

指导职业选择：兴趣是个体选择职业的重要依据。当一个人对某个领域或活动充满热情时，他就更有可能选择与之相关的工作，从而在职业生涯中获得更大的满足感和成就感。

激发内在动力：兴趣是一种强大的精神力量，能够激发个体的内在动力，使其更加积极地投入到职业生涯的规划和准备中。

2. 兴趣能提高工作表现和效率

增强工作热情：拥有较高职业兴趣的人在工作中的表现往往更为出色。因为他们对工作充满热情，愿意投入更多的时间和精力去学习和提升自己。

提升工作效率：兴趣可以调动人的全部精力，使个体以敏锐的观察力、高度的注意力、深刻的思维和丰富的想象力投入工作。这种投入不仅提高了工作效率，还促进了能力的发挥和创造力的提升。

3. 兴趣能促进个人成长和职业发展

拓宽知识面：通过对感兴趣领域的深入学习，个体可以拓宽知识面，提高专业技能，

为未来的职业发展奠定坚实基础。

明确职业方向：职业兴趣有助于个体明确职业发展方向，从而制定合理的职业发展规划。这种规划性有助于个体在职业生涯中不断进步和成长。

增强工作满意度：当个体从事与自己兴趣相符的工作时，他们更容易感受到工作带来的快乐和成就感，从而提高工作满意度。这种满意度是职业生涯适应的一大标志，也是个体持续投入工作的动力源泉。

三、从职业到生涯

如果好的开始是成功的二分之一，那么坏的开始就是成功的三分之一，完美的开始则什么都不是。因为完美的开始，就是永远没开始。

案例 4

小敏今年大三，她来找老师咨询退学事宜。老师问她原因，她说，上了大学也没什么用，还不如早些退学。老师尝试说服她："如果你现在退学，就只有高中文凭了。这样，你就很难找到稍好一些的工作。"小敏的回答是："我不想找工作，我只要找一个有钱的老公就可以了。"老师继续说服："你只有高中文凭，能找到这样有钱的老公吗？而且你这样想，你父母怎么看呢？"小敏说："我已经找到了，而且是父母介绍的。我现在就是想了解办退学的手续，准备退学后回家结婚。"

如果你是这位老师，你想要与小敏谈些什么呢？关于上大学，你是怎么思考的呢？在大学里，你期望获得些什么呢？

无论如何，把自己的未来寄托于他人身上，都是风险过高的决策。尤其以易逝青春作为成本的时候，风险更大。上大学并不只是让我们拥有一个大学文凭，更应该促使我们更成熟地思考自己的未来。

1. 生涯的时间维度：生涯阶段性

很多人在 18 岁前，基本没有机会去思考未来的人生要怎么走。父母通常只要求孩子把书念好，其他一切都替他办理。等到进了大学，没有人再包办，这时他反而觉得自己茫然无助，因为生活的基本能力都没有机会培养。这时他面临的另一个困惑是：我是谁？我要开什么花、结什么果？

思考这些问题，作出生活选择的时候，就要经历"第二次剪断脐带"的历程。第一次是出生时剪断生理的脐带，第二次则是剪断心理的脐带。这样，他将成为一个独立自主的个体，有自己的人生方向，学会为自己负责。

人生是连续不断的过程。因此，每个阶段采取的策略都将对下一阶段的表现产生重大影响。也就是说，唯有认真看待职业生涯中的每一段时间，才能充实于当下而拥有幸福的人生。

生涯成长的阶段指标体系：

纽曼（Newman）的个体社会发展阶段理论（表 1-3）指出，0～2 岁需要完成信任感的建立，2～4 岁完成自主性品质内化，4～6 岁完成主动性的品质塑造，7～11 岁的关键品质是勤奋。

纽曼的个体社会发展阶段理论　　表 1-3

阶段	两难问题及过程	主动、积极的自我描述	被动、消极的自我描述
婴儿期 0～2 岁	信任—不信任 与看护人亲密互动	希望 我能获得我所希望	分离 我将不相信别人
童年早期 2～4 岁	自主—羞怯与怀疑 模仿	意志 我能控制事件	强迫行为 我将用重复的行为来消除我造成的混乱；我怀疑自己能否控制事件，为此我感到羞愧
童年中期 4～6 岁	主动—内疚 认同过程	目标 我能制定计划并实现目标	抑制 我不能制定计划，也无法实现目标，因此我什么也不做
童年晚期 7～11 岁	勤奋—自卑 教育	能力 我能采用各种手段实现目标	惰性 我没有任何技能，所以我放弃任何尝试
青年早期 12～18 岁	群体认同—疏远 同伴压力	合群 我能对同伴群体忠诚	孤立 我不被同伴群体所接受
青年期 19～22 岁	自我认同—角色混乱 角色尝试过程	忠诚 我忠实于自己的价值观	混乱 我不知道自己的角色及价值观
成年初期 23～34 岁	亲密—孤独 与同伴亲密互动	爱 我能与另一个人形成亲密的关系	拒绝 我没有时间留给他人，因此我容不下他人
中年期 34～60 岁	创造—停滞 个人与环境和谐，创造性	关爱 我的工作是使这个世界变得美好	排斥 我不关心他人的未来，我只关心自己
老年期 60～75 岁	完整—绝望 内省	睿智 我一生没有白过，但我也清楚我不可能长久地生存下去	绝望 我对自己一生的懦弱和失败感到失望
老老年期 75～死亡	永生—消亡 社会支持	自信 我知道自己的生命是有意义的	胆怯 我没有看到生命的意义，对此我无能为力

与大学生最近的几个阶段如下：

（1）“勤奋—自卑”阶段。其关键任务是：克服自卑感，获得勤奋感，获得对自己能力认可的信心感。如果家长经常严厉地批评或忽略孩子，孩子会不信任自己，并产生不配做某件事或不及别人的感觉。长大后，他们可能会避免参与任何竞赛或极不喜欢与别人竞争，觉得不安全或不如别人，对自己或别人吹毛求疵，凡事要求完美，经常拖延及耽搁，不知如何达到目标。

（2）群体认同阶段。其关键任务是：建立同伴群体归属感，发展忠诚品质。这一阶段青少年通过同伴压力探索社会角色，形成对群体的认同感。若需求未满足，可能产生社交孤立或过度依赖他人认可。大学生虽已超过此年龄段，但中学时期形成的群体认同模式（如从众心理或独立人格）会持续影响大学阶段的社团参与、人际交往和职业价值观形成。

（3）自我认同阶段。其关键任务是：形成统一的自我认知，形成稳定而诚实的个性品质，开始探索人生应怎样过。如果这个阶段的需要得到满足，容许他去探索自己的梦想、感觉，改变想法及尝试新的方向，他就会发展成为一个接受自己的人。反之，如果周围的人不支持他，又不引导他去探索，他就容易形成反叛的个性或者变成一个轻浮的人。他们长大后可能不正确地表现出青春期的行为，对自己的人生角色感到矛盾，不能订立人生目标，依靠情感关系或事业成就去肯定自己的身份，需要不断地谈恋爱，需要凭拥有的东西、认识多少人及工作成就去确定自己的人生角色。

人一生的发展是一个时间的函数，具体阶段的划分有一定的弹性，但某一阶段没有完成的任务会使人固化许多自动化的行为。因此，回顾自己的历史，可以更进一步明确自己身上一些品质、特征的来源，这就为你的改变与重新塑造提供了机会。比如，童年时的你总是被家长过高的期望所压迫，或总是被父母指责、批评，现在的你可能会缺乏自信心，总能"看出"别人关心你背后的"别有用心"，也许你现在可以做些事情让自己改变。无论如何，关键时期的一分努力，抵得上未来补课的一百分努力！

2. 大学专业对职业生涯发展的影响

（1）专业的定义

《教育管理辞典》（海南人民出版社）将专业定义为：高等学校或中等专业学校根据社会分工需要而划分的学业门类。各专业都有独立的教学计划，以体现本专业的培养目标和要求。随着科学技术的高速发展，传统专业不断地分化出新的专业。

（2）专业与职业的关系

选择适合自己的专业有利于将来的职业发展。从职业生涯发展理论来说，15～25岁是探索期，大学正好处于这个阶段。有研究表明，所学专业与职业选择一致的学生学习内在动机较强，因此当大学生所学的专业正好与他们希望从事的职业相符时，他们的兴趣很大。越早确定职业目标，打下坚实的专业基础，越有利于职业的发展。

（3）大学学业规划对职业生涯发展的影响

学业是个人完成国民教育课业的总和。人要想在职业生涯上获得成功，一定要先完成学业，培养必备的职业素质。要想更高效地完成学业，获得更多的知识，就需要做好学业规划。生涯发展规划按其发展阶段不同可以分为两类：一类是完成基础教育的学生以最有效率的方式来获得职业或事业平台而对学业进行的筹划和安排，称为学业规划；另一类是在获得职业或事业平台的基础上，以最有效率的方式实现自我价值的生涯发展规划，称为职业生涯规划。

《礼记·中庸》云："凡事预则立，不预则废。"做好学业规划对职业生涯的发展具有重要意义。做好学业规划能增强自我约束力和自我管理能力。没有学业规划，大学生的时间、精力容易处于荒废的状态，心态消极懈怠。一份有效的学业规划，能引导大学生认识自身的个性特质、现有的和潜在的资源优势，对自己的综合优势与劣势进行对比分析，树立明确的学业发展目标与未来职业理想，评估个人目标与现状之间的距离。

案例 5

混凝土里的专业基因

2015 年，高考填报志愿时，王某在父亲建议下选择了某双非院校土木工程专业。这个当时并不情愿的选择，却在七年后让她在装配式建筑领域崭露头角。

大学期间，“建筑结构”课程令她着迷，林教授在讲解框架节点构造时展示的汶川地震案例，让她意识到专业知识的分量。大二参与的大学生创新项目中，她带领团队制作的竹筋混凝土试块在省级竞赛中获奖，这段经历不仅让她获得中建三局实习机会，更引起了对新型建材的研究兴趣。

2019 年毕业进入某省建工集团后，王某发现施工现场的很多难题都能追溯到大学课堂：在一次地下室渗漏事故中，她通过“建筑防水技术”课程笔记找到注浆堵漏方案；处理劲性柱施工难题时，大四选修的“钢结构施工”课件成为技术交底的重要参考。2021 年公司承接首个装配式住宅项目，她在大学时参与的 BIM 毕业设计突然派上用场，开发的“预制构件吊装模拟系统”使施工效率提升 25%。

真正让王某实现突破的，是 2022 年重拾大学时期的新型建材研究。她将毕业设计中的再生骨料混凝土课题深化，结合企业工程实践形成的《建筑固废再生利用技术导引》，成功应用于某生态园区建设，节约建材成本 380 万元。该成果被纳入当地绿色建筑推广手册，她也因此在 29 岁时晋升为技术研发部副主任。

职业脉络中，大学专业课程构建的知识体系持续释放价值：结构力学基础支撑施工问题解决、创新项目孵化科研思维、专业竞赛积累实战经验。如今攻读在职硕士的她常说：“那些曾经觉得枯燥的混凝土配合比计算，原来都是职业发展的预制构件。”

分析

王某的职业生涯发展充分展示了大学专业对她的深远影响。大学所学的土木工程专业不仅为她奠定了坚实的职业基础，还通过学习和实践激发了她的职业兴趣，使她在装配式建筑领域取得了显著成就。

3. 大学生涯之人力资本提升

> 旁观者的姓名永远爬不到比赛的计分板上……行动不一定有结果，但不行动一定没有结果。
>
> ——Benjamin Disraeli

李同学临近毕业，看着同学们陆续拿到 offer，自己却迟迟没有进展，非常焦虑。他经常向辅导员王老师抱怨：“王老师，现在工作太难找了！我专业成绩也不差，怎么就没公司看上我呢？我要求也不高，就想找个稳定点、待遇还过得去的岗位，怎么就这么难？”

王老师耐心询问：“李同学，你的求职目标具体是哪些行业和岗位呢？简历投递情况怎么样？参加过几次面试了？”

李同学愣了一下，支吾着说：“嗯……目标嘛……就是好点的工作呗。简历……我还没完全改好，感觉还不够完美。招聘会倒是去了两次，但看来看去也没特别合适的，就没投……”

王老师温和地笑了笑，说：“小李啊，找到好工作的第一步，是得先把简历投出去啊。就像你想知道池塘里有没有鱼，总得先放下鱼钩试试水吧，光在岸边琢磨‘鱼好不好钓’‘鱼会不会上钩’，是永远吃不到鱼的。”

（1）大学生涯，制定个人“人力资本提升”计划

参照麻省理工学院斯隆商学院施恩（Schein）教授的研究，结合我国的实际情况，大学生主要需要处理好学生与求职者角色。扮演好这两个核心角色，你需要关注的主题如下：

*发展未来职业抉择的各种基础能力；

*将有关职业的早年幻想转换为实际可行的工作；

*依据社会经济环境及家庭环境，评估现实的阻力；

*获得适当的教育与训练；

*培养职场所需的基本能力与职业行为习惯。

这些使命再转化成任务，那就是：

*发现并发展个人的需求、兴趣与能力；

*比较广泛地获取有关职业与生涯发展的信息；

*发现并发展个人的价值、动机与工作设想；

*进行适当的教育抉择，如核心课程的选择；

*在校努力求知，拓宽自己的事业路径；

*通过参加各种活动，发展一个较实际的自我形象；

*通过实习、实践，发现自己的事业兴趣。

（2）让大学成为主动的生涯阶段

请你给自己的大学生活打分，100 分表示特别满意，0 分表示极度失望。你会打多少分？你打这个分数的理由是什么？

如果你打的分很高，说明你对大学生活是很满意的。那么想想看，你最满意的大学生活是什么？你特别满意的这些点，与你的生涯是什么关系？曾有高校学生头脑风暴“期望的大学”这个主题，结果出来的内容是：单人间宿舍、24 小时热水、24 小时免费 Wi-Fi、24 小时超市、上午 10 点前没课……如果你真的上了这样一个大学，你是否会特别满意呢？想象一下，你现在穿越时空，到了几十年后的未来，然后你再回观自己“满意”的大学生活，你将做什么样的点评呢？现在，是否有必要重新给自己当前的大学生活打分呢？

如果你打的分很低，或者重新打分打得很低了，那么，你现在头脑中可能不由自主呈现的就是大学生活不如意的地方。但请暂时停止这样的想象，先回答这样一个问题：站在个人生涯发展全局的角度，你期望拥有什么样的大学生活呢？对这个问题，如果你无法给出清晰的答案，那么你可能一直在放弃自己生涯的主导权。

如果关于大学生活，你只是从“不满”与“抱怨”的角度来看待，那么你可能会重复一些被动应对而非主动规划的学习轨迹。那么，现在请重新站在自己“生命生涯”的全局，来给自己的“大学生活”打分，并细致描述自己“期望的理想大学”是什么样子。

如果学校无法满足你的这些期望，你可以做哪些努力弥补其中的一些不足呢？这个世界，让你痛苦、不满的原因很多，而且这些原因大部分可以归咎于别人。但是，你的痛苦与不满，只能带给你悲剧的未来。生涯发展的态度首先是对自己负责。比如，你很想学到未来有用的东西，但当前专业课里没有，那么你是否有必要自己开阔视野搜索这样的机会？又比如，你期望你的专业课教授们都很厉害，但当前的老师都不如预期，那么你是否可以主动寻求校内外相关的优质学习资源（如在线课程、公开讲座、行业培训等）？总之，你需要把可以支持你更好地度过自己生涯的大学生活描述出来，然后努力为此做些主动的发展与行动。

四、如何更好地度过大学生活

> 那些希望通过换地方来找公平的人，就像泰坦尼克号上的落海者，他们从一个船舱逃到另一个船舱，慢慢发现这个地方也在下沉。学会如何面对不公平，远远比学会如何评价不公平重要。
>
> ——《拆掉思维里的墙》

大学的挑战：

人的生涯发展其实就是一个“发展”的体系，而这个体系在发展的过程中会越来越强化某种特征。有些特征可能是消极的，但是等到这些消极的特征被发现的时候，可能已经积重难返了。有种说法是用鲁迅作品比喻大学的不同阶段：大一时，觉得刚刚离家上大学，很多事情都不懂，也不知道该怎样度过大学四年，所以《彷徨》；大二时，初入社会，不懂规则，觉得世事不公，总想说说自己的想法，却没有人给你机会，所以《呐喊》；大三时，发现不经意间大学生活已经过去了一半，自己却什么都没学到，大势已去，悔恨当初，所以《朝花夕拾》；大四时，一切悔之晚矣，所以《伤逝》。如果能够有一个大格局的思维习惯，就可以在问题出现苗头的时候，轻松应对。

你上大学前，对大学生活的预期是什么呢？是“解放”，抑或是你有自己认定的“美好”？大学之前，你可以不用对许多事情负责和决策，甚至不用去做；但是到了大学你就进入了“准成人”阶段，许多东西需要自己负责。这时，没有人再对你提出特别具体的要求，没有人再逼着你做作业，没有人考查你的生活细节，没有人会特别关心你与同学的矛盾，这时你变得更自由了，但自由的代价就是责任。青春期的孩子常对家长说“别管我”，而父母会回应“不管你，你怎么活？”这里的“管”有两层含义：一是管束，二是经济支持。作为大学生可能最期望家长减少管束，但依然提供充足的经济支持。但这往往难以两全其美。所以，作为大学生，你需要在这两者之间找到“成人”的平衡点，再具体点说，你的大学将面临以下变化：

第一，学习要求高。

大学阶段的学习，由一般的简单记忆和反复训练转变为专业性的系统学习和独立研究，学习知识的广度和深度都大大增加，有明确的专业方向，需要学生系统地理解与掌握知识，学生需要自主判断教师讲授的内容，做好笔记，充分利用图书馆资源和课余时间大量阅读参考书和有关资料加深理解，以培养独立思考及分析问题、解决问题的能力。同时，学习环境的弹性很大，自由支配的学习时间增多。除了公共科目、专业基础知识属于必修课之外，各专业都开设选修课，大学生可以根据个人兴趣和能力选择选修课程。教师教授的专业课只占学习的一部分时间，其余的时间大学生可以自由支配。同时，大学老师所教授的内容信息量大，常常涉及本学科研究的最新动态和成果。

第二，社会活动内容增多。

进入大学后，党组织、团组织、学生会、班委会、校园广播台、网络管理服务中心等正式组织的活动增多，各种学生社团的活动也丰富多彩，并且都热烈欢迎新成员加入，以扩大组织力量、提高活动水平。大学生参加各种社会活动的机会大大增加，供大学生自主选择的机会也增加许多。大学社团一般可分为三种类型：专业学术型、文体娱乐型、社会服务型。大学生可以根据自己的特长、兴趣爱好、时间和精力积极参加一些社团的活动，丰富自己的课余生活，锻炼组织和交往能力，在参与中展示自己的特长和爱好，在竞争中提高自己的素质和能力，在相互交往中增进同学间的情谊。

社会实践活动是大学生活的重要组成部分。通过各种层次、面向社会各个角落的社会实践，大学生有了走出校园直接接触社会的机会。

第三，管理方式有了很大变化。

中学时代，学校、教师、家长对学生采取直接管理的方式，事事由教师安排、家长监督。大学则更多强调他律与自律的管理制度，强调学生的自我管理、自我教育、自我服务、自我约束，需要大学生有自律精神。

大学生活是初步完成从学生到社会人的过渡阶段，在校期间，学校提供了各种各样的学习资源：图书馆、教室、教师等，学生可以有效地利用这些资源，进行专业而系统的知识积累。

同时，学生可以通过学校的各种社会活动，不断开阔自己的视野，提升自身的修养。通过大学的学习生活，学生会作出职业选择的决策并初步付诸实施，形成职业技能，为以后的职业发展打下基础。大学生要想使自己的大学生活过得充实、有意义，就必须有明确的目标和可执行的计划。任何人在某个生命阶段都一定要确立一个目标。所确立的目标与人的眼光和目前的能力相关。眼光越好，所确立的目标就越正确；眼光越高，所确立的目标就越崇高。

除了眼光外，人生目标能否实现也和目前的能力相关。能力和资质决定了下一步的目标，人生目标总是一步一步完成的。在确立人生目标时一定要把人的天性考虑在内，做不符合自己天性的事情，失败的可能性通常比成功的可能性要大得多。因此，大学生应树立正确的职业意识，对自己的大学生活和未来几年的发展进行适当的规划，即为自己的人生、大学生活设置里程碑，为自己的努力确立一个目标，是必不可少的。

大学生进行职业生涯规划需要确立职业理想、明确职业目标、进行自我分析和职业分析、构建合理的知识结构、培养职业需要的实践能力、制定具体的行动计划以及进行评估与反馈。这些步骤相互关联、相互促进，共同构成了大学生职业生涯规划的完整体系。

第三节 职业生涯规划基本理论

一、弗鲁姆的择业动机理论

1. 人物简介

图 1-2 维克托·H·弗鲁姆

维克托·H·弗鲁姆（Victor H. Vroom，图 1-2），著名心理学家和行为科学家，期望理论的奠基人，国际管理学界最具影响力的科学家之一。早年于加拿大麦吉尔大学先后获得学士及硕士学位，后于美国密歇根大学获博士学位。他曾在宾夕法尼亚大学和卡内基梅隆大学执教，并长期担任耶鲁大学管理科学“约翰塞尔”讲座教授兼心理学教授。曾任美国管理学会（AOM）主席，美国工业与组织心理学会（STOP）会长。弗鲁姆教授 1998 年获美国工业与组织心理学会卓越科学贡献奖，2004 年获美国管理学会卓越科学贡献奖，是国际管理学界最具影响力的科学家之一。

2. 弗鲁姆的择业动机理论的背景

弗鲁姆的择业动机理论（Vroom's Expectancy Theory of Motivation），通常被称为“期望理论”（Expectancy Theory），是在 20 世纪中叶形成的，其背景与以下几个因素有关：

工作动机研究的进展：在 20 世纪，心理学家和管理学家开始更加关注如何解释和预测员工在工作场所的行为。早期的动机理论，如马斯洛的需求层次理论和赫兹伯格的双因素理论，为理解员工的工作动机提供了基础。然而，这些理论并没有完全解释员工如何作出具体的行为选择。弗鲁姆的期望理论在此基础上进一步发展，提供了一个更加动态和可预测的动机模型。

行为科学的发展：第二次世界大战后，行为科学在组织和管理领域的应用得到了显著的发展。研究者们开始将心理学和社会学的方法应用于工作场所，以理解员工的行为和动机。弗鲁姆的理论是这一时期的众多研究成果之一。

管理实践的需求：随着企业规模的扩大和复杂性的增加，管理者需要更有效的工具来激励员工和提高生产力。期望理论提供了一个框架，帮助管理者理解如何通过调整员工对努力、绩效和奖励之间关系的期望来激发员工的动力。

经济和社会环境的变化：20 世纪中叶，美国和许多其他国家的经济和社会环境发生了显著变化。这些变化包括劳动市场的变化、工作性质的转变以及员工对工作满意度和职业发展的新期望。这些变化促使学者们寻找新的理论来解释和指导管理实践。

3. 弗鲁姆的择业动机理论的内容

弗鲁姆的择业动机理论（期望理论）是解释个人在工作场所行为选择的一种动机理论。这一理论主要关注人们如何选择特定的行动路径以达到他们所期望的结果。

弗鲁姆的择业动机理论主要包括以下几个核心概念：

期望（Expectancy）：

指个体对努力产生成功绩效的概率估计。简单来说，就是员工认为通过一定程度的努力能够达到目标的信念强度。如果员工认为努力不会带来好的绩效，那么他的努力动机就会降低。

工具性（Instrumentality）：

指个体对一旦完成任务就可以获得报酬的信念。它涉及员工对绩效与奖励之间关系的感知。如果员工认为良好的工作表现并不一定能带来相应的奖励或认可，那么他们的工作动力也会降低。

效价（Valence）：

指个体对所获报酬价值的评价。效价是个人对结果的愿望程度，即个体对某种结果的偏好程度。如果是员工非常渴望得到的奖励，那么这个奖励对他来说就有较高的效价。

弗鲁姆的理论可以用以下公式来表示：

$$动机力量 = 期望 \times 工具性 \times 效价$$

在这个公式中，任何一项的值为零，都将导致动机力量为零。因此，为了激励员工，管理者需要确保：

员工认为他们的努力能够带来期望的绩效（期望）。

员工相信他们的绩效会得到组织的奖励（工具性）。

奖励对员工来说是有价值的，是他们所期望的（效价）。

弗鲁姆的择业动机理论对管理实践有重要的启示，特别是在工作设计、目标设定、绩效管理和奖励系统等方面。通过了解员工的期望、工具性和效价，组织可以更有效地设计和实施激励措施，从而提高员工的工作动力和组织的整体绩效。

4. 弗鲁姆的择业动机理论的应用

弗鲁姆的择业动机理论在实际的应用如下：

（1）职业选择

期望：个人对自己能够完成特定工作的能力的信念。在职业选择时，个人会评估自己是否有能力在新职位上成功。

应用：招聘过程中，企业可以通过提供清晰的职位描述和必要的培训来帮助求职者评估自己的期望值。

（2）员工激励

工具性：个人对完成工作后能够获得报酬或其他有价值结果的信念。员工需要相信他们的努力会得到相应的回报。

应用：企业可以通过建立透明的绩效评估和奖励体系来提高员工的工具性感知，从而激励员工更加努力工作。

（3）目标设定

效价：个人对潜在结果的重视程度。员工对某一结果的价值判断将影响他们的动机水平。

应用：管理者应与员工一起设定个人目标，确保这些目标对员工来说具有高价值，从而提高员工的动机。

弗鲁姆的择业动机理论为理解员工的职业选择和工作动机提供了一个有用的框架，企业可以通过这个理论来设计更有效的激励措施，促进员工的职业发展和提高组织绩效。

5. 弗鲁姆的择业动机理论的意义

弗鲁姆的择业动机理论在管理学和组织行为学中具有重要意义，以下是其理论意义的几个方面：

（1）解释工作动机

弗鲁姆的理论提供了一个框架，帮助理解员工选择特定的行动路径来达到工作目标的原因。它强调动机是个人对结果的期望、对行动导致结果的信念以及对结果的偏好共同作用的结果。

（2）指导人力资源管理实践

该理论可指导人力资源管理和组织实践，如招聘、培训、绩效管理和薪酬设计。通过理解员工的期望、工具性和效价，人力资源可以更有效地设计和实施激励计划。

（3）个性化激励

该理论强调了个体差异在动机中的作用。它表明不同的员工可能因为不同的原因被激励，因此，激励措施应该是个性化的，以满足不同员工的需求和期望。

（4）提高员工参与度

通过提高员工的期望值（使他们相信自己能够完成任务）和工具性（明确完成任务将带来期望的结果），组织可以增加员工的参与度和投入。

（5）研究和应用的综合

图 1-3 约翰·霍兰德

该理论结合心理学、经济学和组织行为学的概念，提供了一个跨学科的理论视角，对于研究和实际应用都具有重要的指导作用。

总之，弗鲁姆的择业动机理论对于理解员工的行为、设计有效的激励系统、提高组织效率和员工满意度具有重要的理论和实践意义。

二、霍兰德职业兴趣理论

1. 人物简介

约翰·霍兰德（John Holland，图 1-3）是美国约翰·霍普金斯大学心理学教授，也是美国著名的职业指导专家。他于 1959 年提出了具有广泛社会影响的职业兴趣理论，认为人的人格类型、兴趣与职业密切相关。霍兰德认为人格可分为现实型、研究型、艺术型、社会型、企业型和常规型六种类型。他的理论对职业指导领域产生了深远的影响。

2. 霍兰德职业兴趣理论背景

在霍兰德职业兴趣理论提出之前，关于职业兴趣测试和个体分析的研究是相对孤立的。霍兰德创新性地将二者有机结合起来，形成了这一具有广泛社会影响的理论。他通过深入研究，认为兴趣是人们活动的巨大动力，凡是具有职业兴趣的职业，都可以提高人们的积极性，促使人们积极、愉快地从事该职业。

3. 霍兰德职业兴趣理论的内容及应用

20 世纪 60 年代，美国职业指导专家霍兰德结合人格心理学概念，提出职业兴趣类型理论，指出职业选择是人格的一种表现，工作兴趣类型即人格类型。

霍兰德职业兴趣理论的基础主要由以下 3 个基本假设组成：

（1）大多数人的人格特质都可以归纳为 6 种类型，即现实型、研究型、艺术型、社会型、企业型和常规型（表 1-4）。

霍兰德职业兴趣类型　　表 1-4

类型	喜欢的活动	重视的方面	职业能力要求	典型职业	典型土建类职业
艺术型 A	喜欢自我表达，喜欢文学、音乐、艺术和表演等具有创造性、变化性的工作，重视作品的原创性和创意	有创意的想法，自我表达，自由，美	创造性，对情感的表现能力，以非传统的方式来表现自己，思想自由、开放	作家、编辑、音乐家、摄影师、厨师、漫画家、导演、室内装潢设计师	建筑设计师、景观规划师
常规型 C	喜欢固定的、有秩序的工作或活动，希望确切地知道工作的要求和标准	准确，有条理，节俭，盈利	能够按时完成工作并达到严格的标准，有组织、有计划	文字编辑、会计师、银行家、办事员、税务员	造价工程师、质量检测员
企业型 E	喜欢领导和支配别人，通过领导、劝说他人或推销自己的观念、产品而达到个人或组织的目标	经济和社会地位上的成功，忠诚，冒险精神，责任	说服他人或支配他人的能力，敢于承担风险，以目标为导向	律师、政治运动领袖、营销者、市场部经理、电视制片人	工程项目经理、市场总监
研究型 I	喜欢探索事物，善于学习研究那些需要分析思考的抽象问题，喜欢阅读和讨论有关科学性的论题	知识，学习能力，成就，独立性	分析研究问题、运用复杂和抽象的思考创造性地解决问题的能力	实验室工作人员、生物学家、化学家、心理学家、工程师、大学教授	结构工程师、绿色建筑技术研究员
现实型 R	愿意从事操作性的工作、体力活动，喜欢户外活动或操作机器，而不喜欢在办公室工作	具体实际的事物，诚实，有常识	与"事物"工作的能力比与"人"打交道的能力更为重要	园艺师、木匠、汽车修理工、工程师	施工测量员、重型机械操作员
社会型 S	喜欢与人合作，热情关心他人的幸福，愿意帮助别人成长或为他人解决困难、提供服务	服务社会与他人，公正，理解，平等，理想	人际交往能力，教导、医治、帮助他人等方面的技能	教师、社会工作者、牧师、心理咨询师、护士	工程监理、土建工程师

（2）工作环境也有 6 种类型，其名称、性质与人格类型的分类一致。

（3）人与职业环境的类型匹配是形成职业满意度、成就感的基础。人们都尽量寻找那些能突出自己特长、体现自己价值和能令自己愉快的职业，所以一个人的行为表现是职业环境类型和人格类型相互作用的结果。

霍兰德以一个六边形形象地阐述了 6 种类型之间的关系（图 1-4），从中我们可以看出，每一种类型与其他类型之间存在不同程度的关系，大体可描述为 3 类：

相邻关系，如 RI、IR、IA、AI、AS、SA、SE、ES、EC、CE、RC 和 CR。属于这种关系的两种类型的个体之间共同点较多，如实用型 R、研究型 I 的人就都不太偏好人际交往，这两种职业环境中也都较少与人接触。

相隔关系，如 RA、RE、IC、IS、AR、AE、SI、SC、EA、ER、CI 和 CS。属于这种关系的两种类型的个体之间共同点较相邻关系少。

相对关系，如 RS、IE、AC、SR、EI 和 CA。属于这种关系的两种类型的个体在六边形上处于对角位置，其共同点少。一个人同时对处于相对关系的两种兴趣都很浓厚的情况较为少见。

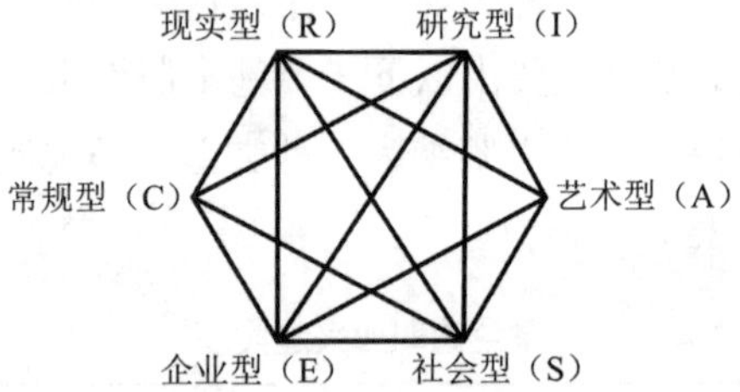

图 1-4　霍兰德六角模型

霍兰德的这一理论对职业指导过程的分析、解释和诊断产生了重大影响，被广泛应用于心理测验工具的编制和应用，并激发了众多对该理论的研究工作与报告的产生。

案例 6

职业兴趣的妙用

某年三月，李某所在的公司召开部门经理会议，再次讨论困扰公司已久的顾客对一线员工的投诉问题。总经理要求人力资源部门也介入调查，并在一个月内找出答案——是员工的素质问题、领导方法问题，还是管理制度的问题？

这个让各部门经理们束手无策的问题，对刚上任不到 3 个月的李某来说，确实是一个不小的挑战。李某经过初步调查，有一个奇怪的发现：在公司销售部、售后服务部、咨询部共 300 多名一线员工中，大部分得到上级主管好评的，其顾客评价都较低；相反，大部分顾客评价较高的，其上级主管评价都较低。

李某的公司实行的是主管考评的绩效管理制度，但对直接服务顾客的一线员工，公司也会同时进行顾客满意度的跟踪调查：针对每个员工，公司每个月会联系 25 位顾客，请他们就所接受服务的质量打分，调查持续 12 个月，每个员工会得到 300 位顾客的评价。通过认真分析这些数据，人力资源部门发现，上级主管考评与顾客评价之间实际上并无明显联系。

正当李某感到茫然无措时，通过人力资源管理咨询公司，他接触到了“职业兴趣类型理论”。这是由美国著名职业指导专家霍兰德提出的理论，其主要观点是每个人的性格和天赋决定了其职业兴趣。劳动者找到了适宜的职业，其才干与积极性才能得以发挥。

以往，该理论主要应用于求职，人们在选择工作时，经常通过职业兴趣测试来帮助了解自己适合做什么类型的工作。李某尝试着把这种理论应用到绩效管理中。在咨询公司的帮助下，他采用职业兴趣测试工具（直觉测试）和性格测试工具对每个员工进行了测试，再一对一面谈，以掌握每个人的霍兰德职业兴趣代码和性格特点。

调查结果显示，得到顾客较高评价的121位员工中，社会型的员工占46%，企业型的员工占39%，常规型的员工占15%；而得到上级主管较高评价的约100位员工中，社会型的员工占15%，企业型的员工占25%，常规型的员工占60%。

这个结果说明，社会型的员工和企业型的员工容易受到顾客的好评，而常规型的员工则容易受到上级主管的好评。按照霍兰德职业兴趣理论不难理解：社会型的人有自己的主见和特长，喜欢从事为他人服务的工作；企业型的人善交际、口才好，能影响他人；而常规型的人尊重权威，习惯接受他人指挥和领导，工作踏实、忠诚可靠，深受上级主管喜欢。

同时，李某还发现另一个有趣的现象：这300多名员工分别是由两个经理招聘录用的。王经理挑选的员工中，研究型占55%、常规型占25%、社会型占20%；张经理挑选的员工中，社会型占60%、研究型占25%、常规型占15%。而王经理本人是研究型的，张经理本人是社会型的。很明显，负责招聘的主管人员倾向于聘用与自己同类型的人。

李某这回胸有成竹了，他提出了建议调整招聘制度和绩效管理制度的报告：

（1）摒弃主管考评制度，代之以比较客观的业绩评估，即顾客满意度评分的绩效管理制度。

（2）把社会型或企业型的职业兴趣类型作为招聘一线服务岗位员工的标准。

（3）将招聘程序改为：首先通过人力资源部门测试，挑选出社会型或企业型的候选人。然后人力资源部门将这些候选人推荐给部门经理，最后由部门经理确定最终的人选。

进行以上改革半年后，该公司社会型和企业型的一线员工比例增长了26%，平均顾客评分大大提高。

4. 霍兰德职业兴趣理论的意义

霍兰德职业兴趣理论在职业指导和个人发展领域具有重要的意义，主要体现在以下几个方面：

（1）明确职业定位

该理论帮助个体识别自己的职业兴趣类型，从而更准确地定位自己的职业方向。通过了解自己的兴趣所在，个体可以更有针对性地选择适合自己的职业领域，避免盲目追求热门职业或受他人影响而作出不适合自己的职业选择。

（2）提高职业满意度

个体在从事与自己兴趣相匹配的职业时，更容易在工作中获得满足感和成就感。霍兰德职业兴趣类型理论通过引导个体找到适合自己的职业环境，帮助其提升职业满意度和工作积极性，进而提高工作效率和职业稳定性。

（3）促进职业发展

了解自己的职业兴趣类型有助于个体在职业生涯中更好地规划自己的发展路径。大学生可以根据自己的兴趣和优势，选择适合自己的职业领域和发展方向，从而在职业生涯中不断成长和进步。

综上所述，霍兰德职业兴趣理论在职业指导和个人发展领域具有重要的意义。它不仅有助于个体明确职业定位、提高职业满意度和促进职业发展，还可以推动职业指导实践的深入发展。

三、舒伯职业生涯发展理论

1. 人物介绍

唐纳德·E·舒伯（Donald E. Super，图 1-5），1910 年 7 月 10 日出生于美国夏威夷檀香山，是职业规划与生涯教育领域极具权威性的人物。他被认为是全球最有影响力的生涯发展研究者，在世界职业规划与生涯教育领域作出了巨大的贡献。

图 1-5 唐纳德·E·舒伯

舒伯的学术生涯起始于牛津大学，他在那里学习了哲学、政治和经济学，并于 1932 年获得经济史文学学士学位。四年后，他获得了牛津大学的文学硕士学位。1940 年获得哥伦比亚大学师范学院职业指导和应用心理学博士学位。

在职业生涯教育方面，舒伯有着丰富的经历。他曾于 1932 年在俄亥俄州的克利夫兰基督教青年会人事部门担任兼职秘书，并在芬恩学院（现克利夫兰州立大学）担任兼职讲师。1935 年，他成立了克利夫兰指导服务中心并主管工作。1942—1945 年，他在美国陆军航空队（USAAC）服役，担任陆军中尉、少校，飞行员。1945 年秋季起，他成为哥伦比亚大学师范学院的副教授，后晋升为教授，直至 1975 年退休。

舒伯在学术上的贡献主要体现在他的著作上。从 1942 年到 1957 年，他先后出版了《职业适应动力学》和《职业生活的心理学》等重要著作，这些作品奠定了他在职业规划与生涯教育领域的权威地位。他的学术体系在世界范围内得到了广泛的应用和推广。

舒伯还曾担任多个重要职务，包括 1949—1950 年的美国心理学会主席，1951—1954 年的美国人事与指导协会（APGA）主席，以及 1969—1970 年的美国全国职业指导协会［现美国职业生涯发展协会（NCDA）］第 50 任主席。

舒伯于 1994 年 6 月 21 日在美国佐治亚州萨凡纳逝世。

2. 舒伯职业生涯发展理论背景

舒伯的职业生涯发展理论是在 20 世纪中叶形成的，这个理论背景可以从以下几个方面来理解：

（1）职业指导与心理学的结合

舒伯的理论是在职业指导领域与心理学领域相结合的基础上发展起来的。他的学术背景包括在牛津大学学习哲学、政治和经济学，以及在哥伦比亚大学师范学院获得职业指导和应用心理学博士学位。这种跨学科的学习和研究为他后来提出职业生涯发展理论打下了坚实的基础。

（2）职业生涯发展的需求

20 世纪中叶，随着工业化的推进和经济的发展，职业选择变得更加复杂和多样化。人们不再满足于仅仅找到一份工作，而是开始寻求职业发展和个人成长。这种社会需求促使学者们开始研究职业生涯的发展过程。

（3）舒伯的学术贡献

舒伯在职业生涯规划领域的贡献是通过他的研究和著作逐渐建立起来的。他的理论不仅基于对个体职业选择和发展的观察，还基于对职业心理学和职业指导实践的深入理解。

（4）理论的发展和完善

舒伯的职业生涯发展理论并不是一蹴而就的，而是经过多年的研究和实践逐渐发展和完善的。他的理论强调了职业生涯是一个动态的、持续发展的过程，涉及多个阶段和角色。

舒伯的理论对后来的职业规划、职业指导和人力资源管理等领域产生了深远的影响，并为理解职业生涯发展提供了一个全面的框架。

3. 舒伯职业生涯发展理论内容

美国生涯发展理论大师舒伯给出的生涯发展阶段有（图 1-6）：成长阶段（0～14 岁）、探索阶段（5～24 岁）、建立阶段（25～44 岁）、维持阶段（45～64 岁）、衰退阶段（65 岁以上）。成长期就是不动声色地进行内秀积累的过程，个人核心的品质都是在这个阶段形成的。有哪些核心的品质呢？有人采访一些诺贝尔奖得主，问他们："你一生中受益最大的学习是在什么时候？"他们大多数回答是在幼儿园。他们说在幼儿园里学到了：拿了别人东西要还、别人帮了你要致谢、与朋友玩要遵守规则、答应借给别人的玩具不能忘记……这些品质如果放大一点，就是责任感、信心、诚信、同理心。根据舒伯的阶段模型，15 岁前就需要完成这些任务。

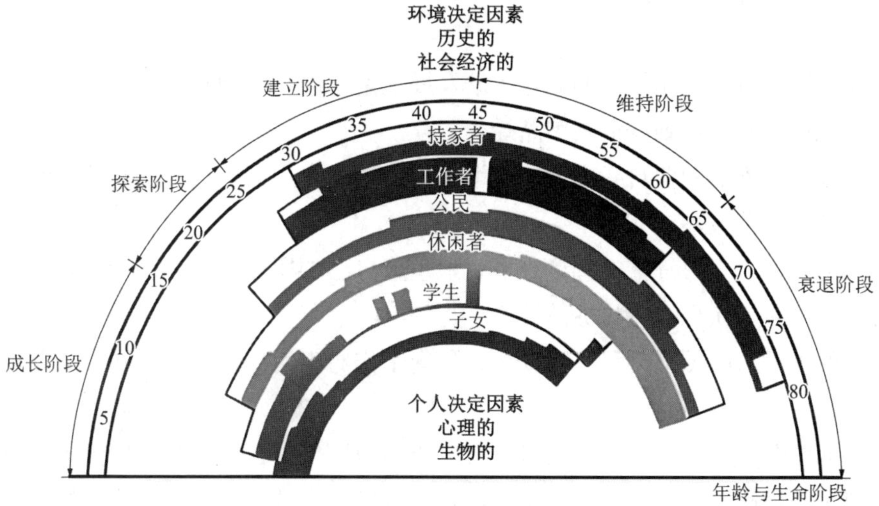

图 1-6　舒伯给出的生涯发展阶段

在25岁前完成探索期。探索期的任务是：拓展生活空间，了解自己未来可能的发展选项，在实践中慢慢验证一些自己对世界的幻想，初步锁定一个未来的认同点。

网上曾流行过“30岁前不必在乎的30件事”：放弃、失恋、离婚、漂泊、失业、时尚、格调、主流观念、评价、幼稚、不适应、失败、错误、浅薄、明星、代价、孤独、失意、缺陷、误会、谣言、痴狂、稳定、压力、出国、薪水、存款、房子、年龄、合群，其实就是鼓励大学生在探索阶段别在意“被评价”，而要把心思放在“探索”里。这个阶段更多的是为未来做预演、做尝试。即使这个阶段预演失败，其损失往往也是可控的，但是这里的“30岁前”非常重要。因为随着年龄的增长，下一个阶段的任务就来了。

离开校园进入职场，即意味着进入建立期。这时，你最好别有太多的“试误”。假如你是老板，看到一个员工特别好学，经常背单词，你是否会对该员工另眼相待，心生满意？恐怕不会，作为老板可能会考虑其工作稳定性。如果有了这样的思考，也许“预言的自我实现”真的会变成现实：老板因为担心员工工作不稳定，所以不给予重用，结果员工感觉不被重用而更努力学习，最终离开。反过来，站在那位员工的立场，这时身已在“建立期”，却保持着“探索期”的心。

按舒伯的统计，建立期要维持20年，一直到45岁进入“维持期”。这时最好的行为模式就是“四十不学艺”，别轻易转换领域了，好好把自己当前的优势发挥好，展现“长板优势”，而且，最好带些徒弟出来，把自己的手艺传承下去。

65岁以后进入衰退期，思考接下来干些有益于自己、有益于社会的事。这是人生发展的大阶段任务，而每个大阶段里又有许多小阶段任务，需要随时观察自己当前的阶段在何处，然后尽快完成这个阶段的“必修课”。越靠近的阶段，补课的成本越低。

4. 舒伯职业生涯发展理论应用

（1）职业咨询与规划

职业咨询师可以利用舒伯的职业生涯发展理论帮助个人理解他们所处的职业发展阶段，制定职业目标和规划职业发展路径。

通过评估个人的职业自我概念，咨询师可以帮助客户识别适合他们的职业选择。

（2）个人自我发展

个人可以通过学习舒伯的理论来更好地理解自己的职业发展，进行自我评估，设定职业目标，并制定实现这些目标的策略。

舒伯的生涯彩虹图模型可以帮助个人平衡工作与生活，认识到不同生活角色之间的相互作用。

舒伯的职业生涯发展理论之所以具有广泛的应用价值，是因为它提供了一个全面、动态的视角来理解职业生活，强调了个体在职业发展中的主动性和职业选择的多样性。通过应用这一理论，个人和组织能够更好地应对职业发展的挑战，实现长期的成功和满足。

5. 舒伯职业生涯发展理论意义

舒伯职业生涯发展理论的意义主要体现在以下几个方面：

（1）理解职业发展过程

舒伯的职业生涯发展理论提供了一个全面的框架，帮助人们认识到职业生涯是一个连续的、动态的过程，它受到个人成长、社会环境、教育背景和职业经验等多种因素的影响。

（2）促进自我认知

通过舒伯的职业生涯发展理论，个人可以更好地进行自我认知，了解自己的职业兴趣、价值观、技能和职业发展阶段，从而作出更合适的职业选择。

（3）提升职业满意度

通过认识到职业发展是一个多阶段的过程，个人可以更好地调整自己的期望，找到适合自己的职业角色，从而提升职业满意度和生活质量。

（4）促进终身学习

舒伯的职业生涯发展理论强调了终身学习的重要性，鼓励个人在职业生涯中不断学习和适应变化，以保持职业竞争力。

（5）跨文化应用

舒伯的职业生涯发展理论具有普遍性，可以在不同的文化和社会背景下应用，帮助不同文化背景的人理解和规划自己的职业生涯。

总之，舒伯职业生涯发展理论的意义在于它提供了一个多维度的视角，帮助个人和组织更好地理解和应对职业发展的复杂性，从而实现个人职业目标和社会人力资源的有效配置。

思考题：

1. 结合弗鲁姆的择业动机理论，分析你在职业选择中如何权衡“期望”“工具性”和“效价”。

2. 霍兰德职业兴趣理论将人格分为六种类型，请通过自我评估判断你属于哪种类型，并说明该类型适合的职业方向。

3. 舒伯的职业生涯发展理论提出人生分为成长、探索、建立、维持、退出五个阶段，你当前处于哪个阶段？请结合自身实际，制定一份未来五年的阶段性目标计划。

第一章思考题参考答案

参考文献

[1] 余文玉，钱芳. 我的未来我做主：大学生职业生涯规划[M]. 上海：上海交通大学出版社, 2020.

[2] 阴军莉，谢伟. 大学生职业生涯规划[M]. 北京：北京工业大学出版社, 2019.

[3] 职业生涯规划课题组. 大学生职业生涯规划与素质能力提升[M]. 北京：中国传媒大学出版社, 2019.

第二章

自我认知与职业定位

学习目标：

1. 掌握分析个人兴趣、价值观、性格特质与能力优势的科学方法。
2. 构建职业定位的底层逻辑。
3. 运用职业测评工具结合专业背景，初步形成职业定位框架。
4. 基于自我认知与职业环境分析，初步拟定短期与长期的行动方向。

在当今快速变化的职业世界中，自我认知与职业定位已成为个人职业发展的重要基石。通过精准的自我认知，我们可以更好地了解自己适合什么样的工作，而明智的职业定位则能让我们在职业道路上走得更远。在本章，我们将深入探讨如何进行有效的自我认知与职业定位，以及它们如何相互作用，共同塑造我们的职业未来。

第一节　兴趣、特长的自我评估

在探索职业道路的过程中，兴趣、特长是指导我们前行的灯塔。接下来，我们将一起深入了解如何开展自我评估，为职业规划奠定坚实的基础。

一、兴趣的自我评估

1. 兴趣的含义

兴趣是人认识某种事物或从事某种活动的心理倾向，它以认识和探索外界事物的需要为基础，是推动人认识事物、探索真理的重要动机。兴趣有直接的，也有间接的；有对过程和活动的兴趣，也有对目的和结果的兴趣。兴趣又与认识和情感相联系。若对某件事物或某项活动没有认识，也就不会对它有情感，因而不会对它有兴趣；反之，认识越深刻，情感越炽烈，兴趣也就会越浓厚。

兴趣作为职业倾向的重要方面，不仅影响人的职业定向和职业选择，还影响人对工作的适应性，以及工作的主动性、积极性和创造性。

2. 兴趣的分类

根据兴趣的内容，可以把兴趣分为物质兴趣和精神兴趣。物质兴趣主要指人们对舒适的物质生活（如衣、食、住、行方面）的兴趣和追求；精神兴趣主要指人们对精神生活（如学习、研究、文学艺术、知识等）的兴趣和追求。就职业而言，每个人最好能从事符合自己兴趣的职业。

根据兴趣所指向的目标，可以把兴趣分为直接兴趣和间接兴趣。直接兴趣是对事物或活动本身的兴趣，如对看电影、看电视、打球、下棋、游泳、唱歌等的兴趣。这种兴趣与职业选择的关系不大，但也不是毫无关系，有些人的职业就是与他们的直接兴趣相联系的。间接兴趣是对事物或活动的目的和结果的兴趣。比如，有的人对政治感兴趣，并不是因为喜欢政治活动本身，而是对政治活动的结果感兴趣，即对权力的追求和向往。这种兴趣对职业选择的影响很大。

根据兴趣持续时间的长短，可以把兴趣分为短暂兴趣和稳定兴趣。短暂兴趣是随生随灭、不能持久的兴趣；稳定兴趣是长期存在、比较稳定的兴趣。在职业活动中，短暂兴趣一般不起决定作用，稳定兴趣则起着重要的作用。

3. 兴趣在职业活动中的作用

（1）兴趣是职业生涯选择的重要依据

兴趣可以使人集中精力去获得知识，并创造性地完成当前的活动。著名美籍华裔学者丁肇中教授就曾经深刻指出："任何科学研究，最重要的是要看对自己所从事的工作有没有兴趣，换句话说，也就是有没有事业心，这不能有丝毫的强迫。"孔子曰："知之者不如好之者，好之者不如乐之者。"现代心理学家、教育家赞可夫认为："对所学知识内容的兴趣可能成为学习动机。"由此可见，兴趣是职业生涯选择的重要依据。

（2）兴趣可以提高工作效率，充分发挥才能

一个人对某一方面的工作有兴趣时，枯燥的工作会变得丰富多彩、趣味无穷。兴趣使工作不再是一种负担，而是一种享受。因为兴趣可以调动人的全部精力，以敏锐的观察力、高度的注意力、深刻的思维和丰富的想象力投入工作，促进能力的发挥，兴趣和能力的合理结合会大大提高工作效率。据研究，如果一个人对某一工作有兴趣，能发挥其全部才能的 80%～90%，并且能长时间保持高效率而不感到疲劳；而对没有兴趣的工作，只能发挥才能的 20%～30%，也容易感到疲劳、厌倦。广泛的兴趣可以使人善于应对多变的环境，把握生活的机遇。

（3）兴趣是保证职业稳定、职场成功的重要因素

对某一职业有浓厚兴趣的人，会更深入而有创造性地掌握该职业的知识和技能，因而能作出一定的成绩和贡献，相应地也能从职业活动中获得心理上的满足，进一步激发对该职业的浓厚兴趣和强烈热爱。这种兴趣和热爱的交互作用，会使人的身心处于积极状态，促进人的才能发挥，使人充满信心和希望，激励人奋发努力，不断进取，争取事业的成功。反之，如果一个人对所从事的职业不感兴趣，仅仅是为了谋生而不得不为之，就不容易取得职业成就，甚至不容易保持职业稳定。

4. 兴趣与职业的匹配

兴趣与职业之间的关系是紧密相连、相辅相成的。简单来说，兴趣可以引导我们探索适合自己的职业领域，而职业又能为我们提供实践兴趣、实现自我价值的平台。

兴趣是职业选择的内在动力。当我们对某个领域充满兴趣时，就会自然而然地去关注、学习和探索这个领域的相关知识，这种内在的热情会推动我们在职业道路上不断前行，即使面临困难和挑战，也能保持持久的动力和热情。

职业是兴趣发展的实践平台。通过从事与兴趣相关的职业，我们可以将兴趣转化为实际的工作能力和成果，这不仅能让我们在工作中获得成就感和满足感，还能进一步提升我们的专业技能和职业素养，为未来的职业发展打下坚实的基础。

兴趣和职业的匹配度还直接影响到我们的工作满意度和幸福感。当我们所从事的职业与兴趣高度匹配时，就会感到更加充实和快乐，这种积极的情绪状态又会反过来促进我们在工作中的表现和成长。

因此，在选择职业时，我们应该充分考虑自己的兴趣所在，并努力寻找与兴趣相契合的职业领域。当然，也要注意到职业市场的变化和需求，结合自身的实际情况作出合理的职业规划。

5. 兴趣评估

兴趣评估通常是指通过一系列的测试、问卷或自我反思来确定个人的兴趣和偏好。这可以帮助个人了解自己在哪些领域感到兴奋和投入，进而指导职业选择、学习方向或生活方式的改变。以下是一些常见的兴趣评估方法：

（1）自我反思

① 思考你在过去感到最兴奋和满足的活动是什么。

② 识别你在空闲时最愿意投入时间的活动。

（2）职业兴趣测试

这些测试通常包含一系列问题，旨在评估你对不同职业的兴趣。

（3）问卷调查

通过填写问卷来评估你对不同活动的兴趣程度。

（4）360 度反馈

从家人、朋友、同学那里获取反馈，了解他们认为的兴趣所在。

（5）参与活动

尝试不同的活动和爱好，看看哪些能够激发兴趣。

（6）教育和培训

参加工作坊或课程，探索新的学习领域。

（7）心理评估

通过心理学专家进行更深入的个性和兴趣评估。

案例 1

背景：某高校土建类专业 3 名学生在通过兴趣评估探索个人职业方向。

A 同学：兴趣导向职业选择的典型。

A 同学从小喜欢绘画和搭建模型，课余时间常参与建筑模型设计比赛，对建筑设计过程本身充满热情。长期关注建筑美学和历史文化，自学建筑史书籍，对“通过设计传递文化价值”有强烈追求。霍兰德测试结果：艺术型（A）和研究型（I）得分高，匹配建筑设计师、古建修复师等职业。

通过自我反思和职业访谈，A 同学发现对“文化建筑保护与创新设计”领域有强烈兴趣。短期计划主攻建筑史课程，长期计划攻读建筑遗产保护方向研究生，目标是进入文化遗产建筑设计院。

B 同学：间接兴趣驱动职业适应。

B 同学对土木工程的兴趣源于家庭影响（父母从事施工管理），更关注职业带来的社会地位和经济保障。曾尝试学习编程和 BIM 技术，但因缺乏持续动力而放弃。同学评价其“擅长组织协调”，适合团队管理类工作。

通过职业兴趣测试 B 同学明确更适合工程管理而非技术研发。所以，B 同学打算聚焦施工管理岗位，通过考取“一级建造师”证书提升竞争力，未来目标是成为项目经理。

C 同学：兴趣与现实的动态平衡。

C 同学对绿色建筑理念感兴趣，但因缺乏实践经历，不确定是否适合长期从事相关工作。同时希望职业收入稳定，对工程造价方向有初步好感。参加学校“可持续建筑工作坊”后，发现自己更擅长数据分析而非创意设计。

通过能力缺口分析，结合兴趣与优势，C 同学的兴趣领域是绿色建筑评估（精神兴趣）；能力优势是数据敏感、逻辑性强（匹配工程造价）。所以，C 同学选择“绿色建筑成本评估”作为职业方向，既结合兴趣（可持续理念），又利用专业能力（造价核算）。

二、特长的自我评估

1. 特长的解读

特长是指个体在某一方面拥有较为突出的能力或技能。每个人都有自己的特长，这些特长可以在职业发展中起到重要的作用。以下将探讨个人特长如何影响职业发展，并提供一些建议来充分发挥个人特长的优势。

2. 特长的分类

特长的种类可以根据不同的角度和标准进行划分。以下是一些常见的特长分类方法：

（1）技能特长

硬技能：指具体的、可量化的技能，如编程、外语、会计、驾驶等。

软技能：指人际交往和个人特质方面的技能，如沟通能力、团队合作能力、领导力、解决问题的能力等。

（2）知识特长

专业知识：特定学科或领域的知识，如医学、法律、工程学等。

通用知识：广泛适用的知识，如计算机操作、项目管理、市场营销等。

（3）经验特长

行业经验：在特定行业工作的经验，如金融、教育、制造业等。

职位经验：在特定职位或角色中积累的经验，如销售经理、人力资源专员等。

（4）性格特长

外向性：善于社交和建立人际关系。

内向性：擅长独立工作和深入思考。

适应性：能够迅速适应新环境和变化。

（5）创造力特长

艺术创造力：在音乐、绘画、写作等艺术领域表现出色。

创新思维：能够提出新的想法和解决方案。

（6）身体特长

运动能力：在体育活动中表现出色，如跑步、游泳、篮球等。

协调能力：身体协调性好，适合需要精细动作的工作。

（7）语言特长

母语能力：对母语的精通，包括听说读写。

外语能力：掌握一种或多种外语，能够流利交流。

（8）技术特长

信息技术：在计算机技术、网络技术等方面有专长。

机械技术：在机械操作、维修等方面有技能。

（9）分析特长

逻辑思维：能够进行严密的逻辑推理和分析。

数据解读：擅长处理和分析数据，提取有用信息。

（10）领导特长

战略规划：能够制定长远的计划和目标。

团队管理：能够有效地管理和激励团队。

这些分类并不是互斥的，一个人可能在多个领域都有特长。了解个人的特长分类有助于更好地进行职业规划和个人发展。

3. 个人特长与职业发展的关系

（1）提高工作效率和质量

个人特长可以提升工作效率和工作质量。当个人能够在工作中发挥自己的特长时，他们往往能够更快地完成任务，并且工作成果更加出色，这直接影响个人的职业发展和收入水平。

（2）增强职业竞争力

个人特长有助于增强在职场中的竞争力。拥有独特或高级别的技能可以使个人在众多候选人中脱颖而出，增加获得更好工作机会的可能性，进而可能带来更高的收入。

（3）提高晋升机会

发挥个人特长可以提高晋升机会。在职场中，能够展现自己特长的员工更有可能被晋升，这通常伴随着薪资的增长。

（4）增加工作满意度

个人特长的发挥可以提高工作满意度，减少职业倦怠。当个人从事与自己特长相符的工作时，他们更有可能感到满足和快乐，这有助于长期保持工作热情和效率。

（5）促进职业创新

个人特长可以激发创新思维，为职业发展提供新的思路和方法。创新能力在许多行业中都是高价值的，能够推动个人职业发展和收入增长。

（6）拓展职业领域

个人特长可以帮助拓展职业领域，为职业发展提供更多的机会和选择。这可以使个人在多个领域内寻找最适合自己特长的工作，增加职业灵活度。

（7）市场需求匹配

根据市场需求选择和调整个人特长。当其特长与市场需求相匹配时，个人更有可能获得高收入的工作机会。

（8）职业规划

个人特长在职业规划中起到关键作用。了解自己的特长，并将其与职业目标相结合，可以帮助个人制定更有效的职业发展路径。

综上所述，个人特长对职业发展和收入有着直接和间接的影响。通过发挥和提升个人特长，不仅可以提高工作效率和质量，还可以提高个人的市场竞争力，从而带来更好的职业发展机会和更高的收入。

4. 个人特长如何与职业规划相结合

个人特长与职业规划的结合是一个动态的过程，涉及自我认知、市场分析、目标设定和行动计划。以下步骤可以帮助你将个人特长与职业规划相结合：

（1）自我认知

识别特长：首先，识别个人特长，包括技能、知识、经验和性格特质。

评估兴趣：确定兴趣所在，因为兴趣可以驱动你在工作中发挥特长。

（2）市场调研

行业分析：研究不同行业和职业领域，了解哪些领域对特长有需求。

职业趋势：关注职业市场的趋势，预测未来哪些技能会更受欢迎。

（3）目标设定

短期目标：根据特长和兴趣，设定短期职业目标，比如获取特定技能的认证或在某个领域内获得工作经验。

长期目标：设定长期职业目标，这些目标应该与职业愿景和生活目标相一致。

（4）技能发展

提升特长：在特长领域内继续深化和提升技能。

学习新技能：根据职业规划的需要，学习新的技能，以增加职业灵活性。

（5）职业路径规划

职业路径选择：选择与特长相匹配的职业路径，或者探索可以利用特长的新领域。

备选计划：制定备选计划，以防首选职业路径不可行。

（6）实践经验

实习和兼职：通过实习和兼职工作获得实践经验，这有助于你了解如何将特长应用于实际工作中。

项目参与：参与相关项目，这可以是展示特长的好机会。

（7）反馈和调整

收集反馈：从同事、领导和行业内的专业人士处收集反馈，了解特长如何影响工作表现。

调整规划：根据反馈和市场变化调整职业规划。

通过这些步骤，你可以将个人特长与职业规划相结合，从而实现个人职业目标，提高职业满意度，并在职场中保持竞争力。记住，这个过程是持续的，需要不断地评估和调整规划，以适应不断变化的环境。

案例 2

D 同学是土木工程专业的大学生，从小对绘画和空间构造有着浓厚的兴趣与天赋。在大学的专业学习中，他发现自己不仅擅长理论知识，更在图纸绘制、三维建模方面展现出过人的能力。

大二时，D 同学参加了学校组织的建筑设计大赛，凭借出色的图纸和模型设计荣获一等奖。这次经历让他意识到，自己的特长——绘画与空间想象能力，能够与土木建筑行业紧密结合。于是，他开始有针对性地规划自己的职业生涯，决定向建筑设计师方向发展。

为了进一步提升自己的专业技能，D 同学利用课余时间参加了多个建筑设计相关的培训和工作坊，并积极向行业内的前辈请教。在一次实习机会中，他遇到了经验丰富的建筑设计师张工。在张工的指导下，D 同学不仅学到了很多实用的设计技巧，还深刻理解了建筑设计的核心价值与责任感。

如今，D 同学已经顺利毕业，并成功加入了一家知名建筑设计公司。他利用自己的特长，在项目中发挥着重要作用，为公司创造了不少优秀的设计作品。D 同学深知，正是自己将个人特长与职业规划相结合，才在竞争激烈的土木建筑行业中找到了属于自己的位置。

第二节　价值观与职业选择的关系

在当今竞争激烈的职场环境中，大学生面临着前所未有的职业选择挑战。价值观作为个人决策的核心，对职业选择有着深远的影响。本节将探讨价值观与职业选择的关系，并提供实用的职业生涯规划指导。

一、关于价值观

1. 价值观的定义

价值观是人们对事物意义、重要性及行为准则的总评价和根本看法，它们影响着人们的行为和决策。价值观的形成是一个复杂的过程，涉及家庭、教育、文化和社会环境等多种因素。

2. 价值观特征

价值观的特点主要体现在以下几个方面：

（1）主观性

价值观是人们对事物价值的主观判断和评价，不同个体或群体由于生活经历、文化背景、教育程度等因素的差异，会形成各自独特的价值观。这种主观性使得价值观具有多样性和差异性。

（2）稳定性与动态性

价值观一旦形成，往往具有一定的稳定性，能够持续影响个体的行为和决策；然而，随着环境变化和个体经验的积累，价值观也可能发生变化，表现出一定的动态性。这种稳定性与动态性的平衡，使得价值观既能够保持个体的连续性，又能够适应外部环境的变化。

（3）社会历史性

价值观是在特定的社会历史背景下形成的，受到社会政治、经济、文化等多种因素的影响。因此，不同社会历史时期的价值观往往具有不同的特点和内涵。同时，个体的价值观也会随着社会的进步和发展而发生变化。

（4）导向性

价值观具有明确的导向作用，能够引导个体在面临选择时作出符合自己价值观的判断和决策。这种导向性不仅体现在个体的行为选择上，还体现在个体的认知、情感和价值判断上。

（5）评价性

价值观是个体对事物价值的评价标准和尺度，能够用来衡量事物的价值大小和意义。这种评价性使得价值观成为个体判断事物好坏、善恶、美丑等的重要依据。

（6）层次性

价值观往往具有层次性，即不同的价值观在个体心中具有不同的重要性和优先级。一些基本的、核心的价值观可能具有更高的地位，而一些次要的、边缘的价值观则可能处于较低的地位。这种层次性使得个体在面对不同情境时能够更灵活地调整自己的行为和决策。

（7）相对性与绝对性

价值观的相对性体现在不同文化、不同社会背景下，人们对同一事物的价值评价可能存在差异。然而，一些基本的、普遍适用的价值观（如诚信、公正、善良等）则具有绝对性，这些价值观在不同文化和社会中都被广泛认可和尊重。

3. 价值观分类

（1）按内容分类

① 道德价值观：强调道德准则、善良、公正、诚实等品质的重要性。

如：尊重他人、公平正义、诚实守信等。

② 经济价值观：关注经济活动的准则和目标，如效率、利润、财富等。

如：勤劳致富、节约资源、合理消费等。

③ 政治价值观：涉及政治体制、政治权力和政治责任等方面的信念。

如：民主自由、平等公正、法治精神等。

④ 社会价值观：强调社会和谐、合作、团结等社会关系的准则。

如：助人为乐、团结协作、社会责任等。

⑤ 个人价值观：涉及个人成长、自我实现、幸福等方面的追求。

如：追求卓越、自我完善、幸福安康等。

⑥ 审美价值观：关注美的创造和欣赏，包括艺术、音乐、文学等方面的品位。

如：艺术鉴赏、文化修养、审美创造等。

（2）按层次分类

① 基本价值观：涉及人类生存和发展的基本需求，如安全、健康、自由等。

② 中级价值观：涉及个人在社会中的角色和地位，如成就、尊重、友谊等。

③ 高级价值观：涉及更高层次的追求，如真理、智慧、美德等。

（3）按功能分类

① 指导性价值观：为个人或群体提供行动指南，指导其作出决策。

② 评价性价值观：用于评价个人或群体的行为、成就和品质。

③ 调节性价值观：调节个人或群体之间的冲突和矛盾，维护社会稳定、和谐。

这些分类并不是绝对的，不同的价值观之间可能存在交叉和重叠。同时，个人的价值观也会随着时间、经历和环境的变化而发生变化。因此，理解和尊重不同人的价值观是建立和谐人际关系和社会关系的重要基础。

4. 与特定价值观高度一致的职业类型

在职业生涯规划中，明确自身的价值观并选择与之匹配的职业，是实现职业满意度和职业发展的关键。以下是基于不同价值观的职业选择建议，供大家参考：

（1）成就感

追求成就感的个体倾向于选择能够提供持续挑战和实现目标机会的职业。这类职业通常需要较高的专业能力和创新精神，能够为个人带来显著的成就和认可。例如：

企业家：通过创立和发展企业，实现商业目标并获得社会认可。

项目经理：负责项目的规划、执行和监控，确保项目成功交付。

销售人员：通过与客户的沟通和谈判，达成销售目标，获得业绩回报。

（2）人际关系

重视人际关系的个体适合选择需要团队合作和人际互动的职业。这类职业能够满足个体在社交和团队协作方面的需要，同时也能通过良好的人际关系实现职业目标。例如：

公关专家：负责企业或组织的公共关系管理，与各方建立良好的合作关系。

社会工作者：为社会弱势群体提供帮助和支持，促进社会公平与和谐。

教师：通过教育和指导学生，建立深厚的师生关系，实现教育目标。

咨询顾问：为企业或个人提供专业建议，通过沟通和合作解决问题。

（3）舒适

追求舒适工作环境的个体适合选择压力较小、工作环境稳定的职业。这类职业通常不需要高强度的体力劳动或高风险的工作环境，能够提供较为舒适的工作体验。例如：

图书馆员：负责图书馆的日常管理和服务，工作环境安静舒适。

行政助理：协助处理行政事务，工作内容相对稳定，压力较小。

办公室工作：如文案编辑、数据处理等，工作环境稳定，体力劳动较少。

（4）管理

重视管理权力和责任的个体适合选择管理职位。这类职业能够满足个体对领导和决策的需求，同时也能通过管理团队实现组织目标。例如：

项目经理：负责项目的整体管理和团队协调，确保项目成功交付。

部门主管：管理一个部门的日常运营，制定和执行部门战略。

企业高管：负责企业的整体战略规划和运营管理，具有较高的决策权。

（5）安全感

追求工作稳定性和安全感的个体适合选择提供长期就业保障的职业。这类职业通常具有较高的稳定性和福利待遇，能够为个体提供长期的职业保障。例如：

公务员：通过国家公务员考试进入政府部门工作，享有较高的稳定性和福利。

大型企业的长期雇员：在大型企业中工作，享有较为稳定的职业发展和福利保障。

（6）利他主义

以帮助他人为重要价值观的个体适合选择能够直接为社会作出贡献的职业。这类职业能够满足个体的利他主义需求，同时也能通过帮助他人实现个人价值。例如：

护理人员：为患者提供医疗护理和心理支持，帮助他们恢复健康。

社会工作者：为社会弱势群体提供帮助和支持，促进社会公平与和谐。

慈善工作者：在慈善组织中工作，为需要帮助的人提供资源和援助。

非营利组织工作人员：在非营利组织中从事公益活动，推动社会进步。

（7）智力刺激

追求智力挑战和创新的个体适合选择能够提供不断学习和解决问题机会的职业。这类职业需要较高的智力投入和创新能力，能够满足个体对智力挑战的需求。例如：

科研人员：从事科学研究，探索未知领域，推动科学进步。

技术开发人员：开发新技术和新产品，解决技术难题。

咨询顾问：为企业或个人提供专业建议，解决复杂问题。

教育工作者：通过教学和研究，不断学习和创新，推动教育发展。

（8）独立性

重视独立性和自主权的个体适合选择能够自由安排工作和独立决策的职业。这类职业能够满足个体对自由和自主的需求，同时也能通过独立工作实现个人价值。例如：

自由职业者：如自由撰稿人、自由设计师等，能够自由安排工作时间和内容。

独立承包商：承接各类项目，独立完成工作任务，享有较高的自主权。

企业家：创立和发展自己的企业，独立决策和管理。

（9）经济报酬

将经济报酬视为重要价值观的个体适合选择高薪酬的职业。这类职业通常需要较高的专业技能和经验，能够为个体提供较高的经济回报。例如：

金融分析师：分析金融市场，为投资者提供专业建议，获得高薪酬。

投资银行家：从事投资银行相关业务，如企业融资、并购等，获得丰厚的经济回报。

高级管理职位：如企业高管、部门经理等，负责企业的战略决策和运营管理，享有较高的薪酬和福利。

（10）变异性

喜欢变化和新挑战的个体适合选择工作内容经常变化的职业。这类职业能够满足个体对新鲜感和多样性的需求，同时也能通过不断变化的工作内容保持职业兴趣。例如：

市场营销人员：负责市场调研、营销策划和推广活动，工作内容丰富多样。

广告创意人员：从事广告创意和设计工作，需要不断推陈出新，满足客户需求。

新闻记者：负责新闻采访和报道，工作内容涉及多个领域，充满变化和挑战。

二、关于职业价值观

1. 职业价值观的内涵

职业价值观是个体在职业选择和发展过程中所秉持的价值取向。它包括对职业意义的追求、对工作回报的期望以及对职业环境的偏好等多个方面。职业价值观是个人价值观在职业领域的具体体现，它反映了个人对职业活动的内在动机和外在需求。

2. 职业价值观的类型

根据不同的价值取向，职业价值观可以分为以下几种主要类型：

（1）成就导向型：这类价值观强调通过职业活动实现个人成就和自我价值的提升。具有这种价值观的人通常追求卓越，渴望在工作中取得显著的成绩并获得认可。

（2）社会贡献型：这类价值观注重通过职业活动为社会作出贡献，强调职业的社会意义和价值。具有这种价值观的人通常关注社会问题，愿意从事能够帮助他人或改善社会环境的工作。

（3）经济回报型：这类价值观以经济收入为主要考量，强调通过职业活动获得较高的经济回报。具有这种价值观的人通常关注薪资待遇、福利等经济因素。

（4）工作生活平衡型：这类价值观注重工作与生活的平衡，强调在职业活动中保持良好的生活质量。具有这种价值观的人通常希望工作时间合理，能够有足够的时间陪伴家人和朋友。

（5）职业稳定性型：这类价值观强调职业的稳定性和安全性，追求长期稳定的职业发展。具有这种价值观的人通常倾向于选择体制内或大型企业的工作。

3. 职业价值观在职业生涯规划中的重要性

在职业生涯规划中，职业价值观的重要性不言而喻。它不仅关乎个体的职业满意度和幸福感，更影响着个体的职业发展路径和成就水平。

（1）提高职业满意度

在职业生涯规划的起点，职业价值观如同一把钥匙，开启了个体职业满意度的大门。职业满意度是衡量个体职业生活质量的重要指标，它不仅关乎物质回报，更涉及精神层面的满足与成就感。一个与个体职业价值观相符的职业选择，如同为心灵找到了归宿，让个体在工作中能够充分施展才华，实现自我价值。

① 潜能释放与自我价值实现

当个体从事与自己价值观相契合的工作时，其内在潜能得到最大程度的释放。这种释放不仅体现在专业技能的发挥上，更体现在创造力、领导力等多方面的个人特质上。个体在工作中体验到自我实现的喜悦，感受到每一次努力都是向着内心深处理想的迈进，这种精神上的富足是任何物质奖励都无法比拟的。

② 工作积极性与效率的提升

职业满意度高的个体，往往对工作充满热情，这种热情能够转化为积极的工作态度和高效的工作状态。他们愿意主动承担责任，面对挑战不退缩，甚至在遇到困难时也能保持乐观的心态，寻找解决问题的办法。这种正面循环不仅提升了个人绩效，也为团队和组织带来了正能量。

③ 心理健康与幸福感的促进

职业与价值观的匹配，有助于个体建立稳定的职业认同感和归属感，这是维护心理健康的重要基石。当个体在工作中感到被尊重、被认可时，其自尊心和自信心将得到增强，从而有效抵御职场压力，保持积极乐观的心态。这种良好的心理状态，是幸福感的重要来源，也是个体持续成长和进步的不竭动力。

（2）促进职业发展

职业价值观不仅是职业满意度的基石，更是职业发展的导航仪。它帮助个体在职业生涯的旅途中保持清晰的方向感，确保每一步都朝着既定的目标迈进。

① 方向指引与目标设定

明确的职业价值观如同指南针，指引着个体在职业生涯中作出符合自身信念和期望的选择。它促使个体思考“我是谁”“我想要成为什么样的人”“我追求的是什么”，进而设定符合自身价值观的职业目标。这些目标既是个体职业发展的蓝图，也是激励个体不断前行的动力源泉。

② 决策支持与路径规划

面对职业生涯中的众多十字路口，职业价值观提供了决策的依据。它帮助个体评估不同职业路径的吸引力，选择与自身价值观最为契合的道路。同时，职业价值观还促使个体制定详细的职业规划，包括短期目标、中期目标和长期愿景，确保职业发展既有方向又有步骤。

③ 内在动力与创新精神的激发

职业价值观不仅引导个体选择职业方向，更激发了个体的内在动力和创新精神。当个体深知自己的工作对于实现个人价值和社会贡献的意义时，他们会更加投入地探索未知，勇于尝试新方法，不断突破自我限制。这种创新精神是职场竞争中不可或缺的软实力，也是个体职业发展的加速器。

（3）增强职业竞争力

个人成长的内在动力，更是增强职业竞争力的关键因素。它帮助个体在职场中建立独特的个人品牌，通过持续学习和自我提升，保持竞争优势。

① 激发热情与动力

一个与个体职业价值观相符的职业选择，能够激发个体对职业的无限热爱和持续动力。这种热情和动力不仅体现在工作态度上，更渗透于个体的言行举止之中，成为职场中一道亮丽的风景线。它吸引着同事、领导乃至客户的注意，为个体赢得了更多的机会和资源。

② 提升专业技能与综合素质

职业价值观促使个体不断追求卓越，不仅在专业技能上精益求精，更注重综合素质的提升。这种综合素质包括沟通能力、团队协作能力、领导力、创新能力等，它们是职场成功不可或缺的要素。个体通过参加培训、阅读书籍、参与项目等多种方式，不断充实自己，提升职业竞争力。

③ 建设差异化优势与品牌

职业价值观的独特性，使个体在职场中形成了差异化的竞争优势。当个体能够清晰地表达自己的职业理念、价值观时，他们就在职场中树立了自己的品牌。这种品牌不仅体现了个体的专业能力和职业素养，更传递了其对工作的热情和对社会的责任感，成为吸引合作伙伴和雇主的磁石。

（4）职业价值观的动态调整与适应

值得注意的是，职业价值观并非一成不变，它会随着个体成长、社会环境变化而有所调整。因此，在职业生涯规划中，个体需要保持对职业价值观的审视和反思，确保其始终与个人的内在需求和外在环境相协调。

① 个人成长与价值观演变

随着个体经历的增加、知识的积累和技能的提升，其对职业的看法和价值观也会发生变化。个体需要定期审视自己的职业价值观，确保其仍然能够反映自己的真实想法和追求。这种自我反思有助于个体在职业生涯中保持灵活性，并及时调整职业目标和策略。

② 社会环境变化与价值观调整

社会环境的变化，如技术进步、市场需求变化、政策调整等，都会对个体的职业价值观产生影响。个体需要密切关注这些变化，理解它们对职业领域的影响，进而调整自己的职业价值观和职业规划。这种适应性调整有助于个体在快速变化的职场环境中保持竞争力。

③ 职业转型与价值观重构

当个体面临职业转型，如从一种职业转向另一种职业、从一个行业转向另一个行业时，职业价值观的重构尤为重要。个体需要重新评估自己的兴趣、能力和价值观，找到新的职业定位和发展方向。这种重构不仅有助于个体顺利实现职业转型，还能为其职业生涯注入新的活力和动力。

三、职业价值观与职业选择的关系

1. 职业价值观与职业选择的密切联系

职业价值观与职业选择之间存在着密切而复杂的联系。一方面，职业价值观是职业选择的内在驱动力，它引导着个体根据自己的信念和评价去选择符合自己期望的职业。职业价值观反映了个体对职业意义和价值的主观认知，这种认知在职业选择过程中起着决定性的作用。另一方面，职业选择又是对职业价值观的实践和检验。通过职业实践，个体可以进一步了解自己的职业兴趣、能力和价值观，从而调整和完善自己的职业价值观。这种互动关系使得职业选择不再是一个静态的决策过程，而是一个动态的、持续发展的过程。

2. 职业价值观引导职业选择

职业价值观作为个体内心深处的信念和评价，对职业选择起着决定性的作用。职业价值观反映了个体对职业意义和价值的主观认知，这种认知在职业选择过程中起着重要的引导作用。例如，一个追求实现自我价值的个体可能会选择具有挑战性和创造性的职业，如科研、设计或艺术等领域。这些职业能够为个体提供实现自我价值的机会，满足其对创新和成就的追求。相反，一个重视工作安全和稳定性的个体则可能更倾向于选择公务员、教师等稳定性较强的职业。这些职业通常具有较为稳定的收入和较低的职业风险，能够满足个体对安全感的需求。

职业价值观的引导作用不仅体现在职业选择的初期阶段，还贯穿于整个职业生涯。在职业发展过程中，职业价值观能够帮助个体保持目标一致性和方向感。当面临职业发展中的困难和挑战时，明确的职业价值观能够激励个体坚持下去，克服困难，实现职业目标。例如，一个具有社会贡献型职业价值观的个体，在从事公益事业时可能会遇到资金短缺、项目推进困难等问题；然而，由于其职业价值观的支撑，他们会更加坚定地继续努力，寻找解决问题的方法，最终实现职业目标。

3. 职业选择反映职业价值观

职业选择不仅是对职业信息的筛选和匹配过程，更是对个体职业价值观的外在体现。通过观察一个人的职业选择，我们可以大致了解其职业价值观。职业选择反映了个体对职业意义和价值的主观认知，这种认知在职业选择过程中得到了具体的体现。例如，一个选择进入高风险、高回报行业的个体可能具有较高的经济报酬追求。这种选择反映了其职业价值观中对经济回报的重视，他们愿意承担更高的风险以换取更高的经济收益。相反，一个选择从事公益事业的个体则可能更看重社会贡献和道德价值。这种选择反映了其职业价值观中对社会意义和道德责任的重视，他们愿意为社会作出贡献，即使这意味着较低的经济回报。

职业选择对职业价值观的反映不仅体现在职业选择的初期阶段，还贯穿于整个职业生涯。在职业发展过程中，个体的职业选择会不断受到职业价值观的影响。当面临职业发展中的机会和选择时，个体的职业价值观会引导他们作出符合自己价值观的决策。例如，一个具有成就导向型职业价值观的个体，在职业发展过程中可能会选择更具挑战性的项目和任务，以实现更高的职业成就。这种选择反映了其职业价值观中对成就和卓越的追求，他们愿意不断努力，提升自己的能力和水平，以实现更高的职业目标。

4. 职业实践与职业价值观的互动

职业实践是检验和完善职业价值观的重要途径。通过职业实践，个体可以更加深入地了解自己的职业兴趣、能力和价值观，从而调整自己的职业目标和发展路径。职业实践为个体提供了实际的工作环境和经验，使他们能够亲身体验职业工作的内容和要求。这种亲身体验有助于个体更加清晰地认识自己的职业兴趣和能力，从而进一步明确自己的职业价值观。例如，一个在大学期间对金融行业充满热情的个体，可能在进入金融机构实习后发现，自己对金融市场的复杂性和高压力环境并不适应。这种职业实践经历促使他们重新审视自己的职业价值观，并调整职业目标和发展路径。

同时，职业实践中的成功和挑战也会反过来影响个体的职业价值观，使其更加成熟和理性。职业实践中的成功能够增强个体对自己职业价值观的信心，进一步激励他们在职业领域中不断努力。例如，一个在建筑设计领域取得初步成就的个体，可能会因为自己的设计作品获得认可而更加坚信自己对创新和卓越的追求。这种成功经历不仅增强了他们的职业自信心，还进一步巩固了他们的职业价值观。相反，职业实践中的挑战和挫折也会促使个体反思自己的职业价值观，调整职业目标和发展路径。例如，一个在创业过程中遇到多次失败的个体，可能会因为这些挫折而重新审视自己对风险和回报的评价，调整职业价值观，选择更为稳健的职业发展路径。

案例 3

E 同学的建筑行业职业选择

E 同学是一名建筑学专业的大学生，即将毕业并面临职业选择。在大学期间，E 同学对建筑行业产生了浓厚的兴趣，尤其对建筑设计和城市规划领域充满热情。然而，在职业选择过程中，E 同学面临着多种选择：进入大型建筑设计院、加入房地产开发公司或选择自主创业。

通过自我反思和职业价值观问卷，E 同学发现自己的职业价值观主要为成就导向型和社会贡献型。他渴望通过建筑设计实现个人成就，同时也希望自己的工作能够对社会环境和城市生活产生积极影响。

在职业选择过程中，E 同学对建筑行业的不同职业路径进行了深入探索。他了解到，大型建筑设计院能够提供专业的设计平台和丰富的项目经验，但工作压力较大，晋升速度较慢；房地产开发公司则更注重经济效益，工作节奏快，但职业发展空间较大；自主创业虽然能够实现个人价值，但风险较高，需要具备较强的市场洞察力和资源整合能力。

经过综合考虑，E 同学最终选择了进入一家大型建筑设计院。他认为，大型建筑设计院能够提供稳定的职业发展平台，同时也能满足他对成就导向型和社会贡献型价值观的追求。在设计院工作期间，E 同学积极参与各类建筑设计项目，通过不断努力和积累，逐渐在行业内崭露头角。他的设计作品不仅获得了专业认可，也为城市的发展和居民的生活环境改善作出了积极贡献。

E 同学的职业选择过程充分体现了职业价值观在职业选择中的重要作用。通过明确自己的职业价值观，深入探索职业路径，并在职业决策中进行权衡，E 同学最终选择了与自己职业价值观相契合的职业道路。这一案例表明，职业价值观不仅影响职业选择的方向，还在职业发展过程中起到持续的引导作用。

第三节　职业定位与长期目标设定

在大学生的职业生涯规划中，职业定位和长期目标设定是两个核心环节。职业定位帮助学生确定适合自己的职业领域，而长期目标设定则为他们的未来发展提供方向和动力。本节将探讨这两个概念，并提供策略和建议，以帮助大学生在职业发展上作出明智的决策。

一、职业定位

1. 职业定位的定义

职业定位是指个人在职业发展过程中，根据自己的兴趣、能力、价值观、个性特征以及教育背景等因素，确定自己在职业市场中的位置和发展方向的过程。

简而言之，它长远上关乎个人职业类别的选择，短期内则明确所处阶段的具体行业和职能角色，即确定自己在职场中的恰当位置。作为职业规划与职业发展的基石与首要步骤，职业定位的重要性不言而喻。它不仅左右着即时的职业选择，更深远地影响着个人的长期职业发展轨迹。

职业定位要求综合考量个人特质、社会环境及职业需求等多重因素，并需随着市场变动与个人成长不断进行评估与调整。这一过程是自我认知与社会需求的和谐统一，旨在职业舞台上找到既能满足岗位需求，又能最大程度契合个人思维与行为模式的角色。唯有在深刻理解职业特性及个人性格、天赋的基础上，个体方能实现精准定位。因此，职业定位不仅是职业规划的起点，更是确保个人职业道路顺畅、实现职业愿景的关键所在。

2. 职业定位的意义

（1）明确职业方向

职业定位帮助个人确定自己的职业兴趣和长期职业目标，为职业发展提供明确的方向。

（2）提高工作满意度

当个人从事与其兴趣、能力和价值观相匹配的工作时，工作满意度和幸福感会显著提高。

（3）优化职业选择

通过职业定位，个人可以更明智地选择职业道路，降低职业转换的频率和成本。

（4）促进个人成长

职业定位鼓励个人不断学习新技能和知识，以适应职业发展的需求，从而促进个人成长。

（5）提高竞争力

明确自己的职业定位有助于个人在职场中脱颖而出，提高职业竞争力。

（6）实现职业目标

职业定位有助于个人制定实现职业目标的策略和计划，提高实现这些目标的可能性。

（7）适应市场变化

在快速变化的职场环境中，职业定位可以帮助个人灵活调整自己的职业路径，以适应新的市场需求和技术发展。

（8）提升职业稳定性

一个清晰的职业定位可以增加个人在职场中的稳定性，降低因频繁跳槽或职业迷茫带来的不确定性。

（9）应对职业挑战

清晰的职业定位可以帮助个人更好地应对职业生涯中的挑战和变化，如经济衰退、行业转型等。

（10）工作与生活平衡

职业定位有助于个人在职业和个人生活之间找到平衡，提高生活质量。

职业定位是个人职业发展的关键步骤，它不仅影响个人的职业选择和职业满意度，还关系到个人的职业成就和生活质量。通过有效的职业定位，个人可以更好地发掘自己的职业潜力，实现职业和个人生活的平衡。

3. 如何进行职业定位

（1）自我认知

兴趣评估：识别自己对哪些活动感兴趣，这些兴趣如何与职业相关联。

能力分析：评估自己的技能和能力，包括专业技能和软技能。

价值观澄清：明确自己的核心价值观，这些价值观如何影响职业选择。

个性特征：了解自己的性格特点，这有助于确定适合的工作环境和职业类型。

（2）市场调研

行业分析：研究不同行业的发展趋势、需求和未来前景。

职业信息收集：收集特定职业的信息，包括职责、要求、晋升路径和薪资水平。

（3）职业探索

实习和工作经验：通过实习、兼职或志愿服务等方式获得实际工作经验。

职业访谈：与行业内的专业人士进行交流，了解他们的职业路径和工作内容。

（4）目标设定

长期目标：根据自我认知和市场调研的结果，设定长期职业目标。

短期目标：将长期目标分解为可实现的短期目标和行动计划。

（5）技能和教育

教育规划：确定是否需要进一步的教育或专业培训来实现职业目标。

技能提升：识别需要提升或学习的新技能，以满足职业发展的需求。

（6）职业规划文档

创建职业规划：制定详细的职业规划文档，包括目标、行动计划和时间表。

定期评估：定期评估职业规划的进展，并根据需要进行调整。

（7）求职准备

简历和求职信：准备专业的简历和求职信，突出与目标职业相关的经验和技能。

面试技巧：练习面试技巧，准备回答常见的面试问题。

（8）适应和灵活性

应对变化：随着个人成长和市场变化，灵活调整职业定位和规划。

持续学习：保持终身学习的态度，以适应不断变化的职业环境。

（9）实施和反馈

采取行动：根据职业规划采取具体的行动，如申请工作、参加培训等。

获取反馈：从求职过程中获取反馈，了解哪些策略有效，哪些需要改进。

这些步骤构成了职业定位的核心流程，帮助个人在职业发展中找到最适合自己的路径。通过这些步骤，个人可以更清晰地了解自己的职业方向，制定实现职业目标的策略，并在职业道路上取得成功。

4. 职业定位常见误区

很多人误以为职业定位是一个一次性的静态过程，但实际上，职业定位是一个动态的、持续的过程，并且会随着个人成长和外部环境的变化而调整。以下是职业定位的一些常见误区：

（1）定位会让自己失去很多机会

有人担心职业定位会限制自己的选择，但实际上，明确的定位有助于集中精力和资源，提高抓住机会的能力。

（2）定位应该交给别人来做

职业定位需要个人主动参与，因为只有自己最了解自己的兴趣、能力和价值观。虽然可以寻求外部意见，但最终的定位决策应由个人自己作出。

（3）定位时盲目跟风

在职业定位时，一些人可能会盲目追随市场热点或他人选择，而不是根据自己的实际情况作出决策。这可能导致选择了不适合自己的职业路径。

（4）职业定位刻板僵化

职业定位并非一成不变，它应该根据个人发展和市场变化进行适时调整。

（5）职业定位急于求成

一些求职者希望“一步到位”，在职业定位时急功近利，过高估计自己，导致求职过程中屡屡碰壁。职业定位需要耐心和长期的规划。

（6）仅凭测评结果推测定位

职业测评可以提供一定的指导，但不能作为唯一的依据。需要将测评结果与个人实际情况相结合，找到最适合自己的工作。

（7）盲目设定规划

缺乏根据、凭空设定的职业规划会让自己在求职路上走弯路，赔上时间和机会成本。

（8）有规划没行动

目标决定方向，但没有行动，目标只能是空想。需要制定周详的行动方案，并勇敢地去落实。

了解这些误区有助于个人避免在职业定位中走入歧途，从而作出更符合自身实际情况的职业选择。

案例 4

F 同学是土木工程专业的大学生，对未来职业道路充满迷茫。为了找到适合自己的职业定位，他按照职业规划的步骤进行了深入探索。

首先，F 同学进行了自我认知。他发现自己对结构设计和项目管理有浓厚的兴趣，同时，通过课程学习和实习经历，他意识到自己在解决复杂问题和团队协作方面有较强的能力。此外，他明确了自己重视创新和持续学习的价值观。

接着，F 同学进行了市场调研。他了解到土木建筑行业对结构工程师和项目经理的需求较大，且这两个职位的发展前景广阔。通过收集职业信息，他还了解到这些职位的职责、要求、晋升路径和薪资水平。

为了更深入地了解职业，F 同学进行了职业探索。他参加了多次实习，积累了实际工作经验，并与行业内的张工等专业人士进行了交流。张工分享了自己的职业路径和工作内容，让 F 同学对土木建筑行业的职业有了更清晰的认识。

基于自我认知和市场调研的结果，F 同学设定了长期职业目标——成为一名优秀的结构工程师，并制定了短期目标，如提升专业技能和参加相关认证考试。

为了实现职业目标，F 同学制定了详细的教育和技能提升计划。他参加了结构设计培训课程，提高了自己的专业技能；同时，他还学习了项目管理知识，以增强自己的综合能力。

在求职准备阶段，F 同学精心准备了简历和求职信，突出自己的实习经验和专业技能。在面试中，他凭借扎实的专业知识和良好的表达能力，成功在一家知名设计院获得了结构工程师职位。

入职后，F 同学继续保持着学习和进取的态度，不断提升自己的专业技能和职业素养。他深知职业定位是一个动态的过程，需要随着个人成长和市场变化进行调整。

F 同学的案例表明，通过自我认知、市场调研、职业探索、目标设定和技能提升等步骤，大学生可以找到适合自己的职业定位，并在职业道路上取得成功。

二、长期目标设定

1. 长期目标设定的界定

长期目标设定是指个人或组织为了在未来一个较长的时间框架内（通常是 5 年、10 年或更长时间）实现特定的职业或事业发展目标而制定的规划过程。这个过程涉及对个人价值观、兴趣、能力、市场需求和未来趋势的深入分析，以及设定具体、可衡量、可实现、相关性强和有时限性的目标。

2. 长期目标设定的意义

长期目标设定是个人职业发展和组织战略规划中的重要组成部分，它有助于个人和组织实现持续的成长和发展。

（1）提供方向

长期目标为个人的职业发展提供明确的方向，帮助人们集中精力和资源，避免偏离职业道路。

（2）增强动力

明确的目标可以激励人们持续努力，即使在面对挑战和困难时也能保持定力。

（3）提高决策质量

长期目标帮助个人和组织作出更明智的决策，因为它们可以基于这些目标评估各种选择的长期影响。

（4）促进个人成长

为了实现长期目标，个人需要不断学习新技能新知识，这促进了个人的成长和发展。

（5）增强竞争力

长期目标有助于个人和组织提高竞争力，因为它们可以提前准备和适应市场变化。

（6）提高满意度

实现长期目标可以带来成就感和满足感，提高工作满意度和生活质量。

（7）促进团队合作

在组织层面，共同的长期目标可以促进团队合作和协同工作。

三、职业定位与长期目标设定关系

职业定位与长期目标设定之间存在着紧密的互动关系。一方面，职业定位是长期目标设定的基础与前提。没有明确的职业定位，长期目标的设定便如同无源之水、无本之木，缺乏内在的逻辑与合理性。另一方面，长期目标设定又是职业定位的具体化与实现途径。一个明确的长期目标，能够帮助个人更加清晰地认识到自己在职业生涯中需要达到的高度与境界，从而更加坚定地朝着既定的方向前进。

具体来说，职业定位与长期目标设定之间的互动关系体现在以下几个方面：

1. 指引方向

职业定位为个人提供了职业发展的方向指引，而长期目标设定则是这个方向的具体化与量化。通过设定长期目标，个人能够更加清晰地认识到自己在职业生涯中需要达到的标准与要求，从而更加有针对性地提升自我、实现成长。

2. 激发动力

一个明确的职业定位与长期目标设定能够激发个人的内在动力。当个人清楚自己在职业生涯中的定位与目标时，他们便能够更加积极地面对挑战、克服困难，不断追求更高的成就与境界。

3. 聚焦资源

职业定位与长期目标设定有助于个人将有限的精力与资源聚焦在关键领域。通过明确职业定位与长期目标，个人能够更加清晰地认识到自己在职业生涯中需要重点关注与投入的领域，从而更加高效地利用时间与资源，实现职业发展的最大化效益。

4. 适应变化

在职业生涯中，个人可能会面临各种挑战与变化。一个明确的职业定位与长期目标设定能够帮助个人更加灵活地应对这些变化。当个人清楚自己在职业生涯中的定位与目标时，他们便能够更加从容地调整自己的职业规划与行动策略，以适应不断变化的市场需求与个人发展需求。

5. 评估与调整

职业定位与长期目标设定并非一成不变。随着个人成长、市场需求以及职业环境的变化，它们也需要适时进行调整与优化。通过定期评估职业定位与长期目标的合理性与有效性，个人能够及时发现问题并进行相应的调整与优化，以确保自己的职业发展始终保持在正确的轨道上。

四、职业定位和长期目标调整

当职业定位发生变化时，重新设定长期目标是确保职业发展与新方向相匹配的关键步骤。以下是详细的步骤：

1. 重新进行自我评估

在职业定位发生变化后，首先需要重新审视自己，包括兴趣、技能、价值观和职业愿景。这一过程有助于明确自己在新方向上的优势与潜力，为后续目标设定提供依据。

2. 分析变化原因

理解职业定位变化的原因至关重要。这种变化可能是由于个人兴趣的转变、市场需求的波动，或是职业发展的新需求。通过深入分析，可以更好地把握变化的根源，从而更有针对性地调整职业规划。

3. 确定新的职业定位

结合重新评估的结果和对市场的分析，明确新的职业定位。清晰地界定这一新定位对职业发展的意义，思考它将如何影响职业轨迹，以及希望在这一新领域实现什么样的成就。

4. 设定新的长期目标

基于新的职业定位，设定新的长期目标。这些目标应遵循 SMART 原则，即具体（Specific）、可衡量（Measurable）、可实现（Achievable）、相关性强（Relevant）和有时限性（Time-bound）。明确的目标能够为职业发展提供清晰的方向和动力。

5. 分解目标

将长期目标进一步分解为中期和短期目标。这种分层设定有助于更清晰地规划实现长期目标的具体路径，使目标更加可操作、可执行，并能使自己在实现过程中获得更多的成就感和动力。

6. 制定行动计划

为每个长期目标制定详细的行动计划，明确需要采取的具体步骤、时间表以及资源分配。行动计划应具有可操作性，确保每一步都能切实执行，从而推动目标的实现。

7. 监控与评估

定期检查目标的完成进度，评估目标和行动计划是否仍符合当前的职业发展需求。如果发现偏差或变化，及时调整目标或行动计划，确保职业规划始终与新的职业定位相匹配，并保持其有效性和可行性。

通过以上步骤，可以根据职业定位的变化，有效地重新设定长期目标，确保职业规划与新的方向相契合，为职业发展提供清晰、明确的方向和路径。

案例 5

G 同学是一名土木工程专业的学生，在大学期间，他通过实习和课程学习，逐渐对结构设计产生了浓厚的兴趣。在职业规划的过程中，G 同学首先进行了自我评估，明确了自己在结构设计方面的优势与潜力，并分析了市场需求与职业发展前景。

基于这些分析，G 同学将自己的职业定位为“结构工程师”，并设定了长期目标：在未来十年内，成为一名在结构设计领域具有影响力的专家，能够参与或主导多个大型建筑项目的结构设计工作。

为了实现这一目标，G 同学制定了详细的行动计划。他积极参加各类结构设计比赛，提升自己的实践能力和创新思维；同时，他还利用课余时间自学了多种结构设计软件，以提高工作效率。此外，G 同学还主动寻求与业界专家的交流机会，通过参加讲座、研讨会等活动，拓宽自己的视野和人脉。

在实习期间，G 同学有幸遇到了经验丰富的王工。在王工的指导下，G 同学不仅学到了许多实用的设计技巧，还深刻体会到了作为一名结构工程师的责任与使命。这段经历进一步坚定了 G 同学的职业定位，也让他更加明确了自己的长期目标。

然而，随着对行业的深入了解，G 同学逐渐发现，仅仅掌握结构设计技能是远远不够的。为了提升自己的综合竞争力，他开始关注项目管理、成本控制等方面的知识，并尝试将这些知识应用到自己的设计作品中。

当 G 同学发现自己的职业定位从单纯的“结构工程师”向“综合型建筑设计师”转变时，他及时对长期目标进行了调整。新的目标更加注重综合能力的提升，包括设计创新、项目管理、团队协作等多个方面。

通过重新设定长期目标并制定相应的行动计划，G 同学的职业发展始终保持着正确的方向。如今，他已经成为一名在结构设计领域小有名气的专家，并正在朝着自己新的长期目标稳步前进。

这个案例充分展示了职业定位与长期目标设定之间的紧密关系。明确的职业定位为 G 同学提供了职业发展的方向指引，而长期目标的设定则帮助他更加清晰地认识到自己在职业生涯中需要达到的高度与境界。随着职业定位的变化，G 同学能够及时调整长期目标，确保自己的职业发展始终保持在正确的轨道上。

思考题：

1. 兴趣在职业活动中有什么作用？
2. 个人特长如何与职业规划相结合？
3. 职业定位变化时，应如何重新设定长期目标？

第二章思考题参考答案

参考文献

[1] 张秦龙, 乔晶策. 贺适. 大学生职业生涯规划与就业指导[M]. 上海: 上海交通大学出版社, 2021.

[2] 贺敏娟, 王鹏飞. 大学生职业生涯规划与就业指导[M]. 北京: 北京理工大学出版社, 2011.

[3] 刘九万. 大学生职业生涯规划与就业指导[M]. 北京: 高等教育出版社, 2017.

第三章

职业环境与行业分析

学习目标：

1. 掌握职业环境的构成要素及其对职业生涯规划的影响，能够分析各要素在不同场景下如何相互作用，影响就业市场和职业发展路径。

2. 了解大学毕业生各类就业渠道的特点、优劣和具体流程，依据自身情况精准评估各渠道的适配性，制定合理的就业决策。

3. 能够剖析土建类专业在历史演变、全球应用和具体行业中的核心角色，洞察其未来发展方向，对该专业在行业中的地位和作用形成系统认知。

4. 掌握土木建筑行业的技术发展趋势、政策驱动因素，了解行业中的各类就业机会，规划自身在行业内的职业发展路径，提升就业竞争力。

第一节　职业环境的构成要素

职业环境作为影响个人职业生涯规划和就业选择的关键外部条件，是由多方面的因素共同构成的。这些因素相互作用，不仅影响行业的发展趋势，也直接决定了人才市场的供需关系。因此，深刻理解和分析职业环境的构成要素，能够帮助大学生在职业生涯中进行更加科学的决策，并有效规避潜在的职业风险。以下从经济环境、政治环境、社会环境、技术环境、法律环境五个角度对职业环境进行分析。

一、经济环境

经济环境是职业生涯规划中最为重要的外部因素之一，它通过经济周期、通货膨胀率、失业率、产业结构调整等多个方面，对大学生的就业机会和职业发展产生深远影响。在经济环境的分析中，我们从以下几个方面进行讨论：

1. 经济周期

（1）繁荣阶段：在经济繁荣阶段，整体经济增长率高，市场需求旺盛。企业盈利普遍较好，会扩充业务、扩大生产规模，从而增加对劳动力的需求。各个行业都会面临新的发展机遇，如 20 世纪 90 年代美国经济繁荣时期，互联网行业蓬勃发展，新的网络公司如雨后春笋般涌现，创造了大量的就业岗位，像网页设计师、网络营销专员等新兴职业需求大增。同时，传统行业也受益于消费升级和生产扩张，例如制造业可能进行技术升级和生产线扩容，也需要更多的技术工人和管理人员。

（2）衰退阶段：当经济进入衰退期，市场需求萎缩，企业销售下滑，现金流紧张，开始削减成本。一些企业会进行裁员、减少招聘甚至关闭部分业务，这样就业机会就会明显减少。首当其冲受到影响的往往是那些周期性特征明显的行业，如房地产和汽车制造业。房地产市场遇冷，建筑、房地产销售、装修等相关职业的就业前景黯淡，失业率可能上升。同时，生产和消费的萎缩还会通过产业链传导到其他行业，比如建筑行业不景气会影响到建材供应商、建筑设备租赁等相关企业的经营情况，进而触动这些企业员工的职业稳定性。

（3）复苏阶段：经济复苏阶段，经济开始逐渐走出衰退阴影，市场信心逐渐恢复，企业也开始重新规划发展战略。一些新兴产业和创新型企业可能迎来快速发展的机会，对创新型人才的需求开始增加，例如可再生能源技术研发、数字经济相关服务业等。同时，传统产业也在逐步恢复生机，虽然企业在这个阶段对于就业的增加可能比较谨慎，但仍会对熟练工人和具有丰富经验的管理人员有所需求，以帮助企业提高生产效率和市场竞争力。

2. 通货膨胀率

（1）对薪资和购买力的影响：高通货膨胀率下，物价普遍上涨，员工为了维持原有的生活水平，往往会要求企业提高薪资。如果企业不能有效地应对，员工可能面临实际薪资下降的困境，生活质量和工作满意度也会受到影响。同时，通货膨胀会影响消费者的购买力，部分非生活必需的商品或服务的需求可能会下降，这会影响到相关从业员工的职业环境，如高端餐饮、旅游、奢侈品等行业。在通货膨胀下，这些行业可能面临业务量减少，企业需要调整经营策略，如裁员或降低员工薪酬福利，缩小经营规模，从而适应市场变化。

（2）对投资和就业结构的影响：从整个经济层面看，通货膨胀会影响投资方向。一些抗通货膨胀性强的行业，例如黄金、大宗商品等相关产业在高通货膨胀时期可能吸引更多投资，进而增加就业机会。然而，长期高通货膨胀也会扰乱市场的正常运行，造成企业投资决策的不确定性，影响整体投资规模，从而抑制长期的就业增长，并调整就业结构，一些对价格敏感、融资困难的行业可能在通货膨胀环境下受到挤压，而具有定价权或者不需要大量资本投入的行业可能相对稳定。

3. 失业率

（1）就业竞争压力：失业率高意味着劳动力市场供大于求，就业竞争压力巨大。在这种情况下，求职者往往需要更加努力地提升自己的竞争力，如获取更多的学历证书、培训证明等。同时，企业在招聘时会有更多的选择余地，可以提高招聘要求，挑选更加优秀的人才。例如，在 2008 年全球金融危机之后，许多国家失业率飙升，企业对招聘岗位提出了更多的要求，如更丰富的工作经验、多语言能力等，求职者面临更加严格的筛选，并且薪资谈判的空间也通常更小。

（2）行业调整与劳动力再分配：高失业率期间，受经济结构调整影响，行业之间劳动力的再分配现象更为明显。一些不景气的行业释放出大量的劳动力，这些劳动力可能会向相对稳定或者新兴的行业流动。例如，随着传统制造业的萎缩，一些技术工人会转向新兴的智能制造、机器人维护等相关领域，或者流向需求相对稳定的服务业。这种劳动力的调整有助于整个经济结构的优化，但对个体而言意味着要克服技能转换、职业惯性等挑战。

4. 产业结构调整

随着经济发展和科技进步，国家或地区的产业结构会不断进行调整优化。

（1）传统产业的转型与升级：在过去几十年中，传统的农业、制造业等都在经历从劳动密集型向技术密集型或者资本密集型的转型。传统制造业从简单的加工组装向精密制造、智能制造方向发展。

（2）新兴产业的兴起与发展：新兴产业如人工智能、大数据、生物科技等迅速发展。这些产业的出现创造了全新的就业岗位和职业种类。以人工智能领域为例，产生了人工智能算法工程师、数据标注员、人工智能伦理研究员等多样的职业需求。新兴产业对人才的素质要求通常较高，需要具备先进的科学技术知识、创新能力和跨学科的知识背景，这既为教育背景良好、掌握先进技能的人才提供了改变职业路径进入新兴产业的机会，也对传统产业中的劳动者提出了加快学习新知识新技术或者面临职业发展瓶颈的挑战。

二、政治环境

政治环境主要指政府的政策、法律法规以及政治局势对职业生涯发展的影响。政治环境在多方面对职业环境产生显著的塑造作用。大学生在进行职业生涯规划时，须关注国家政策导向的变化。

1. 政策导向与扶持

（1）产业政策：政府通过制定产业政策，能够直接影响某些产业的兴衰，进而影响职业环境。例如，为了推动新能源汽车产业发展，政府出台补贴政策以鼓励消费者购买新能源汽车，这大大刺激了新能源汽车企业的发展。企业的发展推动了产业链的扩张，从电池制造、电机研发、整车装配到充电桩建设等诸多环节都获得了发展机遇，创造了众多工作岗位，类似锂电池工程师、充电设施运营专员等职业需求大幅增长。同理，对于环保产业的政策倾斜，使得环保工程、污染治理技术开发等职业前景变好，吸引了更多人才进入该领域。

（2）就业政策：政府的就业政策也与职业环境息息相关。积极的就业政策，如鼓励创业的政策，提供创业补贴、小额担保贷款、免费创业培训等，为创业者创造了更好的条件。这不仅有助于减轻就业压力，还开辟了很多创业型职业道路，一些新兴职业如共享经济创业者、新型农业领域的创业达人等开始出现。同时，再就业扶持政策也有助于失业人员重新进入就业市场，如提供免费的再就业技能培训和再就业岗位推荐等，使他们能够适应新的职业需求。

2. 政治制度与行政管理体制

（1）监管与规范企业行为：政府的监管体制对企业经营和职业环境影响较大。例如在制药行业，严格的药品监管制度确保药品的质量和安全。医药企业必须严格遵守药品生产质量管理规范（GMP），这需要企业配备专业的质量控制人员、合规专员等职业角色，从而对相关职业的标准和需求产生规范作用。如果企业违反规则，可能遭受严厉处罚，这不仅影响企业自身发展，也会使相关职业岗位面临不稳定。而且，在行政管理体制下，市场准入制度对某些职业设置门槛。例如，土建类行业的一些关键岗位要求从业者具备相应的执业资格证书，并由相关部门进行监管，这在一定程度上确保了从业者的专业素质，同时也规范了职业环境。

（2）政治稳定性与决策权：一个国家或地区的政治稳定性对企业发展和就业有着至关重要的影响。在政治稳定的环境下，企业能够进行长期的规划和投资决策，有信心开展业务拓展、技术研发等活动，员工的职业也相对稳定，更愿意在这样的环境中投入职业发展，企业对人才的吸引力也会增强。相反，如果政治环境不稳定，例如出现频繁的政权更迭、社会动荡等情况，企业的运营会面临极大的不确定性，企业不敢轻易投资，可能会大量裁员甚至关闭业务，员工可能面临失业风险，职业发展也会受到极大阻碍。国家或地方政府的决策机制也影响职业发展，例如当地政府如果能够快速高效决策引进某些大型项目，会带动当地配套产业发展，基础设施建设等人流密集型行业以及上下游产业链相关工作人员的职业机会也都会增加。

3. 国际政治关系

（1）贸易政策与国际贸易合作：随着全球化进程的加深，国际贸易政策的变动深刻影响着职业环境。一方面，贸易保护主义抬头可能会对一些出口导向型行业的职业环境带来负面影响。例如美国对中国某些进口商品加征关税，中国的纺织品、机械制造等行业出口受阻，企业订单减少，导致工人可能面临裁员或工资下降的情况。另一方面，积极开展国际贸易合作则能开辟新的市场和机会。例如“一带一路”倡议积极推动共建国家之间的贸易合作，建筑工程、通信技术、贸易物流等领域的中国企业积极走出去，在沿线国家开展业务，为国内这些行业的专业人才带来了参与国际项目的机会，也带动了相关职业发展，如国际工程项目经理、海外物流运营专员等职业需求增加。

（2）地缘政治与跨国企业发展：地缘政治因素也对跨国企业经营产生影响，进而影响职业环境。某些地区的政治紧张局势，如中东部分地区的地缘政治纷争，使得该地区的跨国企业面临安全风险。石油企业在该地区的运营可能因为政治局势不稳定而受限，企业员工面临安全威胁，企业在当地的业务投资、发展计划甚至人才招募计划可能被打乱，影响到石油开采工程师、当地公司运营管理人员等的职业机会。而在一些地缘政治关系友好稳定的地区，跨国企业则有更多的发展机会，促进当地职业环境繁荣，如欧洲部分地区稳定的政策和市场环境有利于科技企业跨国发展，相关软件技术、科技研发等职业人才有更好的发展空间。

三、社会环境

社会环境是影响职业生涯的外部因素之一，主要包括社会发展趋势、社会舆论、劳动力市场供求关系等方面的变化。大学毕业生的就业选择和职业发展，往往与这些社会因素密不可分。

1. 社会发展趋势

（1）社会进步与职业需求变化：社会的不断进步必然带动职业需求的变化。例如随着社会文明程度的提高和环保意识的增强，越来越多的消费者开始倾向于购买绿色、环保产品。这一趋势促使企业调整生产经营方向，以满足市场需求，从而引发职业环境的变化。传统的高污染、高能耗行业如果不进行转型，员工可能面临失业风险；而新兴的环保技术研发、清洁能源利用、绿色产品设计与营销等职业的需求大大增加。并且随着城市化进程的推进，城市基础设施建设、城市服务管理等相关职业的需求持续增长，如城市规划师、社区服务专员等职业的重要性日益凸显。

（2）数字化和信息化趋势：在当今社会，数字化和信息化迅猛发展，成为主流趋势。数字化转型几乎影响到所有行业，从制造业采用数字孪生技术优化生产流程，到服务业利用大数据改善客户体验，各行业都发生着深刻变革。如案例 1 所示，随着互联网技术的飞速发展和智能手机的普及，传统的销售人员需要学会利用数字平台拓展业务，传统的财务人员也需要掌握使用财务管理软件等数字化工具，否则可能在职业发展中处于劣势。

案例 1

随着互联网技术的飞速发展和智能手机的普及，移动支付成为社会发展的新趋势。人们越来越倾向于使用手机进行线上线下的消费支付，出门携带现金的情况越来越少。以线下零售行业为例，众多超市、便利店等都纷纷接入了微信支付、支付宝等移动支付方式。

分析

这一社会发展趋势带动了职业需求的显著变化。传统现金收银岗位的需求逐渐减少，一些超市开始采用自助收银设备，减少了对人工收银人员的依赖，导致部分从事传统收银工作的人员面临职业转型的压力。而与之相对的是，与移动支付相关的职业需求大幅增加。例如移动支付系统研发人员，他们需要不断优化和完善支付平台的功能，保障支付的安全与便捷；移动支付市场推广人员，负责向商家和消费者推广移动支付业务，拓展市场份额；移动支付数据分析人员，通过对支付数据的分析为企业提供决策支持。类似的岗位变得越来越重要，这充分体现了社会发展趋势对职业环境的深刻影响，大学毕业生在就业选择时也需要关注此类趋势，以更好地适应职业市场的变化。

2. 社会舆论与职业形象

（1）公众认知与职业声誉：社会舆论对不同职业的认知和评价会影响职业的吸引力和职业环境。例如，医护人员在当前社会舆论环境下被视为英雄般的存在，尤其是在疫情期间白衣执甲、逆行抗疫，其受到的社会尊重度达到了一个新高度。这种正面的社会舆论有助于吸引更多的年轻人投身医疗行业，抬高了医疗行业的社会地位，有利于营造更好的医疗职业环境，如可能会吸引更多的资金投入医疗设施建设、提升医护人员的福利待遇等。相反，某些职业如果在公众舆论中被污名化，如部分不良的网络直播从业者可能给整个直播行业带来负面影响，影响从业者的社会声誉，降低职业吸引力，同时企业在招聘、运营时也可能面临更多的社会舆论压力。

（2）媒体传播对职业的影响：媒体在职业形象塑造方面发挥着重要作用。大众媒体经常报道一些明星职业（如娱乐明星、运动员等），往往会吸引众多年轻人向往这些职业道路。但在报道过程中也应该注意平衡，避免过度渲染，导致一些年轻人对职业产生不切实际的幻想。同时，媒体对一些新兴职业和传统职业中的变革事件进行广泛宣传报道，有助于提高职业的社会知晓度，引导人才流动。例如对区块链技术兴起带来系列职业机会的报道，使得这个领域受到关注，促进了专业人才、资本等资源的聚集，对改善职业环境有积极意义。

3. 劳动力市场供求关系的社会因素

（1）教育与人才培养体系：一个国家或地区的教育与人才培养体系与劳动力市场供求关系密切相关。如果教育体系与市场需求脱节，就会造成就业市场的供需失衡。例如，某些高校专业设置长时间不变，培养出来的学生在数量或者技能上不符合市场实际需求。如过去几年，部分高校新闻专业大量招生，但随着新媒体兴起，传统新闻行业人才需求减少，而新兴的新媒体运营、多媒体记者等职业对求职者有新的要求，传统新闻专业出身又缺乏新媒体技能的学生就会面临就业困难。而如果教育体系能够顺应市场需求和社会发展趋势及时调整，就能够为职业环境输出合适的人才，促进职业发展。如一些职业院校根据当地产业发展需求定制化培养专业人才，与企业开展产学研合作，提高学生的就业竞争力，能更好地满足企业的人才需求。

（2）社会流动与职业转换：社会流动因素，包括地域流动和社会阶层流动，影响职业环境。地域流动方面，人们从农村向城市或者从经济落后地区向发达地区的流动，会改变不同地区的劳动力供求关系。例如，中国中西部农村劳动力向东部沿海城市流动，为东部沿海地区的制造业和服务业提供了丰富的劳动力资源，充实了这些地区职业环境中的基层就业岗位，如东莞的制造业、上海的服务业都受到劳动力流入带来的红利。然而，如果一个地区过度依赖外地劳动力输入，而又缺乏产业升级等应对机制，一旦出现劳动力大量回流等情况，就会面临职业岗位缺人的局面。在社会阶层流动方面，社会鼓励通过学习、技能提升等方式实现阶层跃升。人们希望通过职业转换来实现阶层提升，这也促使一些职业不断完善自身的人才选育用留机制，如一些新兴的高科技企业设置较为公平灵活的晋升通道，以吸引和留住人才，促进企业发展并实现个人阶层提升。

四、技术环境

技术环境是指新技术的应用对职业生涯发展的影响。技术环境是现代职业环境演变的关键驱动力，对职业环境的塑造起着至关重要的作用。

1. 技术创新与新职业涌现

（1）新兴技术创造全新职业：随着每一次重大技术创新，都会产生一系列崭新的职业。就如案例 2 和案例 3 所示，这些新兴职业的出现为求职者提供了新的职业发展方向，也为企业在人才竞争中构建了新的领域。

案例 2

随着互联网技术的飞速发展和人们生活方式的改变，外卖行业迅速崛起。如今，线上订餐成为许多人尤其是年轻人日常生活中的常见选择，外卖订单量持续攀升。

分析

这一现象体现了社会发展趋势对职业需求的影响。社会进步使得互联网技术广泛普及，人们的生活节奏加快，对于便捷餐饮的需求增大，这就带动了外卖行业的蓬勃发展。外卖行业的兴起引发了职业环境的显著变化，传统的堂食餐饮行业如果不拓展线上业务，可能会面临客源减少的问题，部分员工职业发展受限。而新兴的外卖配送员、外卖运营专员等职业需求大幅增加。外卖配送员负责将餐食及时准确地送到顾客手中，成为城市中一道独特的风景线；外卖运营专员则专注于提升商家在外卖平台的运营效果，促进订单增长。互联网技术和生活方式的改变推动了外卖行业相关职业的产生和发展，深刻影响着就业市场和人们的职业选择。

案例 3

随着建筑行业数字化转型的推进，BIM（建筑信息模型）技术在土建类专业领域得到广泛应用。如今，从项目规划设计到施工建设，再到后期运维管理，BIM 技术贯穿土建工程全生命周期，越来越多的土建项目开始要求运用 BIM 技术进行精细化管理。

分析

这一现象体现了行业技术革新对职业需求的重塑。建筑行业不断追求高效、精准、协同的作业模式，BIM 技术以其三维信息集成、可视化模拟、协同作业等优势，满足了行业发展的新需求，从而促使 BIM 相关职业应运而生。在传统土建行业，若不掌握 BIM 技术，部分设计师、工程师在项目承接与推进上可能会面临阻碍，职业发展空间受限。而新兴的 BIM 建模师、BIM 技术工程师、BIM 项目经理等职业需求急剧增长。BIM 建模师负责搭建精准的建筑信息模型，为项目各阶段提供数据基础；BIM 技术工程师专注于运用 BIM 技术解决项目中的技术难题，优化工程方案；BIM 项目经理统筹协调各方，确保基于 BIM 技术的项目全流程顺利开展。建筑行业数字化趋势和 BIM 技术的应用推动了土建类专业 BIM 工程相关职业的兴起与发展，深刻变革着建筑行业的就业格局和从业者的职业发展路径。

（2）技术融合触发新型职业发展：如今越来越多的技术开始融合发展，这种技术融合为职业创新提供了肥沃的土壤。例如，物联网（IoT）是将互联网技术与实体设备相结合的新兴技术，在这个融合技术领域中，出现了物联网工程师这一职业。他们的工作涉及将物理设备连接到互联网的系统的设计、开发和维护，使得设备之间可以交换数据并进行智能化管理。同时，5G 技术与物联网、大数据和人工智能等技术结合，还可能催生出如智慧城市规划师、智能物流调度员等跨技术领域的职业，这些职业往往需要掌握多种技术背景知识的复合型人才，他们对企业创新发展有着重要的推动作用，也表明了技术融合对开拓职业发展边界的重要性。

2. 技术变革与职业结构调整

（1）对传统职业的冲击与重塑：技术变革对传统职业产生了巨大冲击。在印刷行业，随着数字印刷技术的兴起，传统的活字印刷术逐渐被淘汰，与之相关的职业如活字排版员几乎消失。但同时，数字印刷技术又催生了数字印刷设备操作员等新兴职业角色。在传统零售业，受到电子商务的巨大冲击，实体店铺的销售人员和收银员职位面临缩减，但线上客服、电商运营人员等与电子零售相关的职业迅速兴起。这种变革迫使传统职业从业者进行转行或者技能更新，以适应新的职业结构调整。

（2）引导各行业的职业重心迁移：技术变革促使各行业的职业重心发生迁移。例如在传媒行业，随着移动互联网技术的发展，传统纸媒的发行量逐年减少，纸媒编辑、版面设计等传统传媒职业的重要性下降。而以新媒体内容运营、数字媒体广告管理等为代表的新型传媒职业逐渐成为主流。在教育领域，在线教育技术使教学突破了地理限制，职业重点从传统的学校课堂授课教师角色向线上教育平台教师、教育技术支持人员等职业角色转移。这些变化都反映了技术变革对于行业内职业重新布局的引导，以及对于各职业发展和竞争力的影响。

五、法律环境

法律环境包括一系列与职业生涯发展相关的法律法规，这些法规对行业的运行规范、从业者的职业行为等方面有着重要的约束作用。理解并遵守相关的法律法规，能够帮助毕业生在职业生涯中更好地保障自己的权益，同时降低职业风险。

1. 法律引导职业规范发展

（1）劳动法律法规：劳动法律法规对职业环境至关重要，有助于保障员工的权益，确保员工在健康、安全、公平的环境下工作。2018 年 12 月 29 日第二次修正的《中华人民共和国劳动法》明确规定了用人单位与劳动者之间的权利和义务。企业必须遵守法定的工时制度、支付工资、提供劳动保护等条件；规定企业不得无故拖欠员工工资，并对加班工资计算有明确规定，这保障了劳动者的经济权益。在劳动保护方面，要求高危企业为员工提供必要的安全防护设备和职业健康检查等，保护劳动者免受职业病等危害。如果企业违反相关法律法规，将会受到处罚，促使企业构建合法合规的职业环境。

（2）行业特定法律法规：各个行业都有其特定的法律法规来规范其发展，从而对职业环境产生影响。在金融行业，相关法律规定了金融机构的运营规范、从业者资格要求等，如证券从业人员必须通过证券从业资格考试才能从事相关工作，这保证了从业者的基本素质，同时也对金融市场的稳定和健康发展起到了保障作用。在建筑行业，《中华人民共和国建筑法》明确规定了建筑工程的招标投标、工程质量标准、施工安全管理等方面的要求，从事建筑行业的企业和相关职业人员（如建筑师、项目经理等）必须依法依规开展业务，这有助于提高整个建筑行业的职业环境质量，保障从业者恪守职业道德，保证工程质量。

2. 法律保护职业权益与安全

（1）职业权益保护：法律为职业权益提供多方面的保护。比如知识产权法，保护了创新型职业人士（如发明家、软件开发者、设计师等）的智力成果权益。如果没有知识产权保护，很容易出现创新成果被抄袭的现象，会打击创新动力，影响这些职业的健康发展。再如劳动法，禁止企业在招聘、录用和晋升过程中基于性别、种族、宗教等非法因素进行歧视行为，确保求职者和员工在公平的环境中竞争和发展。这种法律保护有助于形成多元化、公平竞争的职业环境。

（2）职业健康与安全保障：法律对职业健康与安全方面有着严格的规定。以职业病防治方面的法律为例，要求用人单位对存在职业病危害的作业场所进行有效治理，实行职业病防治措施，并对劳动者进行职业健康检查，这为接触有害物质、噪声、辐射等职业危害因素的劳动者的身体健康提供了保障。如化工企业必须对接触有毒化学物质的员工按规定发放防护用品、定期组织体检等，从而确保在危险环境下工作的员工的健康和安全权益。这也影响到企业的培训、设备设施投入等经营策略，进而反映到职业环境层面。

3. 法律推动职业环境的公平与公正

（1）监管企业行为：法律为监管企业行为提供了依据，确保企业在职业环境中行为的公平公正。《反不正当竞争法》阻止企业在市场竞争中采用不正当手段挤压对手，如恶意诋毁竞争对手、商业贿赂等行为。这有助于营造一个公平有序的市场竞争环境，推动各企业依靠提升自身的职业素质（如技术水平、员工服务质量等）来竞争。《反垄断法》对垄断企业进行规制，防止其滥用市场支配地位，损害中小企业和消费者权益，这有助于维持市场生态健康，为中小企业创造公平的发展环境，使各企业可以平等地为员工提供职业发展机会，促进整个职业环境的公平公正。

（2）解决劳动争议：在职业环境中，难免会出现劳动争议，法律为解决这些争议提供了有效的途径和规则。通过劳动仲裁和诉讼程序，劳动者和企业之间的权益争议能够得到公正的裁决。例如，如果员工认为企业存在无故克扣工资或者非法解除劳动合同的情况，可以依法提起劳动仲裁或诉讼，要求企业给予合理补偿。这种法律程序保障了劳动双方的合法权益，也维护了职业环境中的公正与和谐，让企业和员工都在一个明确的法律框架下进行互动，减少不必要的矛盾和纠纷，有助于形成稳定、公平的职业环境。

面对复杂多变的职业环境，大学生在职业生涯规划中需要综合考虑以上因素，并结合自身优势和发展方向，制定切实可行的职业路径。在职业环境的构成要素中，经济、政治、技术、社会、法律等各方面相互影响，共同决定了行业的整体趋势和发展前景。对于大学生来说，理解这些要素的相互作用和动态变化，可以更好地应对未来职业生涯中的挑战。在职业生涯规划过程中，了解分析这些因素的变化，并结合自身的职业兴趣、优势与行业趋势，是制定职业目标和发展路径的基础。未来发展充满机遇，大学生通过积极适应变化，提升自身技能和知识储备，将会在未来职业生涯中获得更大的成功。

第二节　大学生就业渠道分析

大学生在毕业后，可根据个人的人生定位和职业生涯规划，选择最符合个人事业发展的目标和实现途径。毕业后选择继续深造或是就业或是创业等，都是大学生针对个人条件和现实机会权衡利弊后得出的理性选择结果。大学生要找准适合自己的正确发展路径，这不仅有利于自己迈好人生道路的重要一步，而且有利于自己在今后的工作岗位上施展才华，最大限度地实现自己的人生价值。面对日益多元化的就业市场，毕业生不仅可以选择传统的行业就业渠道，还可以通过升学深造、考取公务员或事业编、参军入伍、创业或其他形式就业等方式拓展自己的职业发展道路。

本节将从行业就业，升学深造，报考公务员、事业单位，基层就业，参军入伍，大学生创业和其他形式就业七个方面，深入剖析大学生的就业渠道，探讨未来就业市场的变化趋势，并通过对各就业渠道的优劣对比，为毕业生提供全面的职业发展建议。

一、行业就业

行业就业是指劳动者根据自身的职业兴趣、能力和专业知识等，选择进入某个特定的行业领域，通过获取该行业内的工作岗位，以实现自身职业发展和获取经济报酬等目的的过程。大学生一般是通过企业的招聘得到工作岗位。

企业招聘是企业为了满足自身发展需要而进行的包括筛选简历、组织笔试面试、确定录用名单等一系列招聘活动的总称。企业招聘的形式类型多种多样，按招聘对象的不同分为社会招聘、校园招聘。

社会招聘：是指在社会中通过招聘网站或渠道招聘一些岗位人员。社会招聘一般是招聘有工作经验的人员。

校园招聘：主要针对在校即将毕业的大学生。校园招聘的大学生社会工作经验相对较少，企业可以将其作为特殊岗位人员来进行培养。

从性质上划分，企业大体分为全民所有制企业（即国有企业）、集体所有制企业、民营企业、外资企业。企业员工的绩效工资完全取决于企业的经营和盈利情况，根据企业的薪酬战略及绩效考核结果进行发放。现选择以下三个类型的企业进行对比：

1. 国有企业

（1）国有企业概念

国有企业是指国家对其资本拥有所有权或者控制权的企业，政府的意志和利益决定了国有企业的行为。国有企业是国民经济发展的中坚力量，在国家经济、社会发展等方面发挥着重要的保障、引领和带动作用。

国有企业的范围比较广，按管理层级分类分为中央企业和地方国有企业。中央企业由中央政府直接管理，涉及国家战略领域（如央企名录中的“中字头”企业）。地方国有企业由省、市等地方政府管理，聚焦区域经济与民生（如地方水务集团）。

国有企业作为一种生产经营组织形式，是国民经济发展的中坚力量，是中国特色社会主义的支柱。我国的国有大中型企业，拥有雄厚的资产，具有一流的技术水平、较高的管理经营水平和良好的竞争优势。国有企业的存在和发展，对于壮大国有经济，巩固公有制的主体地位，巩固社会主义制度，推动经济发展和社会进步，搞好社会主义精神文明建设，具有重大的现实意义。国有企业的福利待遇相比一些普通的民营企业要优厚，且对应届生的需求量较多，所以近年来深受应届生的欢迎。

（2）优势劣势

优势：

稳定性高：国有企业通常具有较高的稳定性，员工一般不用担心企业经营不善而突然失业。例如在经济危机时期，国有企业往往会承担社会责任，保障员工就业。

福利待遇优厚：包括但不限于较好的工资待遇、完善的社会保险、住房公积金等福利。部分国有企业还提供企业年金、补充医疗等福利。

培训与发展机会：国有企业注重员工素质的提升，会为员工提供各类专业培训机会，有清晰的职业晋升体系。例如国家电网有限公司会为员工提供从基层岗位逐步晋升到管理岗位的机会，并配套相应的培训课程。

社会资源丰富：借助国有企业的背景，员工在社会交往、信息获取等方面有着更多的资源优势，可以拓宽员工的社会视野。

劣势：

决策效率较低：国有企业规模通常较大，内部层级较多，决策流程繁琐，可能导致决策效率较低。例如一些项目需要经过多层审批才能实施，耗费较多的时间。

可能相对缺乏创新机制：由于国有企业的机制较为传统，与一些灵活的民营企业相比，在创新方面可能受到一定的体制束缚。不过近年来国有企业也在积极探索创新机制改革。

内部竞争可能缺乏活力：虽然有晋升体系，但在部分国有企业内部，可能存在论资排辈等现象，不利于年轻、有能力的员工快速脱颖而出。

2. 民营企业

（1）民营企业概念

民营企业是指由民间私人投资、经营的非公有制经济实体，其资产所有权归私人所有，且不存在国有资本控股。在中国经济体制改革背景下，民营企业是区别于国有企业、集体企业的市场化主体。

（2）优势劣势

优势：

经营灵活自主：民营企业的决策过程相对简洁，能够快速根据市场变化调整经营策略。例如一些互联网民营企业会根据用户需求和市场竞争态势，迅速调整业务方向和产品功能。

创新能力强：民营企业往往具有较强的创新意识，在产品创新、商业模式创新等方面表现活跃。像小米公司从手机业务起步，不断创新商业模式进入智能家居、新能源汽车等领域。

晋升机会多：能力突出的员工往往能够在民营企业中获得较快的晋升，不受过多传统体制的束缚。一些规模较小的民营企业中，只要员工表现优异，可能短期内就能晋升到管理岗位。

劣势：

稳定性较差：依赖自有资金，易因资金链断裂陷入危机。民营企业面临的市场竞争压力较大，企业的寿命可能相对较短，员工面临的失业风险也较高。例如一些小型制造类民营企业可能因为订单减少而裁员甚至倒闭。

福利待遇参差不齐：由于民营企业的盈利能力差异较大，福利待遇方面整体不如国有企业稳定和优厚。一些小型民营企业可能只为员工提供基本的社会保险，其他福利项目较少。

3. 外资企业

（1）外资企业概念

外资企业是指依照中国法律在中国境内设立的全部资本由外国投资者投资的企业。外资企业具有跨国经营、国际资本运作、引进国外先进技术和管理经验等特点，是介于国有企业和民营企业之间的一种经济组织，比起国有企业有一定的灵活性，比起民营企业有一定的制度性。客观地说，外资企业的一个突出特点是入职门槛高，很多外资企业只招收名牌大学毕业生，对于普通高校毕业的大学生而言机会相对较少。外资企业对于促进我国国际贸易、技术进步等有着积极意义。

（2）优势劣势

优势：

国际化视野与资源共享：外资企业可以共享全球的技术、市场、人才等资源。员工有机会接触到国际先进的管理理念、技术和产品，提升自身国际化视野。例如苹果公司等在中国开展业务的外资企业中，员工能够参与全球供应链管理和产品开发。

培训体系完善：外资企业一般注重员工的培训和发展，有较为成熟的培训体系。像宝洁公司为员工提供从入职培训到在职专业技能培训的一系列完善的培训课程。

薪资水平较高：部分外资企业为了吸引优秀人才，会提供较高的薪资待遇和优厚的福利。比如一些外资银行提供给员工的薪资水平往往在同行业中处于较高位置。

劣势：

文化融合挑战：外资企业的文化通常带有国外企业的特色，与本土员工的文化可能存在差异，员工可能需要一定时间适应。例如一些欧美外资企业注重个人主义和直接沟通，这与中国文化中的集体主义和含蓄沟通有差异。

职业发展天花板：在一些外资企业中，高层管理职位可能更多地由总部派遣或偏向本国员工，本土员工可能会遇到职业发展的天花板。

表 3-1 列举出了三种企业类型的区别。

三种企业类型的区别　　表 3-1

企业类型	概念	优势	劣势
国有企业	国家对资本拥有所有权或控制权，分中央企业（中央政府直管，涉及国家战略领域）和地方国有企业（地方政府管理，聚焦区域经济与民生）	稳定性高、福利待遇优厚、培训与发展机会多、社会资源丰富	决策效率较低、创新机制可能缺乏、内部竞争活力不足
民营企业	民间私人投资、经营的非公有制经济实体，资产归私人，无国有资本控股	经营灵活自主、创新能力强、晋升机会多	稳定性较差、福利待遇参差不齐
外资企业	依照中国法律在中国境内设立，全部资本由外国投资者投资，有跨国经营等特点	国际化视野与资源共享、培训体系完善、薪资水平较高	文化融合挑战、职业发展有天花板

二、升学深造

随着社会对人才的要求日益提高，大学毕业生在面临职业选择时，除了直接进入职场外，也有越来越多的人倾向于继续升学深造。这一趋势的形成，一方面是因为就业市场竞争激烈，用人单位对学历和专业背景的要求水涨船高；另一方面随着行业的专业化和分工的细致化，通过进一步的学习来增强自己的专业能力和拓宽视野也已成为大量毕业生的切实需求。因此，考研或出国深造成为许多学生的首选，他们希望通过这种方式获取更多专业知识和实践经验，以便在未来能够顺利进入自己向往的职业领域。深造不仅能提升学生的学术水平和专业技能，还能培养他们的创新思维和解决问题的能力，使他们在综合素质上得到全面提升。这样的毕业生在就业市场上更具竞争力，更容易获得用人单位的青睐，成为推动行业发展的重要力量。

1. 继续深造的意义

无论是在国内还是国外继续深造，都有着重要的意义。

（1）提升知识水平：能够深入学习本专业的前沿知识。在本科阶段学习的更多是基础知识，而深造过程中可以接触到更深入、更专业化的知识体系，拓宽自己的知识边界。例如在土木工程专业的深造，能深入学习新型结构工程、智能建造与 BIM 技术等前沿领域知识。

（2）增强就业竞争力：当今社会竞争激烈，高学历往往在就业市场上更具竞争力。对于一些高端行业职位，如科研机构、高等院校的相关岗位等，研究生及以上学历基本成为入门门槛。同时，高学历的员工也容易获得更多职业晋升机会。

（3）拓宽人际资源网络：在深造过程中，可以结识到来自不同背景、不同地区甚至不同国家的同学、教授等，这些人际资源对于未来职业发展、学术研究等有着积极的推动作用。比如在国际名校深造的学生，他们的同窗可能是来自世界各地的优秀人才，这将为他们之后的国际合作、跨文化交流奠定人脉基础。

2. 国内外继续深造的优势劣势

表 3-2 简明对比了国内外继续深造的优势与劣势。

国内外继续深造的优势与劣势对比　　表 3-2

深造类型	优势	劣势
国内深造	教育成本低，无需承担高昂的海外学习生活费用，减轻了家庭经济压力，如国内研究生学费为每年数千元到数万元，国外知名大学则可能高达几十万元。 文化适应性强，熟悉国内教育体制、教学方法，可从容深造。 人脉资源本地化，同学和老师在国内，利于国内就业发展，如国内攻读土木工程硕士可结交国内建筑工程界人士，有助于企业合作、就业	国际视野受限，虽国内高校也有开展国际交流合作，但整体国际视野相对国外部分高校较窄；学术研究方面对国外前沿成果的接触有时滞后。 部分专业教育水平有差距，部分专业领域国外大学在教育资源、科研设备等方面有明显优势，如欧美国家艺术设计类专业有更丰富的艺术资源和创作空间
国外深造	国际化教育体验，体验不同国家文化、教育体系，拓宽国际视野，培养跨文化沟通能力、全球意识，如在欧洲国家深造可感受其历史文化和科技创新氛围。 教育资源优质，部分国外高校在特定领域有顶尖教育资源，如英国金融类、美国计算机科学等专业有世界领先的师资和科研设施，可提供高水平学术研究环境。 职业发展国际化可能性更高，国外深造经历对国际企业或跨国公司就业有优势，有助于拓展国际人脉，进入国际职场圈子	经济成本高，学费、生活费昂贵，如美国知名大学学费加生活费每年可能为 8 万～10 万美元，甚至更多。 文化适应困难，语言、风俗习惯等文化差异大，部分学生需长时间适应，可能影响学业。 回国就业可能存在人才竞争认知偏差，部分留学回国学生对国内就业市场、招聘需求了解不足，就业面临困难

3. 国内外继续深造的准备流程

（1）全国硕士研究生统一招生考试

① 报名阶段

对于部分考生存在预报名环节。预报名时要登录中国研究生招生信息网（简称“研招网”）进行实名注册，把自己的基本信息在研招网上登记清楚，这一步骤涉及很多个人信息，所以务必确保信息准确无误。预报名完成以后要对预报名信息进行核对，以免影响后续过程的工作。不过不是所有大学生都有预报名环节，不同省份和不同报考类型会有区别。

正式报名一般在每年的 10 月中旬进行。在这个阶段，考生在咨询好学校、报考专业、研究方向以及考试科目以后，可以在研招网完成正式报名。报名时要仔细核对信息，一旦错过正式报名时间，只能等待下一年的研究生考试报名。

② 现场确认阶段

一般情况下，考生所报考的学校，会在每年 11 月 12 日之前进行现场确认（不同地区和院校可能会有不同的具体安排，以各省级教育招生考试机构和招生单位通知为准）。在现场确认时，考生需要照相并且缴费（一般是通过网银转账的形式进行缴费）。

确认对象分类推荐免试生：推荐免试生根据毕业院校按所在地省级教育招生考试管理机构要求办理网上报名和现场确认手续。

报考特殊专业考生（单独考试及工商管理硕士、公共管理硕士、旅游管理硕士和工程管理硕士等）：必须到招生单位所在地省级教育招生考试管理机构指定的报考点办理网上报名和现场确认手续。

应届本科毕业生：原则上应选择就读学校所在省（区、市）的报考点办理网上报名和现场确认手续。

③ 准考证打印阶段

考生应当在考前十天左右（一般在 12 月中旬到 12 月下旬之间），凭网报用户名和密码登录研招网自行下载打印准考证，网站 24 小时开通，准考证不得有任何涂改。

④ 初试阶段

考试时间一般安排在每年 12 月底或 1 月初（如 2024 年是 12 月 21—22 日）进行招生考试，通常为周六周日。

⑤ 复试阶段（初试通过后）

复试内容包括专业知识、英语口语、综合素质等方面的考察。考生需要根据报考院校的要求进行准备，比如复习专业课程、练习英语口语表达等。

复试一般在次年的 3—4 月进行，不同院校复试时间有差异，具体时间由各招生单位确定并公布。

⑥ 调剂阶段（3 月底至 4 月底）

调剂系统（研招网）开放后，考生可填报 3 个平行志愿，需满足调入专业分数线及科目要求。

⑦ 录取阶段（复试通过后）

招生单位根据考生的初试和复试成绩综合评定，确定录取名单，并发放录取通知书。

⑧ 入学准备

9 月初到被录取学校报到注册，需携带录取通知书、学历证明等材料。

（2）国外留学流程

确定留学国家和院校专业：根据自己的兴趣爱好、专业方向、职业规划等多方面信息确定心仪的留学国家、院校以及专业。这是留学规划的基础，不同国家的教育体系、文化环境、留学费用等方面存在差异，需要综合考虑。

① 准备申请材料：取得语言成绩证明，如托福、雅思等，语言成绩是留学申请的重要组成部分，其好坏直接影响学校申请结果。不同国家、院校以及专业对语言成绩的要求有所不同，需要提前了解并参加相应考试获取合格成绩。

② 个人简历：简洁明了地展示个人的教育背景、工作或实习经历、项目经验、技能特长、获奖情况等信息，突出自己的优势和亮点，让招生官快速了解申请人的基本情况和综合能力。

③ 个人陈述：撰写一篇能够体现自身求学动机、学术兴趣、职业目标、个人成长经历以及与所申请专业契合度的文章。通过个人陈述，向招生官传达自己独特的个性、价值观和潜力，使自己在众多申请者中脱颖而出。

④ 推荐信：通常需要准备 1～3 封推荐信，可以向熟悉自己的老师、导师或者雇主申请。推荐信要能够客观评价申请人的学术能力、专业素养、个人品质等方面，增加申请的可信度和竞争力。

⑤ 成绩单：提供本科阶段的中英文成绩单，包括课程名称、学分、成绩等信息，反映申请人的学业水平和学习能力。有些院校可能还要求提供 GPA（平均学分绩点）成绩单。

⑥ 学历证明：如学位证、毕业证等，证明自己的学历水平，确保满足留学国家和院校的入学要求。

⑦ 工作或实习证明（如有）：如果有相关的工作或实习经历，提供证明材料可以体现申请人的实践能力和职业素养，对于申请部分专业或院校具有一定的加分作用。

⑧ 其他证书奖状：如各类学科竞赛获奖证书、技能证书等，用于展示自己的特长和优势，丰富个人申请材料。

⑨ 财务证明：证明有足够的资金支付留学期间的学费、生活费和其他费用。不同国家和院校对资金要求不同，需要提前了解并准备相应的资金证明材料。

⑩ 递交申请：国外很多院校接受在线递交申请材料，申请人需要按照目标院校的要求，在规定时间内登录相应网站或者线下提交申请材料。在递交申请前，务必确保材料齐全、准确无误，部分院校可能还需要缴纳申请费用。

⑪ 等待录取通知：提交申请后，需要耐心等待院校的审核和录取通知。这一过程可能需要一段时间，期间可以关注申请状态，按照院校要求补充材料或者参加面试等环节。如果收到多个录取通知，可以根据自己的喜好、院校排名、专业设置、奖学金情况等因素进行综合评估，选择最适合自己的院校。

⑫ 办理签证：在收到院校的录取通知并确认入学后，就可以开始办理签证。

⑬ 住宿安排：了解学校提供的住宿选择，如宿舍类型、费用、设施等，或者寻找合适的校外租房信息。

⑭ 文化与语言学习：提前了解留学目的地的文化习俗、法律法规、宗教信仰等方面的差异，学习一些当地的基本语言表达，有助于更好地适应留学生活。

⑮ 保险购买：购买医疗和意外保险，确保在留学期间能够得到适当的保障，应对可能出现的疾病、意外事故等情况。

⑯ 其他准备：如办理银行卡、电话卡等生活必需品。

三、报考公务员、事业单位

近年来，报考公务员、事业单位的人员数量呈现出激增态势，这背后有着诸多深层次原因。从就业环境来看，当下经济形势复杂多变，市场竞争日益激烈，企业裁员、倒闭等现象时有发生，许多岗位的稳定性大打折扣。相比之下，公务员和事业单位以其稳定的工作性质、良好的福利待遇和完善的社会保障体系，为从业者提供了持续稳定的生活保障，自然而然地吸引了大批求职者的目光。

公务员和事业编的概念如表 3-3 所示。

公务员和事业编的概念　　表 3-3

类别	定义	职责	选拔方式及考试内容
公务员	依法履行公职、纳入国家行政编制、由国家财政负担工资福利的工作人员	行使国家行政权力，维护国家安全、社会稳定，促进国家经济发展和民生改善，承担行政管理、政策制定与执行等职能	通过国家公务员考试，包括国考（国家机关或派出机构招考）和省考（省级及以下单位招考）。考试通常含行政职业能力测验（数量关系、判断推理、言语理解与表达、资料分析等）和申论（考查阅读理解、综合分析、提出和解决问题、文字表达能力），部分特殊职位有额外考试科目
事业编	为国家创造或改善生产条件、增进社会福利，满足人民文化、教育、卫生等需要，经费一般由国家事业费开支的单位所使用的人员编制	涵盖教育、医疗卫生、文化、科研等多领域行业，从事专业技术工作或管理工作	一般通过国家规定的招聘考试或考核进入。考试内容含公共基础知识（政治、经济、法律、管理、人文、科技等基础知识），部分地区或岗位加考专业知识或申论等科目

1. 公务员岗位及考试特点

（1）岗位类型

① 综合管理类岗位：这类岗位主要分布在各级政府部门的综合办公室、人事部门、财务部门等，主要负责单位的综合协调、行政管理、人事管理、财务管理等事务性工作，

需要具备较强的综合协调能力、文字处理能力、行政管理能力等。

② 行政执法类岗位：例如公安、税务、市场监管等部门的执法岗位，他们的主要职责是执行国家的法律法规，依法对社会事务进行监管、检查、处罚等执法活动，要求工作人员熟悉相关法律法规，具备较强的执法能力和应对突发事件的能力。

③ 专业技术类岗位：在一些特殊领域的部门，如气象局的气象预报岗位、地震局的地震监测岗位，需要具备专业的气象学、地震学等知识技能，从事与专业技术相关的工作。

（2）考试特点

① 竞争激烈：公务员岗位由于具有稳定性高、社会地位较高、福利待遇较好等优势，吸引了众多求职者。特别是中央机关等岗位报名人数与录取人数的比例非常高，可能达到几百比一甚至上千比一的竞争程度。

② 考试内容涵盖面广：如行政职业能力测验有数学运算、逻辑判断、言语理解等多种题型，需要考生具备全面的知识和能力素质；申论考察考生的分析、写作等能力，要求考生对社会热点、政策等有一定的了解，并且能够准确阐述自己的观点，提出合理的解决方案。

③ 对政治素养要求较高：考生需要了解党和国家的方针政策，关注时政新闻，在答题过程中要体现出一定的政治意识、大局意识。

在公务员体系中有一类特殊群体，同样具有编制身份但定位更高、培养路径更优，适合有志于从事党政领导工作的优秀应届生或基层服务人员报考，那就是选调生。

选调生分为中央选调生、定向选调生、非定向选调生。中央选调生面向部分顶尖高校，需要学校内部推荐才能报名，入职中央机关。定向选调生是指部分省份面向“双一流”高校或特定专业，定向选调一批全日制应届优秀大学毕业生，分配至省、市直机关或重点岗位。非定向选调生面向普通高校招录优秀毕业生，招录范围较广，通常分配到县乡基层单位。

选调生与公务员均纳入国家行政编制，工资福利由财政负担，其身份受《公务员法》管理。选调生与普通公务员相比选拔条件更严格，需满足党员（或预备党员）、学生干部、校级以上荣誉等条件，部分省份对“双一流”高校或基层服务经历有额外要求。通常本科生不超过 25 周岁，硕士生不超过 28 周岁，博士生不超过 30 周岁。选调生需在基层锻炼 2 年以上，期间接受脱产培训、轮岗等培养措施，晋升速度更快（如硕士可直接定副科级）。选调生人事权归省委组织部，可全省范围内调动。公务员人事权归用人单位，调动范围受限。

2. 事业单位岗位及考试特点

（1）岗位类型

① 教育类岗位：包括各类学校的教师岗位，负责教学工作，需要专业的学科知识和教学技能：还包括教育行政岗位，主要负责学校的行政管理工作，如制定教学计划、管理教学资源等。

② 医疗卫生类岗位：医生负责对患者进行疾病诊断、治疗等工作，需要具备专业的医学知识和临床经验；护士则负责协助医生进行护理工作，如患者护理、病房管理等；医技人员从事如检验、影像、病理等技术辅助工作。

③ 文化艺术类岗位：包括图书馆、博物馆、艺术院团等文化事业单位中的各类岗位，例如图书馆员负责图书管理工作、博物馆员负责藏品管理和展览策划工作、艺术表演人员进行艺术表演等，需要相关的文化艺术专业知识和技能。

④ 科研类岗位：涉及自然科学、社会科学、工程技术等领域的科研人员，进行科学研究项目的申报、研究、开发等工作，需要较强的科研能力和创新精神；科研管理人员负责科研项目的组织管理工作。

（2）考试特点

① 专业性强：根据不同的岗位类型，在考试中往往会有专业性知识的考核。例如医疗岗位在招聘考试中会有大量医学专业知识试题，艺术岗位也会有艺术理论和技能类的考核题目。

② 考查知识与岗位适配性：除了公共基础知识外，会重点考查考生的专业知识和技能是否符合岗位需求。以教育岗位为例，除了考核教育理论知识，还会对所教科目的专业知识、教学方法等进行考查。

③ 注重实践能力（部分岗位）：例如卫生系统的招聘考试可能会考查实际的临床操作技能；教育岗位可能会有试讲环节，考查考生的实际教学能力。

四、基层就业

在宏观经济结构调整和产业升级的双重背景下，我国的就业市场正在经历一场深刻的变革。在行业就业形势严峻的情况下，扎根基层、服务基层成为众多毕业生的选择。基层是最需要人才的地方，就业空间广阔，国家也出台了一系列优惠政策鼓励高校毕业生到基层就业。

基层就业项目包括大学生志愿服务西部计划（简称“西部计划”）、“三支一扶”计划、教师特设岗位计划（简称“特岗计划”）、中国人民解放军文职人员（简称“军队文职”）等。

1. 西部计划

西部计划是共青团中央、教育部、财政部、人力资源社会保障部自 2003 年起组织实施的人才工程，为广大青年搭建了到西部基层施展才干、报效祖国的广阔舞台。截至 2024 年，54 万余名高校毕业生积极响应党和国家号召，在 2000 多个县（市、区、旗）参与乡村振兴、基层治理，服务兴边富民、稳边固边。

西部计划设乡村教育、服务乡村建设、健康乡村、基层青年工作、乡村社会治理、卫国戍边、服务新疆、服务西藏 8 个专项，90%以上服务岗位设置在乡镇及以下（表 3-4）。志愿者服务期为 1～3 年，服务协议一年一签。西部计划所需经费由中央和地方财政共同承担，国家在升学、就业、培训培养等多方面给予政策支持。

西部计划专项内容及选拔标准 表 3-4

专项名称	服务内容	选拔标准
乡村教育	在乡镇及以下中小学从事教学等基础教育工作；积极开展“互联网＋教育”，推动高校资源参与提升当地学校教育教学水平；积极参与当地县域教育综合改革。本专项包括研究生支教团	符合西部计划及研究生支教团选拔标准，师范类专业优先
服务乡村建设	在乡镇及以下农业、林业、牧业、水利等基层单位参与农业科技与管理、现代农民培育、乡村公共基础设施建设等工作；协助开展防止返贫动态监测、农村低收入人口动态监测等巩固脱贫攻坚成果的工作。在新型农业经营主体、农村合作经济、农村电子商务、农村饮水安全、农田水利、生态保护等领域参与相关工作	符合西部计划选拔标准，农业、林业、牧业、水利等涉农专业以及资源环境、信息技术、电子商务等专业优先
健康乡村	在乡镇卫生院、村卫生室等乡村基层医疗卫生机构从事卫生防疫、监测、管理、诊治、关爱乡村医生等工作。在乡村积极开展健康教育宣教活动，倡导科学文明健康的生活方式，养成良好卫生习惯，提升居民文明卫生素质	符合西部计划选拔标准，医学类专业优先
基层青年工作	在县级及以下共青团、青年之家、团属青年社会组织从事团的基层组织建设、基层党务、促进就业创业、预防违法犯罪、志愿服务等青年工作	符合西部计划选拔标准，担任过各级团学组织负责人的优先
乡村社会治理	在乡镇部分单位和乡镇社会工作服务站、养老服务设施等，围绕乡村社会稳定、乡村民生改善、乡村养老育幼、乡村人居环境治理、乡村儿童关爱、乡村文化、乡村体育、平安乡村、乡村社区治理、乡村普法宣传等乡村基本公共服务和公共事务开展工作	符合西部计划选拔标准，经济、中文、社会工作、法律、行政管理、历史、政治、体育等相关专业优先
卫国戍边	围绕陆地边境县（市、区、旗）和新疆生产建设兵团边境团场实际需要，助力当地稳边固边、兴边富农工作开展，在县乡基层单位参与民族团结进步教育、党的创新理论宣讲、乡村教育、医疗卫生、乡村产业发展、乡村建设、乡村治理等工作，加强边疆地区基层工作力量	符合西部计划选拔标准，师范类、农学类、医学类以及相关理工和人文社会科学类等专业优先，担任过各级团学组织负责人的优先
服务新疆	围绕新疆和兵团经济社会发展需要，在县乡基层单位参与乡村教育、服务乡村建设、健康乡村、基层青年工作、乡村社会治理、卫国戍边等工作	符合西部计划选拔标准，师范类、农学类、医学类以及相关理工和人文社会科学类等专业优先，担任过各级团学组织负责人的优先
服务西藏	围绕西藏经济社会发展需要，在县乡基层单位参与乡村教育、服务乡村建设、健康乡村、基层青年工作、乡村社会治理、卫国戍边等工作	符合西部计划选拔标准，师范类、农学类、医学类以及相关理工和人文社会科学类等专业优先，担任过各级团学组织负责人的优先

2.“三支一扶”计划

中共中央组织部、人事部、教育部等八部门从 2006 年开始组织实施“三支一扶”计划。“三支一扶”是指大学生在毕业后到农村基层从事支教、支农、支医和扶贫工作。工作时间一般为 2 年，工作期间给予一定的生活补贴。

（1）支教

一般在乡镇小学工作。部分省份期满转编，待遇等同于事业单位在编人员，即支教人员的工资等同于在编教师。

此项一般需要教师资格证或师范类专业。

（2）支农

主要在乡镇从事涉农、涉水相关工作。例如农村科普宣传工作、计生工作、出纳工作等。

此项部分限制农学专业。

（3）支医

一般被分配到基层的医院、卫生所，安排在院办公室、药房、资料室以及临床、急诊等各类科室。日常内容包括参加健康查体和宣传活动，为每位居民建立健康档案并负责录入基本公共卫生管理平台等。

此项一般限制医学类专业。

（4）扶贫

工作内容主要有：贫困调查与帮扶，申报扶贫项目，招商引资，整理、撰写工作材料等。

此项一般没有专业限制。

3. 特岗计划

特岗计划是农村义务教育阶段学校教师特设岗位计划的简称。由中央财政设立专项资金，用于特设岗位教师的工资支出，通过公开招募高校毕业生到西部“两基”攻坚县县以下农村义务教育阶段学校任教，创新农村学校教师的补充机制，逐步解决农村师资总量不足和结构不合理等问题，提高农村教师队伍的整体素质和农村教育教学质量。

该计划招募的对象主要是高校毕业生，特别是师范类毕业生，也会面向具有教师资格的其他人员。同时，还需要满足热爱教育事业、具备相应的教学能力和良好的职业素养等招聘条件。招聘程序一般包括报名、资格审查、笔试、面试、体检、考察和公示等环节。特岗教师的聘期是 3 年。聘期结束后愿意留在当地学校任教的，有关市县应负责落实其工作岗位，将其工资发放纳入本市县财政发放范围，保证其享受当地教师同等待遇。

4. 军队文职

军队文职是指在军队编制岗位依法履行职责的非服兵役人员，是军队人员的组成部分，依法享有国家工作人员相应的权利，履行相应的义务。文职人员主要编配在军民通用、非直接参与作战，且专业性、保障性、稳定性较强的岗位，按照岗位性质分为管理类文职人员、专业技术类文职人员、专业技能类文职人员。管理类文职人员和专业技术类文职人员是党的干部队伍的重要组成部分。

文职人员的招聘一般采用公开招考、直接引进、专项招录相结合的方式进行（表 3-5）。招聘基本条件包括：①具有中华人民共和国国籍；②年满 18 周岁；③符合军队招录聘用文职人员的政治条件；④志愿服务国防和军队建设；⑤符合岗位要求的文化程度、专业水平和工作能力；⑥具有正常履行职责的身体条件和心理素质；⑦法律、法规规定的其他条件。

军队文职的招录聘用　表 3-5

聘用制度	适用人员	聘用程序
公开招考	适用于新招录聘用七级文员、专业技术八级、专业技能三级以下和普通工岗位的文职人员	一般按照制定计划、发布信息、资格审查、统一笔试、面试、体格检查、政治考核、结果公示、审批备案的程序进行
直接引进	适用于选拔高层次人才和特殊专业人才	按照国家和军队有关规定执行
专项招录	适用于从退役军人等特定群体中招录聘用文职人员	按照国家和军队有关规定执行

五、参军入伍

近年来，大学生参军入伍已成为一种重要的就业和个人发展选择。大学生通过参军入伍，能够在军队这个大熔炉里得到锻炼，提高自身的综合素质。随着国家对大学生参军入伍重视程度的提高，越来越多的优惠政策相继出台，吸引着众多大学生投身军旅。军队现代化建设也需要大量高素质、有知识、有技能的大学生人才，大学生具有较高的文化水平、学习新事物能力强、创新意识强等优势，是军队现代化建设所需人才的重要来源。大学生参军优惠政策如下：

1. 复学升学方面

（1）保留学籍（入学资格）：入伍前已被普通高等学校录取或者是正在普通高等学校就学的学生，服现役期间保留入学资格或者学籍，退役后 2 年内允许入学或者复学。例如，一名大学生被录取后入伍，两年服役期满，他可以回到学校继续完成学业。

（2）复学转专业：大学生士兵退役后复学，经学校同意并履行相关程序后，可转入本校其他专业学习。这为大学生在参军入伍后的学业规划提供了更多的选择和灵活性。

（3）享受国家教育资助：应征入伍服义务兵役、招收为军士、退役后复学或入学的高等学校学生享受学费补偿、国家助学贷款代偿、学费减免，本专科生每人每年最高不超过 20000 元，研究生每人每年最高不超过 25000 元。

（4）高校毕业班学生入伍：上半年被批准入伍的高职（专科）、普通本科及以上毕业班学生，完成专业理论课程的学习与相关学习、毕业设计和论文答辩合格，符合毕业条件的，学校应当准予毕业，享受应届毕业生入伍相关待遇。

（5）免试专升本：高职（专科）毕业生及在校生（含高校新生）应征入伍，退役后在完成高职（专科）学业的前提下，可免试入读普通本科，或根据意愿入读成人本科。

（6）享受考研优惠：教育部设立退役大学生士兵专项硕士研究生招生计划，每年安排 8000 人，专门面向退役大学生士兵招收；高校学生应征入伍服义务兵役退役后，3 年内参加全国硕士研究生招生考试，初试总分加 10 分，同等条件下优先录取；服役期间立二等功及以上的退役士兵，符合研究生报名条件的可免试（指初试）攻读硕士研究生。

2. 就业服务方面

（1）视同应届毕业生待遇（高校毕业生士兵）：高校毕业生士兵退役 1 年内，可视同当年的应届毕业生，凭用人单位录（聘）用手续，向原就读高校再次申请办理就业报到手续，户档随迁。这使得退役士兵在就业市场上具有与应届毕业生相同的竞争力，可以享受应届毕业生就业的诸多便利政策。

（2）参加就业招聘会：退役高校毕业生士兵可以参加户籍所在地省级毕业生就业指导机构、原毕业高校就业招聘会，享受就业信息、重点推荐、就业指导等就业服务。例如，在招聘会中，招聘企业可能会给予他们优先录用的机会或者提供专门的岗位。

3. 其他优惠政策

（1）四个优先：大学生参军入伍可享受优先报名应征、优先体检政审、优先审批定兵、优先安排使用的政策。这有助于大学生快速进入军队服役，并且在服役安排方面具有一定的优先权。

（2）视力矫正补助（部分地区）：自愿进行视力矫正手术，经治疗后符合征集条件应征入伍（含直招军士）的大学毕业生，可凭据报销视力矫正手术治疗费用，不低于8000元/人。

（3）士兵提干（本科毕业生）：本科毕业生入伍后，符合军队有关规定要求的，经选拔考核后提升为军官。这为本科大学生在军队中的职业发展提供了上升通道。

（4）退役安置优惠（本科学历退役大学生士兵）：在一些地区，具有本科学历学士学位退役大学生士兵参加事业单位专项公开招聘的，可报考免笔试岗位，不受岗位职称、执业资格、工作年限、户籍等条件的限制，同等条件下优先聘用；每年国有企业在新招聘职工时，拿出一定数量的岗位定向招聘全省退役大学生士兵，招聘数量不低于当年退役大学生士兵人数的 15%，招聘条件和程序等按国有企业相关规定执行。

六、大学生创业

在数字经济重构产业格局、创新驱动发展战略深入推进的当代，大学生创业已从个体选择升维为国家战略的重要支点。我们既面临着百年未有之产业变革机遇，更承载着用创新思维重塑商业生态的历史使命。

1. 创业机遇

（1）政策支持机遇：国家为了鼓励大学生创业，出台了众多政策支持。例如在创业资金方面，多为大学生提供创业资金，如提供创业贷款，并且部分地区对于大学生创业贷款有贴息政策，减轻大学生创业的资金压力；在场地方面，有些地方提供免费或低成本的创业场地，如创业园区、孵化器等为大学生创业项目提供办公场地；在税收方面，对符合条件的大学生创业项目给予税收优惠政策，例如减免一定期限内的营业税、所得税等，降低创业成本。

（2）市场需求机遇：随着社会的发展，市场需求日益多样化，不断涌现出许多新兴的商业机会，这为大学生创业提供了广阔的空间。例如，互联网行业的快速发展带动了电子商务、社交网络、互联网金融等众多新兴领域的崛起，大学生作为互联网时代的主力军，对这些新兴领域的发展趋势有敏锐的洞察力和创新思维，可以更好地满足市场在互联网相关领域的需求。另外，在消费升级的背景下，一些个性化、高品质的产品和服务需求大增，大学生可以针对这些市场需求开展创新创业，如个性化定制的旅游服务、健康养生的餐饮项目等。

（3）知识与技术创新机遇：大学生在高校接受了系统的教育，掌握了一定的专业知识和技术，这些都有可能成为创业的优势和起点。例如，理工科学生掌握的工程技术、计算机技术等可以用于开发高新技术产品或进行技术创新型的创业项目；文科学生的人文素养和创意策划能力在文化创意产业、新媒体营销等领域具有广阔的发挥空间。特别是高校中一些研究成果的转化，大学生可以将科研成果商业化，实现从知识到市场价值的转化。

2. 创业挑战

（1）资金难题：没有足够的启动资金是大学生创业面临的首要挑战。虽然有政策扶持，但是获取资金仍然存在困难。银行贷款通常需要提供抵押物或担保人，大学生往往缺乏这些条件；吸引风险投资也不易，投资者往往更加倾向于有成熟商业模式、较大市场潜力或已经取得一定业绩的项目，而大学生创业项目大多处于早期阶段，风险较高。例如，一个大学生想要开展一款新的社交软件创业项目，但由于缺乏资金，无法聘请专业的研发团队进行产品开发，也难以承担后续的推广运营费用。

（2）缺乏经验：大学生大多缺乏实际的商业运营经验、市场营销经验和企业管理经验。从商业运营角度，对项目的成本核算、运营流程、盈利模式等缺乏深入了解；在市场营销方面，不知道如何精准定位目标客户、有效推广产品或服务；在企业管理方面，缺乏对人员招聘、团队激励、财务管理等方面的实践经验和能力。比如，一个大学生开了一家实体服装店，但不懂如何进行库存管理和定价策略，可能导致货品积压或者定价不合理而影响盈利。

（3）市场竞争激烈：大多数创业领域已经存在大量竞争对手，大学生创业项目想要在众多成熟企业和竞争对手中脱颖而出，存在较大困难。大型企业在品牌知名度、市场份额、资源优势等方面具有较大优势，新兴的创业项目要想抢占市场份额难度很大。例如，在电商领域，已经有淘宝、京东等巨头占据了大部分市场份额，大学生想要创建一个新的综合电商平台面临巨大挑战。

（4）风险承受能力低：大学生经济基础相对薄弱，社会资源相对较少，创业一旦失败，可能面临较大的经济压力和心理压力，并且难以快速调整重新开始。与成熟的创业者相比，大学生在面对风险时缺乏足够的应对能力。例如，一些大学生创业项目由于无法熬过创业初期的亏损阶段而夭折。

七、其他形式就业

其他形式就业是相对于传统的、典型的就业形式（如在固定单位签订长期劳动合同，从事全日制工作）而言的，是具有灵活性、多样性、自主性等特点的一系列就业方式的统称。以土木建筑行业为例，除了传统的施工员、质量员、安全员、标准员、材料员、机械员、劳务员、资料员等岗位外，还有很多灵活多样的形式，举例如下：

（1）建筑自媒体人：一些对建筑行业有深入了解和独特见解的人，通过抖音、B 站等自媒体平台，制作并分享建筑知识科普、建筑设计案例分析、施工技术讲解等视频内容，吸引粉丝关注。积累一定流量后，通过广告投放、品牌合作、付费课程等方式实现商业变现。

（2）独立建筑摄影师：凭借专业的摄影技术和对建筑美学的敏锐感知，为建筑设计公司、房地产企业、建筑杂志等拍摄建筑项目的外观、内饰、景观等照片。作品用于宣传推广、项目汇报、学术研究等，以拍摄服务收费作为主要收入来源。

（3）兼职建筑绘图员：利用自己的绘图技能，通过网络平台或人脉关系，承接建筑设计公司、施工企业等的绘图任务，如绘制建筑施工图、效果图、竣工图等。工作时间和地点灵活，按完成的图纸数量或工作量获取报酬。

（4）建筑模型制作工作室：专注于制作建筑模型，为建筑设计公司、房地产开发商、展览展示公司等提供服务。通过手工或利用 3D 打印等技术，将建筑设计方案以直观的模型形式呈现出来，用于项目展示、投标、教学等用途，以模型制作订单收入为主要盈利来源。

（5）建筑劳务平台包工头：通过建筑劳务平台，整合建筑工人资源，根据不同建筑项目的用工需求，组织和派遣工人到相应的工地工作。包工头负责工人的招募、管理和工资发放等工作，从项目用工费用中获取管理费用和利润。

（6）线上建筑材料销售平台店主：在淘宝、京东等电商平台或专门的建筑材料销售平台上开设店铺，销售各类建筑材料，如管材、线材、五金配件、装饰材料等。通过线上展示、推广产品，接受客户订单，与供应商合作完成产品的配送和售后服务，以产品销售差价盈利。

大学生就业形势虽复杂多样，但只要自身坚持不懈地努力，就一定能够找到适合自己的工作。在求职过程中，大学生应积极提升自身综合素质，不仅要扎实掌握专业知识，还要注重培养沟通能力、团队协作能力、创新能力等职场必备技能。同时，要保持积极的心态，主动关注就业市场动态，多渠道获取就业信息，不断调整求职策略。通过参加各类实习、社会实践活动，积累工作经验，提高自己在职场上的竞争力。只要大学生充分发挥自身优势，不断努力进取，就一定能在丰富多样的就业形势中找到属于自己的职业发展道路，实现自己的人生价值。

第三节　土建类专业在行业中的定位

土建类专业是现代工程体系中的支柱性学科专业，涵盖建筑工程、结构工程、岩土工程、道路与桥梁工程、市政工程、给水排水工程、交通工程等众多领域。土木建筑行业从业人员通过设计、施工和维护社会基础设施，推动国家经济建设、社会发展、城市化进程以及全球基础设施的升级与扩展。

本节将从土建类专业的历史演变、全球应用现状、在具体行业中的核心角色三维度，深入剖析土建类专业在行业中的定位及未来发展方向。

一、土建类专业的历史演变

土建类专业历史悠久，从古代的基础建筑到现代的智能化、数字化工程，土建类专业伴随着人类文明的进步不断演变。

1. 古代土木工程的起源

土木工程是最早期的人类工程实践之一。古代文明为了应对自然环境，修筑了道路、桥梁、堤坝等基础设施，奠定了土木工程的基础。

中国的长城和都江堰：作为中国古代土木工程的杰作，长城不仅是防御性的军事工事，也是古代建筑技术的集大成者。都江堰则展示了古代水利工程的精湛技艺，至今仍在发挥灌溉功能。都江堰的无坝引水技术有效减轻了洪涝灾害，提高了农业产出，极大促进了区域经济的可持续发展。

2. 工业革命与现代土木工程的形成

工业革命推动了现代土木工程的发展，随着蒸汽机、钢铁和水泥的广泛使用，土建类专业进入了大规模基础设施建设的时代。

艾菲尔铁塔与伦敦塔桥：艾菲尔铁塔是钢结构建筑技术的代表作，展示了钢铁材料在土木工程中的广泛应用。伦敦塔桥则是机械与土木工程技术的结合典范，桥梁设计和施工中的创新技术，使得它不仅是一座交通设施，还成为伦敦的地标性建筑。

美国的铁路与高速公路系统：工业革命推动了美国基础设施的迅速发展，横贯大陆的铁路系统和遍布全国的公路网为经济的高速增长提供了基础支持。土木工程师通过创新的材料使用和大规模施工技术，确保了基础设施的高效建设与长期耐用。

3. 信息化时代的土建类专业发展

进入信息化时代，土建类专业与数字技术的结合加速了工程项目的管理、施工效率和精确度，建筑信息模型（BIM）和智能建筑技术的普及使得土木工程进入了数字化、智能化的新时代。

BIM 技术的引入：BIM 技术的应用使得土木工程项目能够实现从设计到施工、运营的全生命周期管理。通过 BIM 模型，项目各方可以实时共享建筑物的设计、结构和材料信息，减少了设计与施工中的误差，显著提升了施工质量与效率。

智能建筑与智慧城市：土木工程不仅在建筑物的结构安全上发挥作用，还在智能建筑和智慧城市中扮演重要角色。例如，通过传感器、物联网和大数据分析，建筑物的能源消耗、结构健康状况等都可以被实时监控和管理，这大大提升了城市基础设施的运行效率。

二、土建类专业的全球应用现状

土建类专业在全球范围内的应用因地区和国家的不同而有所差异，受到经济水平、自然环境、社会需求等因素的影响。

1. 发达国家的应用

在欧美等发达国家，土建类专业主要集中于基础设施的现代化升级、老旧设施的改造以及城市可持续发展的智能建筑和绿色建筑项目。

（1）美国的基础设施更新计划：美国的基础设施自20世纪中期以来进入老化阶段。近年来，美国政府通过基础设施投资法案，向道路、桥梁、港口、能源和水利等项目投入巨额资金，推动基础设施的更新改造。土建类专业人才通过参与这些项目，承担设计、施工管理和技术咨询等职责，确保了老旧设施的修复和新设施的现代化建设。

（2）欧洲的绿色建筑与可持续发展：在欧洲，土建类专业广泛应用于绿色建筑和城市更新项目。德国、英国等国家通过绿色建筑标准（如LEED认证和BREEAM认证）推动节能环保建筑的开发，土木工程师在优化建筑能效、减少碳排放等方面发挥了关键作用。例如，德国的"被动房"标准就是一种通过优化设计降低建筑能耗的技术，土木工程师通过创新材料和高效施工技术，使建筑物实现了极低的能耗水平。

2. 新兴经济体的基础设施建设

中国、印度等新兴经济体正在进行大规模的基础设施建设，土建类专业人才在铁路、公路、机场、港口等的建设中发挥了核心作用。这些国家的发展得益于土木工程技术的快速进步和大规模应用。

中国是全球高速铁路网络建设最迅速的国家之一，高铁线路总长度超过4万千米，居世界首位。土木工程师在高铁项目中负责从选址、桥梁设计、隧道建设到线路铺设的全流程工作。高铁项目不仅展示了土建类专业在大规模交通基础设施建设中的重要作用，还提升了中国交通网络的整体效能，推动了区域经济一体化发展。

3. 发展中国家的基础设施需求

非洲、南美洲等地区的发展中国家在基础设施建设上依然面临巨大挑战，特别是道路、供水、能源和公共服务等领域。土建类专业人才通过国际合作项目和技术输出，帮助这些国家改善基础设施状况。

（1）非洲的跨国基础设施项目：非洲的基础设施项目主要集中于公路、铁路、供水系统和能源设施建设。例如，中国企业在非洲承建的公路、铁路项目极大改善了当地的交通运输状况，推动了区域经济一体化。土建类专业人才通过国际合作项目，展示了土木工程技术的全球适应性与可扩展性。

（2）南美洲的水利与能源项目：在巴西、哥伦比亚等南美国家，土建类专业广泛应用于水利和能源设施的建设。例如，巴西的水电项目依赖于土木工程师的地质勘测、基础设计和施工管理，这些项目不仅解决了国家的电力短缺问题，还通过合理的水资源调度，减缓了水资源匮乏的环境压力。

三、土建类专业在具体行业中的核心角色

1. 建筑工程行业

在设计规划方面，土木工程师承担着对建筑的结构设计、功能布局设计等核心任务。

以高层建筑为例，需要依据力学原理、结构设计规范等设计出合理的承重结构体系，确保建筑在使用年限内的稳定性和安全性。如上海中心大厦项目（案例 4）中，设计人员要考虑风荷载、地震作用等多种复杂因素，通过精准的计算和创新的结构设计（采用了巨型框架-核心筒结构）来保证建筑能够承受这些外力。

案例 4

上海中心大厦建筑结构设计案例分析

上海中心大厦作为一座具有标志性意义的超高层建筑，其设计过程充分展现了土木工程师在建筑结构设计方面的卓越智慧与深厚的专业素养。

在设计规划阶段，首要任务便是确保大厦在复杂的自然环境和长期使用过程中的稳定性与安全性。风荷载和地震作用是高层建筑面临的主要外部作用挑战。上海地处沿海地区，风力强劲，每年还可能受到台风等极端天气的影响。同时，尽管上海并不处于地震活跃带，但地震作用仍不容忽视。

为应对这些复杂因素，设计人员依据力学原理，对大厦的结构进行了精密的构思与设计，采用了巨型框架-核心筒结构体系。这种结构体系中，核心筒作为大厦的“核心支撑”，位于建筑的中心位置，承担着大部分的竖向荷载和水平荷载，为整个建筑提供了强大的抗侧能力。而巨型框架则由巨型柱和巨型梁组成，分布在建筑的周边，与核心筒相互协同工作。巨型柱通常采用高强度钢材或钢筋混凝土材料制成，具有较大的截面尺寸和较高的承载能力，能够有效地抵抗风荷载和地震作用产生的巨大水平力。

设计人员通过精准的计算，对各种荷载工况进行了详细的分析和模拟。利用先进的计算机软件和结构分析方法，对风荷载作用下的结构响应进行了风洞试验模拟。通过在风洞中对建筑模型进行测试，获取不同风速、风向条件下结构表面的风压分布情况，进而准确计算出结构所承受的风荷载大小和分布规律。对于地震作用，设计人员根据上海地区的地震设防要求，结合建筑场地的地质条件，采用抗震设计规范中的方法进行计算分析，考虑不同地震波的输入和结构的动力响应特性，确保结构在地震作用下具有足够的抗震能力。

除了结构体系的设计，在功能布局设计上，设计人员也充分考虑了大厦的使用需求和用户体验。上海中心大厦作为一个综合性的超高层建筑，集办公、酒店、观光、商业等多种功能于一体。在空间布局上，将办公区域设置在不同的楼层，通过合理的交通流线设计，确保人员和物资的高效流通。酒店区域则注重营造舒适、私密的居住环境，配备了高端的设施和服务。观光区域位于大厦的较高楼层，拥有广阔的视野，为游客提供了独特的城市景观体验。商业区域分布在底层和裙楼部分，与周边的交通和城市环境相融合，形成了一个便捷的商业中心。

在整个设计过程中，土木工程师严格遵循建筑规范，将每一个细节都纳入设计考量之中。从建筑材料的选择到施工工艺的要求，都进行了精心的规划和安排。他们的努力和专业精神，使得上海中心大厦不仅成为一座外观宏伟壮观的建筑地标，更是一座结构稳固、功能完善的现代化建筑典范。它不仅承载着城市的发展希望，也为土建类专业在超高层建筑设计领域树立了一座新的里程碑。

在施工建设方面，土木工程师在施工现场负责施工技术指导与管理。他们要指导工人进行基础工程施工，如深基础的钻孔灌注桩施工时，土木工程师要确保钻孔、钢筋笼安装、混凝土灌注等工序符合设计和规范要求。

施工过程中的质量控制也是土木工程师的重要职责。他们要对建筑材料的质量进行检验监督，例如检测钢筋的强度、水泥的安定性等，同时对各施工分项工程进行质量验收，发现问题及时整改，确保整个建筑工程满足质量标准。

在后期维护方面，建筑物在使用过程中会出现各种问题，土木工程师要对建筑物进行定期检测评估。例如对一些老旧建筑，需要检测结构的老化程度，通过专业的检测设备和技术（如结构应力检测）判断结构的安全性，为建筑物的维护、加固或改造提供依据。

当建筑物需要进行改造或功能提升时，土木工程师要制定合理的改造方案。例如在既有建筑加装电梯的工程中，土木工程师要考虑电梯井的结构设计、与原建筑结构的连接方式、对原建筑物基础的影响等多方面问题。

2. 交通行业

交通行业中的道路、桥梁、隧道、轨道交通建设是土建类专业的核心领域。土木工程师负责交通基础设施的设计、施工和维护，确保交通网络的安全性、效率和可持续性。

例如道路工程中，在规划设计阶段，土木工程师根据交通流量预测、地形地貌等因素设计道路的走向、等级和横断面形式等。在山区道路设计时，要考虑地形起伏大的因素，可能需要采用盘山公路的形式或者设置大量的桥梁和隧道来减小坡度，以满足行车安全和舒适性要求。

施工时，土木工程师负责路基工程、路面工程的施工管理。对于路基施工，要控制好填土的压实度、含水率等参数，确保路基的稳定性。在路面施工中，无论是沥青路面还是混凝土路面，都要保证材料配合比准确，施工工艺符合要求，以提高路面的平整度和使用寿命。

在道路的维修养护方面，土木工程师要制定养护计划。例如根据交通流量、道路使用年限等确定道路的维修周期和维修内容，对路面的裂缝进行及时修补、对老化的路面进行翻新等。

桥梁工程中，桥梁的设计工作要求土木工程师综合考虑多种因素。例如在跨江、跨海大桥设计时，要根据河道（海域）宽度、水流速度、通航要求等确定桥梁的结构形式（如悬索桥、斜拉桥、梁桥等）、跨度大小和桥塔高度等。在设计阶段就需要利用计算机模拟技术精确计算桥梁在各种荷载作用下（自重、车辆荷载、风荷载、水流冲刷力等）的受力情况，确保桥梁结构安全可靠。例如港珠澳大桥的设计就涉及大量复杂的结构计算和技术创新。

桥梁施工过程中，土木工程师监督施工工艺执行情况。如大跨度桥梁的主塔施工时，对混凝土的浇筑质量（振捣、养护）要求很高，工程师要确保施工工艺到位，保证主塔的垂直度和强度等指标符合要求。钢结构桥梁的安装过程中，要控制钢结构的焊接质量和安装精度等。

桥梁的后期维护同样重要。土木工程师要定期检查桥梁结构的状况，特别是一些关键部位（如斜拉索的防护、桥梁支座的变形情况等），对于发现的病害及时进行修复加固处理，保障桥梁的安全运营。

3. 市政工程行业

给水排水工程方面，在城市供水系统设计中，土建类专业的给水排水工程师要考虑水源地的选择、取水方式、净水处理工艺、输配水管道布局等。例如为保证供水水质，要设计合理的净水厂工艺流程（如沉淀、过滤、消毒等环节），同时根据城市不同区域的用水需求，设计合适管径的输配水管道，利用水力学原理保证每个用户端都有足够的水压。

在污水排放和处理方面，工程师要规划污水收集系统的管网布局，使污水能够有效地收集到污水处理厂。在污水处理厂设计时，要根据污水水质特点采取不同的处理工艺（如生物处理、物理化学处理等），确保处理后的污水达到排放标准后再排放到环境中或者进行再生利用。

在城市环境卫生与固体废弃物处理方面，土木工程师参与城市垃圾填埋场的设计和建设。他们要考虑垃圾填埋场的选址（远离水源地、居民区等敏感区域），设计合理的防渗层结构（防止垃圾渗滤液对土壤和地下水造成污染）以及填埋气体收集处理系统（对甲烷等产生的填埋气体进行收集和处理，避免爆炸和温室气体排放）。

在城市环境卫生基础设施建设方面，如公共厕所、垃圾转运站的建设中，土木工程师要根据城市规划和人口密度合理布局，设计合适的建筑结构和功能分区，满足卫生、环保等要求。

4. 能源行业

土建类专业在能源行业中的作用主要体现在水利工程、核电站建设和新能源等可再生能源设施的建设中。

（1）全球最大水利枢纽工程：三峡大坝是全球规模最大的水电工程，土建类工程师通过复杂的地质分析、基础设计和施工管理，确保了大坝的安全性与高效运行。该项目展示了土木工程技术在大规模水利设施中的应用。

（2）核电与风电项目中的土建类应用：土建类专业广泛应用于核电站和风力发电设施的建设。例如，在中国的核电站项目中，土木工程师负责厂房的结构设计和防震措施的制定，而海上风电项目则需要土木工程师设计风电的基础设施，确保其在极端海洋条件下的安全性和稳定性。

土建类专业作为基础设施建设的重要支柱，在全球范围内的经济发展和社会进步中发挥着核心作用。从建筑、交通、能源到环保，土木工程师推动了行业的技术进步和项目创新。随着智能建筑、绿色建筑、可再生能源技术的不断发展，土建类专业的应用前景愈加广阔。

未来，土建类专业人才将在继续推动全球基础设施建设的同时，通过智能化、绿色化和国际化的发展方向，推动社会的可持续发展。对于土建类专业的学生和从业者而言，只有持续学习前沿技术、增强跨学科和国际化视野，才能抓住未来的机遇，实现个人职业发展的最大化。

5. 规划和设计行业

在土建类专业庞大且复杂的体系里，规划与设计扮演着极为关键的角色，犹如建筑的基石与灵魂，全方位影响着项目从构想到落地的整个生命周期。

从项目的萌芽阶段起，规划与设计就承担起引领方向的重任。在城市建设进程中，城市规划师依据城市的地理环境、人口增长趋势、经济发展需求等多方面因素，确定不同区域的功能定位，例如划分商业区、住宅区、工业区等。以某新兴城市为例，规划师着眼于其优越的港口资源与旅游潜力，提前规划出临港产业区，为后续大规模的码头建设、物流园区布局奠定基础；同时，围绕自然风光打造生态旅游区，从交通线路规划到景点分布设计，引导着后续土建项目的开展方向，确保城市发展有序且可持续。

在建筑单体设计层面，建筑师依据业主需求、场地条件以及建筑法规进行建筑设计。比如设计一所学校，要考虑教学功能分区，合理安排教室、实验室、图书馆等空间位置，满足教学流线顺畅的同时，兼顾采光、通风等舒适性要求，确定建筑风格与体量，为后续的结构设计、施工建设提供蓝本，决定了建筑最终呈现的面貌与使用体验。

规划与设计是土建类专业内部各领域协同合作的关键枢纽。在项目推进中，它串联起建筑、结构、给水排水、电气等多个专业。结构工程师依据建筑设计方案，进行结构选型与力学计算，确定梁、板、柱等结构构件的尺寸与布置，确保建筑具备稳固的力学性能以承载各类荷载。

给水排水工程师、电气工程师同样依据规划设计方案开展工作。给水排水设计要规划好生活用水、消防用水的供应与污水排放系统，确保建筑用水安全与污水达标处理；电气设计则负责照明、电力供应、智能化系统布线等，为建筑提供稳定、便捷的能源支持与先进的智能设施。规划与设计环节通过整合各专业需求，在设计图纸上协调不同专业的管线走向、设备安装位置等，避免施工过程中的冲突，保障项目高效推进。

规划与设计对土建项目品质与可持续性有着决定性影响。在品质把控上，从建筑材料选择到施工工艺细节，都在设计阶段确定。选用优质、耐用且符合环保标准的建筑材料，如高强度、低能耗的新型混凝土，隔声、隔热性能良好的墙体材料，能提升建筑的整体质量与使用舒适度。在施工工艺设计方面，采用先进的装配式建筑技术，既能提高施工效率，又能保证构件精度与建筑质量，减少现场湿作业带来的质量隐患。

在可持续性方面，规划与设计践行绿色理念。在建筑规划时，注重建筑朝向与自然通风、采光的结合，通过合理的建筑布局与设计，最大限度利用自然能源，降低建筑能耗。例如在住宅设计中，采用被动式太阳能设计策略，利用南向大面积窗户采集太阳能，用于冬季室内供暖；设置合理的通风口，促进夏季自然通风，降低空调使用频率。在景观规划中，运用生态雨水收集系统，将雨水收集用于灌溉与景观补水，实现水资源的循环利用，助力土建项目迈向绿色、可持续发展之路。

规划与设计贯穿土建类项目始终，以其独特的引领、协调与保障作用，奠定了其在土建类专业体系中无可替代的核心地位，是推动土建行业不断进步、创造优质建筑环境的核心动力。

第四节　行业发展趋势与就业机会

新兴技术创造新职位。随着人工智能、大数据、云计算、物联网等技术的融合发展，催生出许多新职业，如数据分析师、机器学习工程师、数字营销专家等岗位。在人工智能领域，其在医疗、金融、交通、安防等多领域的应用日益广泛，这不仅带动了人工智能技术本身相关岗位的需求，也促使其他行业为适应人工智能的融合而产生新的就业机会，例如在智能医疗设备领域，需要专业人员进行设备的研发、维护和数据分析等工作。在大数据方面，各行业对数据的重视度不断提高，数据分析师可以对海量数据进行挖掘和分析，为企业决策提供支持，并且数据科学与大数据技术专业就业方向广泛，涵盖数据分析师、数据科学家、大数据工程师等热门且待遇优厚的职业。这些新兴技术相关职业在未来仍有较大的发展空间，对人才的需求也将持续增长。

以土建类专业为例，土建类专业作为现代工程学科中的重要分支，既具备深厚的历史背景，又紧密连接着当代社会和经济的快速发展。土木建筑行业通过提供基础设施建设的支持，极大地推动了国家经济的发展，并为社会提供了持续的公共服务保障。面对全球快速变化的经济环境、技术创新和社会需求的转变，土建类行业的发展趋势及就业机会也呈现出新的特征和挑战。

下面将通过详细探讨全球及中国土木建筑行业的技术发展趋势、政策驱动、就业机会分析、职业发展路径等方面，分析该行业未来的就业机会。通过对不同行业、不同岗位的详细分析，帮助毕业生和从业者更好地理解土建类行业的未来发展，并把握职业机会。

一、土木建筑行业的技术发展趋势

1. 智能化与数字化的融合

土木建筑行业正逐渐从传统的以体力和经验为主的施工转向智能化和数字化的方向，借助建筑信息模型（BIM）、物联网（IoT）、大数据和人工智能（AI）等新兴技术，提升建筑和基础设施的全生命周期管理能力。

BIM 技术的深化应用：BIM 技术已经广泛应用于全球建筑项目管理中。BIM 技术通过数字化的方式对建筑项目进行可视化管理，包括设计、施工和后期维护，极大地提升了项目的整体效率。未来，具备 BIM 技术和信息化管理能力的土建类专业毕业生将在行业内具备更强的竞争力。

物联网和大数据在基础设施中的应用：智能传感器和大数据技术正在广泛应用于基础设施管理中，如桥梁的结构健康监测、高速公路的智能交通管理系统等。通过实时数据的监测与分析，土木工程师可以更好地预测和预防设施的老化与损坏，延长基础设施的使用寿命。

2. 绿色建筑与可持续发展

随着全球气候的变化和环境保护需求的提升，绿色建筑与可持续发展已成为土建类行业的核心发展方向。许多国家和地区正在通过政策推动环保型基础设施和建筑物的开发，减少能源消耗、碳排放和废物产生。例如，北京的国家会议中心二期项目采用了大量的节能环保技术，如太阳能发电、雨水收集再利用系统等。

低碳建筑材料的应用：土建类专业在低碳材料的应用上具有重要作用。例如，高性能混凝土、可再生木材和环保型隔热材料正在逐步替代传统材料，用以降低建筑物全生命周期的碳足迹。土木工程师需要了解这些新材料的性能及其在建筑中的应用场景，以确保工程的环保性和经济性。

可持续城市与绿色基础设施建设：随着全球城市化进程的加快，城市基础设施建设面临着更高的可持续发展要求。土木工程师在设计城市排水系统、绿色交通设施等项目时，需要充分考虑生态保护、水资源管理、能源利用等因素，以推动城市的绿色转型。

具备绿色建筑设计能力的毕业生在这样的项目中具有更大的职业发展空间。绿色建筑和低碳建筑标准的推广也将进一步提升对环保技术人才的需求。

3. 防灾减灾技术的提升

全球范围内的自然灾害频发，尤其是地震、洪水等灾害，对基础设施的安全提出了更高的要求。土建类专业正通过提升基础设施的抗震设计水平和灾后恢复能力，来应对未来可能出现的自然灾害。

新材料应用与抗震设计水平的提升：近年来，抗震设计技术取得了显著进步，尤其是在地震高发区，土木工程师借助于智能材料、隔震技术和自修复材料，极大地提升了建筑物和基础设施的抗震性能。例如，隔震橡胶支座和自修复混凝土等新材料在抗震设计中得到了广泛应用。

灾后重建与恢复能力的提升：在灾后基础设施的重建中，土建类专业不仅要恢复原有的设施，还要考虑如何在原有基础上提升其抗灾能力。灾后重建过程中的快速响应和技术升级是未来土木工程师在此领域发展的关键。

在这个快速发展、不断变革的时代，土木建筑行业正经历着深刻的转型与升级。近些年，国家高瞻远瞩，相继提出韧性城市与城市更新等一系列的重要理念，它们也已然成为土木建筑行业技术发展的核心趋势，深刻影响着行业前行的轨迹。

二、土木建筑行业发展的政策驱动

1. 国家基础设施投资的加速

全球多个国家正在加大对基础设施的投资，尤其是在疫情后经济复苏的背景下，基础设施建设成为促进经济增长的重要手段。

中国的“十四五”规划与新基建：中国的“十四五”规划明确提出，将继续加大对铁路、公路、机场等基础设施的投入，并推动“新基建”，包括 5G 基站、数据中心和智能交通等新型基础设施建设。这为土建类专业提供了广阔的市场空间，也要求从业者具备更广泛的技术背景和跨领域知识。

2. 绿色发展政策的引领

中国的“双碳”目标：中国提出了“碳达峰”和“碳中和”的目标，要求到2030年实现碳达峰，2060年实现碳中和。这一目标推动了建筑行业的低碳化转型，绿色建筑标准、节能建筑材料、环保施工技术将成为未来土木建筑行业的重要发展方向。

全球环保建筑法规的趋严：随着环保政策的加强，全球范围内的环保建筑法规不断趋严。土木工程师在进行项目设计时，必须遵循更严格的节能、环保要求，以确保项目符合最新的环保法规和标准。

3. 国际合作与基础设施全球化

随着全球化的深入，土木建筑行业的国际合作逐步加强。跨国基础设施项目正在成为新的增长点，特别是在“一带一路”倡议的带动下，基础设施建设的国际化发展为土建类专业提供了更多的机遇。

“一带一路”倡议的推进：中国的“一带一路”倡议推动了大规模国际基础设施项目的建设，涵盖铁路、公路、港口、电力等领域。中国的土木工程师和建筑企业正在积极参与全球基础设施建设项目，带动了中国土建类专业人才的国际化发展。

全球基建融资的合作模式：在全球范围内，政府、私营企业和国际金融机构的合作模式越来越普遍。亚洲基础设施投资银行（AIIB）、世界银行和国际货币基金组织（IMF）等国际金融机构通过为基础设施项目提供融资支持，推动了全球土木建筑行业的发展。这一趋势为具备国际视野和跨文化交流能力的土木工程师创造了更多的就业机会。

三、土木建筑行业中的就业机会分析

在土木建筑行业中有所谓的“八大员”，这也是大多数土建类专业毕业生在行业中的就业方向。土建“八大员”通常指施工员、测量员、造价员、质量员、安全员、材料员、资料员、监理员。这些岗位是建筑行业的基础岗位，在工程建设中各自发挥着不可或缺的作用，如表3-6所示。

土建“八大员”岗位 **表3-6**

岗位	岗位需求	发展前景
施工员	随着经济发展、路网改造以及城市基础设施建设工作的不断深入，还有个人住房市场的持续发展，岗位需求量大。各大建筑公司需要大量土建施工员，在各类建筑项目中开展施工组织策划、施工技术与管理，以及施工进度、成本、质量和安全控制等工作	起步阶段较辛苦，后期发展走向是建造师、项目经理，若成为项目经理，年薪可能达到几十万元
测量员	与设计、施工等方面密切配合，在工程建设的前期规划、施工过程中的定位放线以及后期的工程验收等环节都起着关键作用。道路桥梁建设、房地产开发、水利工程等都需要测量员制定切实可行的测量放线方案，市场有一定需求	经验丰富的测量员可晋升为测量主管，负责项目测量团队管理和技术指导。随着测绘技术发展，有机会学习掌握无人机测绘、三维激光扫描等新技术，拓宽职业发展道路
造价员	负责工程预算的编制及对项目月目标成本的复核工作，对比实际成本与目标成本差异并作出分析。在项目的投资决策、招标投标、施工过程成本控制以及竣工结算等阶段工作至关重要。任何建筑项目都需要进行成本核算和控制，是建筑行业必不可少的岗位	优秀的造价员可晋升为造价工程师，负责更大型、更复杂项目的造价管理工作。还可进入工程造价咨询公司、会计师事务所等机构，为不同客户提供专业造价咨询服务

续表

岗位	岗位需求	发展前景
质量员	负责公司所有物资、产品、设备质量的检查，以及工程项目的质量总结和统计报表工作，检查工程材料质量，制止使用不合格材料。在建筑质量要求日益严格的今天，岗位需求较为稳定。建设单位、施工单位、监理单位都需要质量员确保工程质量符合相关标准和规范	可朝着质量主管、质量经理的方向发展，负责整个项目或企业的质量管理体系的建立和运行。也可通过积累经验和考取相关证书，成为质量检测机构的专业检测人员
安全员	负责安全生产的日常监督与管理工作，做好安全检查，控制安全事故的发生。随着国家对安全生产的重视程度不断提高，建筑行业对安全员的需求越来越大。每个建筑项目都必须配备安全员，确保施工现场人员生命安全和财产安全	有经验的安全员可晋升为安全主管或安全经理，负责制定和实施企业的安全管理策略。也可转型为安全咨询师，为企业提供专业的安全管理咨询服务
材料员	建筑施工企业的关键岗位，必须持证上岗。负责建筑材料的采购、供应、管理和核算等工作。建筑项目的顺利进行离不开各种建筑材料的及时供应和合理管理，材料员在建筑行业中具有重要地位	优秀的材料员可晋升为材料主管或采购经理，负责企业的材料采购战略和供应商管理。还可利用对材料市场的了解，开展材料贸易业务
资料员	负责工程项目的资料档案管理、计划、统计管理及内业管理工作。工程项目的整个生命周期会产生大量文件和资料，资料员需要对这些资料进行整理、归档和保管，以便查询和使用。每个建筑项目都需要配备资料员	可朝着资料主管、档案管理专家的方向发展，负责企业的资料管理体系的建设和完善。也可转型为信息管理专员，利用信息化技术提高资料管理的效率和水平
监理员	经过监理业务培训，具有同类工程相关专业知识，从事具体监理工作。在建筑工程中，监理单位需要对工程项目的质量、进度、投资等方面进行监督和管理，以确保工程建设符合相关法律法规和合同要求，在建筑行业中有一定岗位需求	有经验的监理员可晋升为专业监理工程师、总监理工程师，负责更大规模、更复杂项目的监理工作。还可进入工程监理咨询公司，为不同客户提供专业的监理咨询服务

近年来，我国经济持续发展，基础设施建设不断推进。道路交通建设、城市基础设施建设工作不断深入，对土建“八大员”的需求一直保持在较高水平。例如在道路桥梁建设项目中，施工员负责现场施工管理，测量员进行精确的测量放线，以确保工程按照设计要求进行建设。

随着科学技术的发展，土木学科不断注入新的内容，一些新兴领域如智能建筑、绿色建筑等逐渐兴起。这些领域对土建“八大员”提出了更高的要求，也创造了新的就业机会。例如在智能建筑项目中，施工员需要了解智能控制系统的安装和调试，资料员需要整理和归档相关的智能设备资料。

从整体来看，土建“八大员”岗位有着广阔的就业前景。在当前经济环境下，虽然土木建筑行业可能会受到一定的影响，但国家的基础建设仍然在持续推进，如交通基础设施建设、城市更新改造等项目的开展，都为土建“八大员”提供了稳定的就业机会。

四、土木建筑行业的职业发展路径

1. 从技术岗位向管理岗位的转型

大部分土建类专业的从业者，职业生涯都是从技术岗位开始。在积累了丰富的项目经验和技术能力后，工程师们通常会向项目管理、技术总监、部门经理等管理岗位转型。

项目经理：项目经理是土木工程师职业发展的重要转型方向之一。项目经理不仅需要具备技术背景，还需要具备项目管理、时间管理、团队协作、成本控制等多方面的能力。随着大型基础设施项目和复杂建筑项目的增多，项目经理的需求将持续增长。

技术总监：技术总监通常是企业技术战略的制定者和执行者，负责监督公司所有项目的技术实现，确保技术标准的达成。技术总监的职位要求深厚的技术背景和丰富的管理经验，是土建类专业从业者职业发展的高级岗位。

2. 跨国公司与国际项目的职业发展机会

随着全球化的发展，越来越多的土建类专业人才参与到跨国公司的国际项目中。国际项目不仅为从业者提供了丰富的项目经验，也帮助他们获得国际视野和跨文化沟通能力。

国际项目经理：国际项目经理负责跨国工程项目的执行和管理，确保项目符合国际标准，并协调跨国团队的工作。该岗位要求工程师具备出色的项目管理能力和语言沟通能力。

海外工程师：许多土木工程师通过跨国公司派遣或自由职业，前往海外参与基础设施建设项目。尤其是在“一带一路”倡议下，土建类专业人才在非洲、东南亚等地区的基础设施建设中发挥了关键作用。

3. 技术专家与顾问的职业发展路径

技术专家与顾问是土建类专业中的高级职业发展路径，特别适合具备丰富经验和专业技能的从业者。顾问通常为企业提供技术咨询、项目评估和工程解决方案。

土木工程顾问：顾问通常拥有丰富的行业经验，能够为复杂项目提供技术支持、设计优化建议和风险评估服务。土木工程顾问的职业发展路径要求从业者具备深厚的理论知识、广泛的行业经验和出色的沟通能力。

技术专家：技术专家是某一领域的资深工程师，通常在建筑结构设计、基础设施建设等专业领域具备深厚的技术积累。技术专家不仅能参与复杂项目的技术实现，还能为团队提供技术指导和创新解决方案。

土木建筑行业在全球经济和社会发展中扮演着至关重要的角色，随着科技的进步、政策的推动以及全球化的深入，行业呈现出多元化、智能化和绿色化的发展趋势。这一趋势不仅推动了土木建筑行业的技术革新，也为从业者提供了广阔的就业机会和创业空间。未来，土木工程师需要不断提升自身的技术能力，掌握 BIM、物联网等前沿技术，并具备应对国际化竞争的能力。同时，随着全球对绿色建筑、智能交通和可再生能源设施需求的增加，土木建筑行业将在可持续发展领域中扮演更加重要的角色。土建类专业的学生和从业者应紧跟行业发展趋势，提升专业能力，增强跨学科的知识储备，才能在行业变革中抓住机遇，获得更广阔的职业发展空间。

大学生就业现状复杂多样，受多种因素交互影响。就业市场竞争激烈、经验与技能缺乏、专业供需失衡、期望过高等挑战与求稳心态、积极就业政策等情况并存。大学生需提升竞争力适应市场，政府和社会也应创造更多机会，以实现大学生高质量充分就业。

思考题：

1. 经济环境如何影响大学生的就业机会和职业发展？

2. 高校毕业生通常会选择哪些就业渠道？请简述每个渠道的优势与挑战。

3. 在你看来，参军入伍是否是一个适合土建类专业毕业生的选择？请结合现实中的案例分析。

4. 在土木建筑行业中，土木工程师在设计规划、施工建设和后期维护阶段分别承担哪些关键任务？

5. 随着技术的发展，土木建筑行业的哪些技术趋势正在改变行业的就业形态？

第三章思考题参考答案

参考文献

[1] 杨炜苗. 大学生职业生涯规划与就业指导[M]. 北京：清华大学出版社, 2020.

[2] 苏文平. 职业生涯规划与就业创业指导[M]. 3 版. 北京：中国人民大学出版社, 2023.

第四章

大学生职业生涯规划方案与行动计划

学习目标：

1. 了解职业生涯规划的基本步骤。
2. 掌握确定合适目标和目标分解的方法。
3. 掌握 SWOT 分析策略。
4. 了解规划调整与实施的基本方法。
5. 掌握职业生涯规划书撰写的基本步骤。

第一节　职业生涯规划的基本步骤

大学生职业生涯规划一般步骤为：

（1）自我特征分析（包括职业兴趣、性格特征、职业选择价值观和自身能力梳理）、外部环境调查；

（2）在以上信息的基础上，设定自己的职业目标；

（3）梳理达到职业目标的生涯路径；

（4）对达到职业目标尚不具备的条件和障碍，通过有计划、有目的的活动，消除这些障碍，并最终实现自己的职业目标。

必须说明的是：进行一项切实可行的职业生涯规划，需要大量的信息作为支撑，尤其是对于自身特征和对于外部环境信息的了解，很大程度上影响着职业生涯规划方案的合理性和科学性。同时，任何人的信息都不可能是完备的，但这并不妨碍你先期制定计划；随着职业生涯规划计划执行的深入和掌握信息的增多，计划中的缺陷也必然被发现。随着计划的深入执行及针对缺陷的调整，计划就会更加细致和贴近实际。缺陷可能导致某些规划环节需要调整，某些目标甚至有时也需要修正。所以，职业生涯的规划及执行是一个动态的过程，不可能一蹴而就。而职业生涯规划的质量，强烈依赖对个人认知的深刻分析和对外部信息获取、掌握和分析的程度。

第二节　制定职业生涯规划的前期准备

制定切实可行的职业生涯规划，需要从个人特征分析和职业特征分析两方面入手。制定职业生涯规划，首先需要确定一个目标。确定目标之前，要了解在你感兴趣的方向或者行业中有哪些职位，其中哪些是可以作为目标的职位，这些职位有什么特征，需要什么样的能力，其晋升途径涉及哪些方面等。这就需要大量的外部环境调查，特别是针对你想要就业的行业体系进行调查，梳理出可以作为职业目标的职位，以及这些职位有何特征，对个人能力要求都涉及哪些方面，要求水平如何等。

了解职位特征以后，还需要确定哪些职位是适合自己的。有的岗位在别人看起来可能比较吸引人，但对于个人来说是否合适却不一定，还需要考虑自身特点。想要确定哪些职位是适合自己的，那就需要对个人特征进行分析，如个人的职业兴趣是否满足，个人性格特征是否和该职位匹配，该职位是否符合自己的价值观要求，个人通过努力能否达到该职位的能力要求等。

对个人特征的分析可以借助各种量表进行，如借助霍兰德职业兴趣量表、MBTI 性格量表、舒伯职业价值观量表、职业能力测试等进行梳理和分析，明确自身特征。而对于外部环境的分析则要困难得多，特别是涉及一个大行业时，各种企业、事业单位构成了一个庞大的体系，需要多方面收集资料，才能对行业职业特征有所了解。

土木建筑行业的职位体系和晋升途径，因具体单位和岗位方向的不同而有所差异，以下是5个常见方向的职位体系和晋升途径：

1. 施工方向

施工员/技术员：这是土木建筑行业的基层岗位，主要负责施工现场的具体工作，如指导工人施工、监督施工进度和质量等。经过一段时间的经验积累和技能提升后，可以晋升为工长、标段负责人等。

工长/标段负责人：能够独立管理施工现场的某个工段或标段，负责该区域的施工组织、协调和管理工作，对施工进度、质量、安全等方面进行全面把控。

技术经理：不仅要具备扎实的施工技术知识，还需要有一定的管理能力，能够指导和监督项目的技术工作，解决施工过程中的技术难题，制定施工技术方案等。

项目经理：作为项目的最高管理者，全面负责项目的策划、组织、实施和控制，包括项目的进度管理、质量管理、成本管理、安全管理以及与各方的沟通协调等。项目经理需要具备丰富的项目管理经验、良好的沟通协调能力和领导能力。

分公司领导：在多个项目中取得出色的业绩后，有可能晋升为施工单位的分公司领导，参与分公司的管理决策和规划。

总公司领导：负责公司很多板块的运营协调，负责总公司发展方向的把握和发展战略的制定等。

2. 设计方向

设计员：刚进入设计公司的人员通常从设计员做起，主要负责协助高级设计工程师完成一些基础的设计工作，如绘制图纸、收集数据等。随着经验的积累和专业知识的不断提升，可以晋升为设计工程师。

设计工程师：能够独立承担一定规模和难度的设计任务，根据项目要求进行结构设计、建筑设计等工作，并对设计方案进行优化和改进。设计工程师分为初级、中级、高级三个级别，需要通过相应的职称评定或专业考试来晋升。

项目负责人：负责整个设计项目的管理和协调工作，包括项目进度的安排、设计团队的组织、与客户的沟通等。项目负责人需要具备较强的项目管理能力和沟通协调能力。

某所总工/所长：在设计公司的某个部门或分支机构中担任技术总负责人或负责人的角色，负责该部门的技术管理和业务发展。这一岗位需要具备深厚的专业技术功底和丰富的管理经验。

副总工/总工：是设计公司的高级技术管理职位，参与公司的技术决策和管理，指导和监督公司的设计工作，对公司的技术水平和设计质量负责。

设计公司领导：负责公司的整体运营和管理，制定公司的发展战略和规划，领导公司的设计团队为客户提供优质的设计服务。

3. 造价方向

造价员：主要负责工程项目的造价计算、预算编制、成本控制等工作。在积累了一定的工作经验和专业技能后，可以晋升为造价主管。

造价主管：负责管理和指导造价团队的工作，审核造价文件，参与项目的成本控制和管理决策。

部门（项目）经理：对整个项目的造价管理工作全面负责，包括项目的预算编制、成本控制、结算审核等，同时还需要与项目的其他部门进行沟通协调，确保项目的顺利进行。

成本总监（总经理）：在公司层面负责成本管理工作，制定公司的成本控制策略和目标，监督和指导各个项目的成本管理工作，为公司的经济效益负责。

4. 监理方向

监理员：在施工现场协助监理工程师进行工程质量、进度、安全等方面的监督和检查工作。经过一段时间的实践和学习后，可以晋升为监理工程师。

监理工程师：具备独立开展监理工作的能力，能够对工程的施工过程进行全面的监督和管理，发现问题并及时提出整改意见。

总监理工程师代表：在总监理工程师的授权下，代表总监理工程师行使部分职责，协助总监理工程师管理项目的监理工作。

总监理工程师：作为项目监理工作的最高负责人，全面负责项目的监理工作，对工程的质量、进度、安全等方面进行监督和控制，确保工程按照合同要求顺利完成。

监理公司领导：负责监理公司的整体管理和业务发展，制定公司的监理管理制度和标准，参与公司的战略规划和决策。

5. 工程管理方向（业主单位）

基本职员：在业主单位的工程部门从事基础的工程管理工作，如协助项目经理进行项目的前期策划、参与项目的招标工作等。

业主单位技术负责人：负责业主单位项目的技术管理工作，对项目的设计方案、施工技术等进行审核和监督，确保项目的技术可行性和合理性。

业主单位代表：作为业主单位在施工现场的代表，负责监督施工单位的施工过程，协调解决施工过程中出现的问题，确保项目的顺利进行。

指挥/总指挥：对项目的整体实施进行指挥和协调，负责项目的进度管理、质量管理、安全管理等工作，确保项目按照业主单位的要求和目标完成。

单位领导：在业主单位中担任高层领导职务，参与公司的战略规划和管理决策，负责公司的工程项目管理业务。

第三节　选择一个合适的目标

一、目标的重要性

没有目标，就谈不到规划。也就是说，规划是为了实现目标而进行有步骤有措施的安排。对每个人，目标都具有决定性作用。没有目标，就不知道要往哪个方向走，大学生活也会茫然无措。

在《爱丽丝梦游仙境》一书中有这样一段话："如果你不知道自己想去哪儿，那么，你走哪条路都无所谓，而只要你一直走，哪怕是胡乱奔跑，也总可以达到某个地方。但你对自己的处境是否满意就是另外一回事了。”

达到对“自己的处境”满意，就是职业生涯规划的最终目的。其实，生活中所做的许多选择，也是和目的有很强的关联的。例如有个问题是：

“山顶有两棵树，一棵树是拇指般的小树，另外一棵是碗口般的大树。如果让你去砍树，你会砍哪一棵？”

实际上，砍哪一棵树取决于你想要干什么。如果伐树是为了盖房做房梁，那肯定要砍粗的那一棵，细的一点用处也没有；反之，如果只是临时生火取暖，那没人会费那么多力气砍伐一棵粗的树。

可见，目标影响着选择，选择影响你最终能达到的位置。规划则协助你作出靠近目标路线的选择，没有目标，就谈不上规划。

职业定位的实质，就是确立自己的职业目标，然后找出达到职业目标的途径。

二、目标选择的 SMART 原则

目标的选择对于个人的内心驱动力也有非常大的影响。对于目标设置比较高的人来说，由于实现目标会需要更加努力的态度和辛苦的工作，面临的困难和障碍就会更多，而克服困难的动力也会更足。反之，如果目标设置得比较低，面临相同困难时，内心驱动力不足，就会导致失败。目标的选择如同人的视线与障碍物的关系（图 4-1），若目标远大，目之所及均为办法；若目标很低，目之所及均为困难。

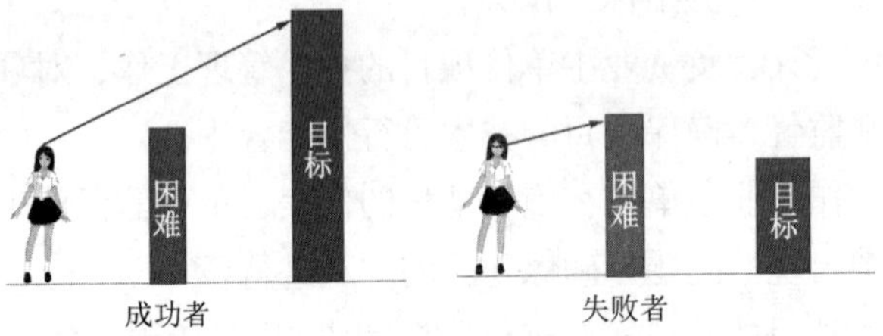

图 4-1　目标与困难的关系

所以，设定一个较为合适的目标，对个人来说非常重要。比如，许多大四的同学都在考研，某班级中，报考排名靠后的学校研究生，成功率反而比报考名校低。这是因为报考排名靠后学校时，学生往往认为比较容易成功，也就是目标设定得比较低，在准备考试的过程中，没有更强的驱动力去对知识进行锤炼；而报考名校的同学知道所报考的高校难度比较大，在学习过程中就会更认真和更努力，结果导致考取名校的成功率反而比较高。

不过，如果目标过于高大，脱离了实际，反而会导致个人在实现目标的过程中产生挫折感，导致自己灰心丧气。宏大的目标往往让人感到望而生畏，产生巨大的心理压力。你可能会因为觉得目标遥不可及而心生畏惧和焦虑，这种负面情绪会影响行动积极性和自信心。例如，一个刚毕业的年轻人设定目标为“一年内挣一个亿”，这个目标的不现实性会给人带来极大的心理负担，让人在行动之前就感到沮丧和无力。过于宏大的目标通常缺乏具体可行的实施步骤。不知道从哪里开始，也不知道如何逐步推进。没有清晰的行动计划，就难以将目标转化为实际的行动。比如，“成为一名伟大的科学家”是一个宏大的目标，但如果没有具体规划，不清楚要在哪些领域进行深入研究、学习哪些知识、参与哪些项目等，就很难真正朝着这个目标前进。

那什么样的目标才是一个合适的目标呢？一般来说，选择一个符合 SMART 原则的目标是较为合适的。

SMART 原则是由管理学大师彼得·德鲁克（Peter Drucker）提出的。彼得·德鲁克是现代管理学的开创者，他在 20 世纪 50 年代首次提出了目标管理（Management by Objectives，MBO）的概念，SMART 原则是目标管理中的一个重要工具。该原则的目的是帮助人们更好地制定清晰、明确、可操作的目标，使目标更具有可行性和有效性，从而提升个人和组织的绩效。这个原则已经被广泛应用于企业管理、项目管理、个人成长规划等众多领域。SMART 原则是一种用于设定目标的有效工具，它能够帮助个人和组织制定出清晰、可衡量、可实现、相关且有时限的目标。以下是对 SMART 原则各个要素的详细介绍：

1. 目标是具体的（Specific）

目标应该明确、具体，避免模糊和笼统的表述。一个具体的目标能够让人清楚地知道自己需要达成什么。

比如“我要提高写作能力”，这个目标比较模糊，而“我要在接下来的三个月内，通过每周写两篇 1000 字左右的文章，并请专业人士给予反馈，来提高我的议论文写作能力”就是一个具体的目标。具体的目标可以回答诸如“是什么”“为什么”“怎么做”“谁来做”“在哪里做”等问题。

2. 目标应该是可衡量的（Measurable）

目标应该有明确的衡量标准，以便能够确定目标是否已经实现。可衡量的目标可以让你能够追踪进度，了解自己距离目标还有多远。

例如，目标是“增加销售额”，这个目标难以衡量，而“在本季度末将销售额提高 20%”就有了一个明确的衡量指标。衡量的方式可以是数量、质量、时间、成本等方面的标准。例如，你可以通过统计产品的销售数量、客户满意度评分、完成任务所需的时间或者项目的预算控制来衡量目标的完成情况。

3. 目标应该是通过努力可以实现的（Achievable）

目标应该是在个人或团队的能力范围之内，同时在现有的资源和限制条件下是可以达成的。设定过高或过低的目标都不利于激发动力和取得成果。所以，通过努力能够达到的目标，才是较为合适的目标。

例如，对于一个刚成立的小公司来说，“在一年内成为行业领军企业”可能不太现实，而“在一年内将市场份额提高 10%”则更具有可实现性。在判断目标是否可实现时，需要综合考虑自身的技能、经验、资金、人力、技术等资源，以及外部的市场环境、竞争态势等因素。

4. 目标是和自身特征相关的（Relevant）

目标应该与个人的价值观、兴趣、职业规划或者组织的战略、使命等相关联。一个相关的目标能够让人明白为什么这个目标是重要的，并且能够激励人们为之努力。对于土建类专业来说，如果你想要在相关领域就业，并在一定时间内想要得到发展，需要了解的是个人特征与相关职位、功能的关联。

例如，如果你的职业规划是成为一名土木工程师，那么“学习建筑力学和软件开发工具”的目标就是相关的，而“花费大量时间学习烹饪技巧”可能就与你的职业规划不太相关（除非烹饪是你的业余爱好并且你希望平衡工作和生活）。对于组织来说，各部门和员工的目标都应该与组织的总体战略目标相一致，这样才能确保大家朝着同一个方向前进。

5. 目标的实现是有时限的（Time-bound）

目标应该有一个明确的时间期限，这可以增加紧迫感，促使人们采取行动，并且能够方便地评估目标是否按时完成。

例如，“我要减肥”这个目标没有时间限制，而“我要在接下来的六个月内减掉 10 斤体重”就有了一个明确的截止日期。时间期限可以是短期的（如几天、几周），也可以是长期的（如几个月、几年），具体取决于目标的性质和复杂程度。

通过使用 SMART 原则来设定目标，可以使目标更加清晰、有效，提高实现目标的可能性，并且能够更好地对目标的执行情况进行监控和评估。

第四节　目标体系与目标分解

目标规划是一个系统化的过程，按照目标实现过程和时间，可以将职业生涯目标分解为短期目标、中期目标、长期目标，并最终实现人生目标。将长期目标分解为可实现的中期目标，并进一步分解为有助于实施且能执行的短期目标，这种做法有助于确保最终目标实现的有序和高效。目标的分解提高了最终目标的可实施性，并给予自己以动力，促使自己逐步完成一个一个的小目标，从而实现“积小胜以达到大胜”的目的。

美国水晶大教堂的修建过程完美地阐释了目标分解的重要性。水晶大教堂位于加利福尼亚州洛杉矶市南面的橙县境内的加登格罗夫市（Garden Grove），被誉为洛杉矶地区的一颗明珠。水晶大教堂的诞生源于罗伯特·舒勒牧师的一个伟大梦想——建造一座人间伊甸园般的教堂。而 700 万美元的预算对舒勒牧师来说无疑是一个难以企及的天文数字。但他并没有被这个庞大的数字吓倒，而是勇敢地迈出了第一步，将看似遥不可及的目标进行了精心分解。

舒勒牧师在一张纸上写下了以下 10 种筹款方式：

“寻找 1 笔 700 万美元的捐款。

寻找 7 笔 100 万美元的捐款。

寻找 14 笔 50 万美元的捐款。

寻找 28 笔 25 万美元的捐款。

寻找 70 笔 10 万美元的捐款。

寻找 100 笔 7 万美元的捐款。

寻找 140 笔 5 万美元的捐款。

寻找 280 笔 2.5 万美元的捐款。

寻找 700 笔 1 万美元的捐款。

另外还可以卖掉 1 万多扇窗户，每扇 500 美元。”

通过这种方式，他将一个巨大的目标分解成了一个个具体可行的小目标。在筹款过程中，目标分解的优势逐渐显现。对于富商来说，100 万美元的捐款虽然数目巨大，但在看到教堂的模型后，他们被这个伟大的愿景所打动，愿意为其贡献力量。而对于普通民众，1000 美元的捐款在他们的能力范围内，他们也能为教堂的建设添砖加瓦。每扇窗户 500 美元，每月 50 美元、10 个月分期付清的认购方式，更是让无数普通人有机会参与到这个伟大的项目中来。

目标分解不仅让筹款变得更加容易，也为整个项目的推进提供了清晰的路线图。每一笔小额捐款、每一扇窗户的认购，都在向着最终的目标迈进。在这个过程中，人们可以看到自己的努力所带来的实际成果，从而更加坚定地为实现目标而奋斗。

水晶大教堂的修建历时 12 年，最终耗资 2000 多万美元，远远超出了最初的预算。但正是因为舒勒牧师对目标的合理分解，才使得这个看似不可能的梦想变成了现实。这座宏伟的教堂不仅成为世界建筑史上的奇迹和加州的著名胜景，更成为无数人心中的精神家园。

当我们面对一个庞大的目标时，往往会感到迷茫和无助。但如果我们能够像舒勒牧师一样，将大目标分解成一个个具体的小目标，然后逐一攻克，就会发现，再大的梦想也有实现的可能。

目标分解可以让我们更加清晰地看到前进的方向。它将一个宏大的目标细化为一个个具体的步骤，让我们知道在每个阶段应该做什么，从而避免了盲目行动。同时，小目标的实现也会给我们带来成就感和自信心，激励我们继续前行。

目标分解还可以帮助我们合理地分配资源。通过对目标的分析，我们可以确定每个小目标所需的资源，从而更加有效地利用时间、资金和人力等资源，提高工作效率。

此外，目标分解也有助于我们应对风险。在实现目标的过程中，难免会遇到各种困难和挑战。如果我们将目标分解得足够细致，当某个小目标遇到问题时，我们可以及时调整策略，而不会对整个大目标造成太大的影响。通过合理地分解目标，我们可以将看似不可能的梦想变成现实。

一、构建职业目标体系的基本步骤

将目标体系分解，往往并不像为“水晶大教堂”筹款那么单一，有时会涉及方方面面，非常复杂。下面是构建目标体系的一些基本步骤：

1. 确定长期目标

长期目标通常是个人或组织在较长时间内希望实现的大目标。这些目标应该是具体、可衡量、可实现、相关性强和有时限的（符合 SMART 原则）。长期目标是在对个人充分了解（如个人性格、职业兴趣、职业价值观和个人能力分析等）的基础上，通过对外部职业环境的调查和综合分析，特别是对相关职业的岗位、职能了解，最终确定自己想要达到的适合自己的岗位。

2. 分解长期目标

长期目标通常并非需要立刻实现，而是为我们明确了努力的方向。在这一具有方向性的目标的引领下，我们能够分析得出自己在每一步需要实现的目标，并结合具体实践逐步达成。将长期目标拆解为一系列短期目标，短期目标是实现长期目标过程中的阶段性里程碑，它确立了我们在当下以及一定时期内需要逐步实现且靠近最终目标的现实目标。短期目标的逐步实现将对个人产生强大的激励作用，进而鼓舞自己朝着长期目标奋力前行。

如一位土木工程专业的本科毕业生，在考虑自身特点之后认为自己更适合在将来从事土木工程相关的研究和教学工作，对应的岗位是大学教授。为实现“成为大学教授”这一长期目标，考上研究生就是必经之路。因此，“考上研究生”就是中期目标，进而可以根据学校情况分析得出实现这一目标的两种方法：“推荐免试研究生”（保研）和“通过研究生入学考试考取研究生”（考研），这是大学期间的目标，可以作为中期目标。想要通过这两种途径取得成功，则需要进一步分析在大学期间的任务，建立具有现实指导意义的短期目标。

3. 设定短期目标

短期目标应该具体、明确，并且能够直接支持长期目标的实现。

短期目标的设定应该考虑资源、时间、能力和优先级。

如上例所言，设定考研或者保研为中期目标后，进一步分解，可以制定出具体的短期目标。比如对于以考研为目标的同学，在大一就非常有必要把英语、高等数学等考研涉及的主干课程学好，取得优异成绩，为后期考研做好准备；在大二、大三，则有必要参加课外科技活动、竞赛，培养良好的科研视野；在大四，马上面临研究生入学考试，则需要规划出详细的时间安排，复习考研课程。这些都是短期内马上面临且必须要实现的目标。

4. 制定行动计划

为每个短期目标制定详细的行动计划，包括需要采取的具体步骤、所需资源、时间表和责任分配。对于短期目标的实现，则需要特别具体的安排。比如想要在高等数学取得优异成绩，就必须分配一定的时间进行复习和练习，需要购买或者从图书馆借阅高等数学的复习资料，这就是时间规划和资源支撑。如果每一章节、每一部分内容都学好了，最终的好成绩就是顺理成章的事情。

5. 监控和评估

定期监控短期目标的进展，并与长期目标进行比较。评估短期目标的完成情况，并根据需要进行调整。

6. 调整和优化

实际上，无论我们怎么进行规划，总会有一些异常情况对长期目标造成干扰。这时就需要根据干扰大小，调整短期计划，使其总体上为长期目标服务。

当遇到障碍或目标不再符合当前情况时，应及时调整目标和行动计划。保持灵活性，以便能够适应变化并持续向长期目标前进。

7. 庆祝成就

当短期目标得以实现时，我们应当庆祝这些成就。这样做有助于保持动力和积极性。一方面，庆祝成就能够让我们直观地看到自己的努力成果，增强自信心和成就感；另一方面，这种积极的反馈会激励我们继续前进，以更高的热情和动力去追求下一个目标。例如，可以给自己一个小奖励，如吃一顿美食、买一件心仪的物品或者安排一次短途旅行等。通过这些方式，我们能够在实现目标的道路上不断保持动力和积极性。

通过这样的目标体系，你可以确保每个小步骤都是朝着最终目标迈进的，同时也有助于保持动力和方向感。记住，目标设定是一个动态过程，需要不断地评估和调整，以适应不断变化的环境和条件。

二、构建目标体系的鱼骨刺图法

在当今竞争激烈的职场环境中，明确的职业目标对于个人的职业发展至关重要。然而，长期目标往往由不同阶段、不同条件组成，这时就需要进行目标分解。目标分解能够将抽象的整体目标细化为具体的、可操作的、可能实现的子目标，使个人在职业发展的道路上明确方向，提高执行效率。

鱼骨刺图法作为一种有效的目标分解工具，在职业目标规划中得到了广泛的应用。鱼骨刺图法是由日本管理大师石川馨先生所发展出来的，又名石川图。它通过将目标分解为关键成功因素，进而确定具体的行动步骤，帮助个人清晰地界定所要创造的职业成果，以及促成该成果的绩效驱动因素。鱼骨刺图法在职业目标分解中的价值不可忽视，它有助于个人全面、系统地规划职业发展。通过对职业目标的层层分解，个人可以清晰地看到自己在不同阶段需要完成的任务和需要达到的目标，从而更加有针对性地进行自我提升。同时，鱼骨刺图法还可以帮助个人及时发现职业发展中的问题和不足，以便采取相应的措施进行调整和改进。

鱼骨刺图通过因果关系分解问题（图 4-2）。首先，确定问题或目标，将其写在鱼头位置。然后，找出可能导致问题的大要因，并将这些大要因作为鱼骨的主干。接着，对每个大要因进行深入分析，找出小要因，作为鱼骨的分支。如此层层挖掘分析下去，直至找出解决问题的方法或者行动的步骤。

例如，在职业目标规划中，如果将“晋升为部门经理”作为目标，那么可以从个人能力、工作经验、人际关系等方面分析大要因。个人能力方面可能包括领导力、沟通能力、专业知识等小要因；工作经验方面可能包括项目管理经验、跨部门合作经验等小要因；人际关系方面可能包括与上级的关系、与同事的关系、行业人脉等小要因。通过对这些小要因的分析，可以制定出具体的行动计划，如参加领导力培训课程、主动承担项目管理工作、参加行业活动拓展人脉等，从而实现职业目标。

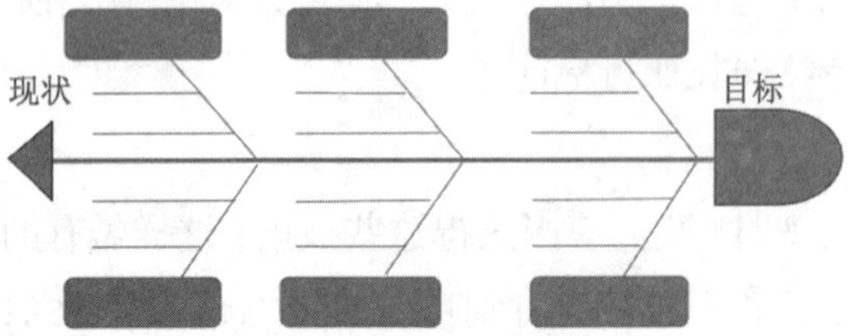

图 4-2　鱼骨刺图法示例

如土木工程专业 A 同学，经过详细调研，确定以成为土木工程领域隧道方面的技术专家为长期目标。为达到这个目标，A 同学认为首先需要做的就是读研究生，在本专业领域进行深入研究。而读研究生就会面临争取推荐免试研究生和考取研究生两条具体路径。A 同学通过比较，认为争取获得保研资格去名校读研的机会可能更大。在详细研究学校推荐免试研究生的相关条件和文件后，首先确定学习成绩、科研创新、专业竞赛、争取荣誉等方面的大要因。而根据推荐免试研究生的政策，每个方面又由若干小要因组成，从而层层分解，得到鱼骨刺图，如图 4-3 所示。

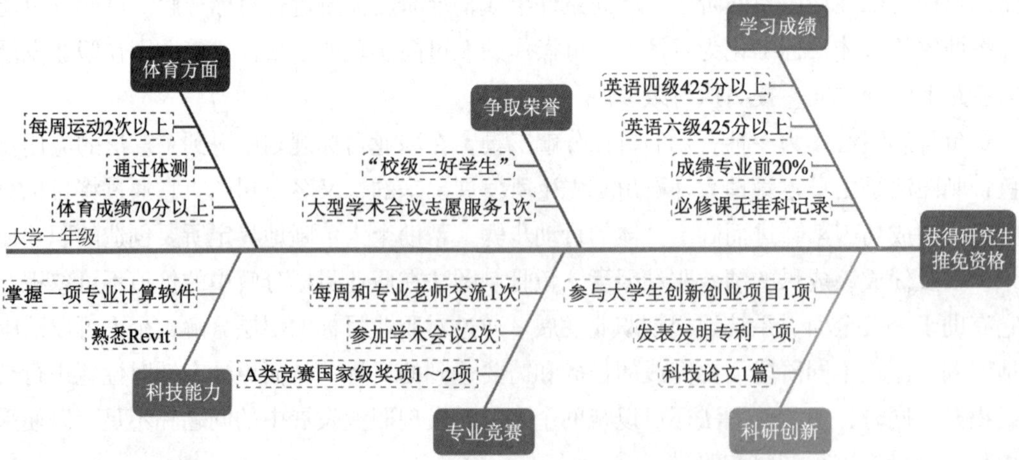

图 4-3　A 同学鱼骨刺图法目标分解

通过对这些小要因的分析，A 同学可以制定出每学期的具体的行动计划，就像建造“水晶大教堂”一样，从一个个小目标的实现，最终逐步实现“获得研究生推免资格”这样一个大目标。通过鱼骨刺图的应用，A 同学清晰地了解了自己实现职业目标的关键因素和行动步骤，为自己的职业发展规划提供了有力的支持。

第五节　职业目标决策的 SWOT 分析法

确定职业目标就是从很多目标中进行选择的一个过程，很多时候，这个过程是比较纠结的。因为不同的职位有不同的特征，有可能某些特征很吸引人，但某些特征又不尽如人意，很少有一个目标职位能完全符合你的要求，这就需要在很多因素中作出选择。同时，目标对于个人的要求也是不同的，使得个人不能完全有把握决定某些因素，导致决策困难。而 SWOT 分析法是协助进行决策的重要工具之一。

一、SWOT 分析法介绍

SWOT 分析法即态势分析法，20 世纪 80 年代初由美国旧金山大学管理学教授海因茨·韦里克（Heinz Weihrich）提出。SWOT 是英文单词 Strengths（优势）、Weaknesses（劣势）、Opportunities（机会）、Threats（威胁）的缩写，最早是由哈佛商学院的肯尼斯·安德鲁斯（Kenneth R. Andrews）教授于 1971 年在其《公司战略概念》一书中提出。安德鲁斯把面临竞争的企业所处的环境分为内环境和外环境，其中，内部环境分析包括企业的 Strengths（优势）分析和 Weaknesses（劣势）分析，而外部环境分析则包括企业面临的 Opportunities（机会）分析和 Threats（威胁）分析。韦里克教授在 20 世纪 80 年代初对这一框架进行了进一步的系统化和推广，使其成为更具操作性的经典分析工具。通过分析，可以明确由自身特点带来的机会，也可以对比面临的威胁，有助于自身作出合理的决定。SWOT 从四个方面对目标情况进行分析，即：

1. 优势（Strengths）

指个人具备的、有助于实现目标的积极因素或独特能力。对于个人而言，可能包括专业技能、个人特质（如责任心强、善于团队合作、学习能力快）、教育背景（拥有知名大学学位）、工作经验（在特定领域有丰富的实践经验）、证书资质（获得相关专业证书）等。

2. 劣势（Weaknesses）

指个人所存在的、可能阻碍实现目标的消极因素或不足之处。例如，个人方面可能体现为缺乏某些关键技能（如不擅长沟通表达、数据分析能力弱）、性格上的弱点（如过于内向、缺乏自信）、教育背景的不足（学历较低）、工作经验的欠缺（刚进入某个行业，对业务不熟悉）等。

3. 机会（Opportunities）

指个人或组织外部环境中所存在的、有利于实现目标的有利形势或潜在机遇。从个人角度看，机会可以是行业的发展趋势（如新兴行业的兴起带来新的职业机会）、政策变化（如政府对某个领域的扶持政策）、技术进步（新的技术为个人提升技能提供了途径）、社交网络带来的人脉拓展机会等。

4. 威胁（Threats）

指个人或组织外部环境中所存在的、可能对实现目标产生不利影响的挑战或风险因素。例如个人可能面临的威胁有行业竞争激烈导致就业困难、技术更新换代快使得自身技能过时、经济形势不佳影响职业发展、健康问题等。

通过对以上四方面因素分析，可以协助自己厘清思路，作出较为合适的决策。

二、SWOT 分析法的步骤

1. 明确分析目标

明确自己所面临的决策内容，分析影响这些内容的因素。

2. 收集信息

针对分析目标，收集相关的内部和外部信息。

内部信息包括个人的技能、经验、资源等，企业的产品、服务、财务状况、人力资源等。

外部信息涵盖行业趋势、市场动态、竞争对手情况、政策法规等。

3. 分析优势和劣势

根据收集到的信息，确定个人所具有的优势和劣势。可以通过与竞争对手比较、自我评估、征求他人意见等方式进行分析。

4. 分析机会和威胁

基于外部环境信息，识别出可能的机会和威胁。关注行业动态、市场变化、技术发展等方面，分析这些因素对个人或组织的影响。

5. 制定策略

根据 SWOT 分析的结果，制定相应的策略。

优势-机会（SO）策略：利用自身优势，抓住外部机会，实现快速发展。

优势-威胁（ST）策略：发挥优势，应对外部威胁，降低风险。

劣势-机会（WO）策略：利用外部机会，弥补自身劣势，提升竞争力。

劣势-威胁（WT）策略：削弱劣势，规避威胁，寻求生存和发展的机会。

SWOT 分析法可以协助进行个人职业规划，帮助个人了解自己的优势和劣势，明确职业发展方向，识别职业发展中的机会和威胁，制定相应的职业发展策略。例如，一个具有良好沟通能力和团队合作精神（优势）的人，在一个行业需求增长、技术不断创新的环境中（机会），可以选择从事与团队协作和沟通密切相关的项目管理工作，并通过学习新的技术来提升自己的竞争力。

SWOT 分析法具有很多优点，如分析全面系统，能够从多个角度对个人或组织进行分析，涵盖内部和外部因素，提供全面的视角；简单实用，分析方法相对简单，易于理解和操作，不需要复杂的数学模型和计算；战略导向上有助于制定明确的战略和策略，为个人或组织的发展提供指导。但也有很多局限性，如这种方法具有较强的主观性，而且是一种静态分析方法，不能动态地反映个人或组织的变化，还缺乏定量分析等。

在进行 SWOT 分析时，应尽可能收集客观、准确的信息，并邀请多方面的人员参与，以提高分析结果的可靠性。

比如，土木工程专业毕业生 A 同学在面试过程中，某效益较好的施工单位同意给出 offer，该同学认为施工单位工作性质不稳定，不如后期来的铁路局等相关单位更具吸引力。但铁路局招聘要求较高，自己的条件难以保证一定能够签约。如果现在不签约施工单位，又不能签约铁路局，则后期再找到效益较好的单位难度就很大；而现在签约，受各种条件限制，就失去了签约铁路局的资格，这就导致决策上的困难。于是，他采用 SWOT 方法，将自己情况分解，如表 4-1 所示。

SWOT 方法实例　　　　表 4-1

分析维度	具体内容
优势（Strengths）	1. 专业知识扎实，学习成绩较好，在班级能排入前 3 名。 2. 实践技能基础：通过课程设计、校内实验实训（如建筑模型制作、材料性能测试）及校外实习（在工地参与基础施工、钢筋绑扎等简单实操），积累初步动手能力，熟悉施工现场氛围与基本工序协作。 3. 吃苦耐劳品质：学业期间频繁出入工地实习，适应户外作业、长时间工作节奏及艰苦环境，面对风吹日晒、嘈杂粉尘等有心理与身体耐受度。 4. 行业前景认知：土木建筑行业面临较大下行压力，就业前景不明
劣势（Weaknesses）	1. 不是党员。 2. 不是学生干部。 3. 英语四级没有达到 425 分以上。 4. 没有生源地优势
机会（Opportunities）	1. 可以签约比较好的施工单位。 2. 可以考研究生或考公务员
威胁（Threats）	1. 如不签约，后期铁路局不一定能签到。 2. 考研究生和考公务员均竞争激烈

根据表 4-1，针对不同组合情况，分别提出了有针对性的策略，如表 4-2 所示。

基于 SWOT 分析的策略　　　　表 4-2

策略分析	优势（S）	劣势（W）
机会（O）	（SO 策略）增长：凭借专业知识扎实、实践技能基础、吃苦耐劳等优势，积极争取签约好的施工单位；利用对行业的认知，合理规划考研究生或考公务员路径，突出自身优势抓住机会	（WO 策略）扭转：针对不是党员、非学生干部、英语四级未达标、无生源地优势等劣势，在考研究生或考公务员准备过程中，通过提升综合素养（如参加公益活动、提升专业竞赛成绩等）弥补短板，争取签约好单位或在升学、考公务员中脱颖而出
威胁（T）	（ST 策略）多元：利用专业知识和实践经验优势，拓展就业方向，如考虑进入与土木建筑行业相关的新兴领域（如绿色建筑、智能建造等）；针对考研究生或考公务员竞争激烈，发挥自身吃苦耐劳的品质，制定高效备考策略，回避就业和升学竞争威胁	（WT 策略）防御：通过提升英语水平、积极参与校内活动争取荣誉等方式，减弱劣势对就业签约、考研究生或考公务员的影响；关注铁路局招聘动态，提前准备相关技能和知识，增加签约机会，回避就业风险

根据以上 SWOT 分析，铁路局更看重生源地优势、学生干部这些条件，虽然自己学习成绩很好，但不一定可以签约到铁路局。考研究生或考公务员虽然也是机会，但可以在签约一个施工单位后再考，如果考不上，则可以直接去工作。所以，该同学选择了首先签约施工单位的策略。

第六节　职业规划的实施与调整

一、职业生涯规划的实施与调整

大学生职业生涯规划书的写作，起始于对个人特征和外部环境的分析，在此基础上，确定自己的职业目标，再进行目标分解，然后根据分解后的目标制定具体的实施计划。在具体实施过程中，如果制定计划之初的信息偏差或者意外因素导致实施过程中某些目标没有能够实现，就需要对偏差进行修正。有可能是某些意外导致必须对原来的目标进行修正，也有可能只是对实施计划进行修正。如对原来的目标进行修正，则有可能影响到后期的实施过程，需要重新进行目标分解和制定计划。如仅是对部分实施过程进行修正，则修正偏差后具体实施即可。如在实施过程中无偏差，则按原计划要求进行具体实施即可，整体实施过程如图 4-4 所示。

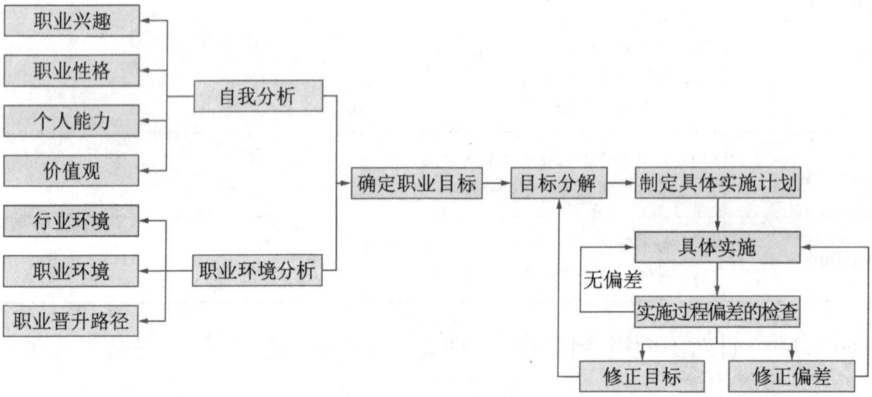

图 4-4　职业生涯规划及实施过程

二、PDCA 法及在职业生涯规划实施中的运用

职业生涯规划的实施过程，是一个不断根据实际情况检查、修正、提高的过程。整个过程的实施方法，可以参照 PDCA 来进行。

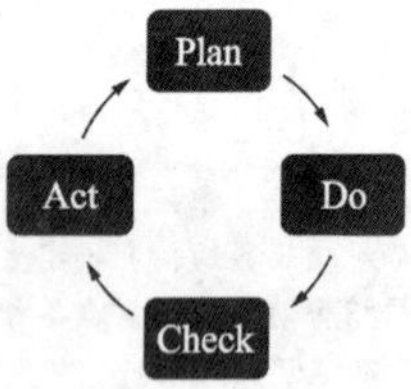

图 4-5　戴明环

1. PDCA 法简介

PDCA 循环又叫戴明环（图 4-5），是美国质量管理专家休哈特博士首先提出的，后由戴明采纳、宣传，获得普及。它是全面质量管理所应遵循的科学程序，后期广泛应用于计划的执行监督及修正。以下是关于 PDCA 法的详细介绍：

（1）P（Plan）——自我评估与目标设定

在这一步，需要结合自己的职业规划，制定详细的实施计划。实施计划应该具体，具有较强的可执行性。

（2）D（Do）——按计划开展行动

依照既定策略，开展自己的行动计划。如每日安排时间钻研规范，练习软件绘图；按计划申请实习，参与项目投标及建设全过程；积极参与方案讨论、虚心请教前辈优化设计细节；主动参与交流活动、培训，拓宽视野提升综合素质等。在这一过程，要全程详实记录职业成长轨迹，定期（月或季度）复盘，剖析得失，总结成功原因，反思失误原因，据此优化后续行动。

（3）C（Check）——定期回顾与效果评估

以季度或半年为周期，对标职业目标，核查各阶段任务完成状况。如审视证书考取进度、学习成绩是否达到预期，参加竞赛、科技项目是否达到预期进度等。

察觉实际与计划偏离，深度挖掘缘由，判断是目标设定超前脱离现实，还是执行不力（如学习计划未落实等），或是外部不可抗力（如因生病等原因影响了学习进度）作祟。借助量化指标（证书通过率、看书的进度等）精准定位偏差程度，锁定关键问题，聚焦改进突破重点。

（4）A（Act）——总结经验与调整改进

依据检查结论，灵活调整职业规划计划，目标过高则拆解细化、延长周期，过低则添补挑战、提速进阶。若因自身执行不利导致计划偏差，则需要重新调整计划进度，督促自己执行计划。如遇到不可抗力因素，则需要评估其对后期计划影响，并考虑消除影响策略及下一步行动计划，重新调整计划，革新行动策略，摒弃低效手段，引入适宜新方法。将执行经验不断应用于调整计划和策略，并不断加强，使行动能够逐步加速靠近自己的职业目标。将调整历程、有效举措整理成职业“宝典”，融入后续循环，为长远发展蓄势。

最终将调整后的计划运用于实际执行过程，从而展开新一轮的 PDCA 过程。

2. PDCA 法的特点

PDCA 法运用于职业生涯规划具有如下特点：

（1）整体规划

PDCA 法涵盖了从目标设定、计划制定（Plan），到具体行动实施（Do），再到对执行情况的检查评估（Check），最后根据检查结果进行处理调整（Act）的完整循环过程。它促使个人在进行职业生涯规划时，全面考虑职业发展的各个方面，包括自身的兴趣、能力、价值观，以及外部的行业环境、市场需求、职业机会等因素，形成一个系统的、有逻辑的职业规划体系。

（2）多维度考量

每个阶段都涉及多维度的分析与操作。例如在计划阶段，不仅要明确职业目标，还要规划实现目标所需的知识、技能、资源等；在执行阶段，要综合运用各种学习、实践手段并记录多方面的数据；检查阶段从多个角度评估进展情况，如技能提升程度、目标完成进度、人际关系拓展等；处理阶段则综合考虑如何调整目标、策略、行动等多个层面的内容。

（3）持续优化

职业生涯并非一成不变，随着个人成长、行业变迁、社会发展等因素的变化，职业规划也需要不断调整。PDCA 方法通过循环迭代的方式，使个人能够根据实际情况的变化，及时发现职业规划执行过程中的问题与偏差，进而在处理阶段对规划进行调整优化，如调整目标的难易程度、改变行动策略、补充所需资源等，确保职业规划始终与个人发展和外部环境相适应。

（4）灵活应变

它能够帮助个人灵活应对各种突发情况和不确定性。无论是行业出现重大变革（如新技术的出现导致某些职业岗位需求锐减或新增）、企业内部调整（如组织结构变动、业务转型），还是个人生活中的意外事件（如健康问题影响工作能力），运用 PDCA 方法都可以在检查阶段敏锐捕捉到这些变化对职业规划的影响，并在处理阶段迅速作出合理的反应，如改变职业方向、寻找新的发展机会等。

（5）明确目标

PDCA 方法以目标为导向，在计划阶段就要求个人确定清晰、具体、可衡量、有时限的职业目标，如在一定时间内获得某个专业证书、晋升到特定职位、掌握某项关键技能等。这些明确的目标为整个职业生涯规划提供了方向指引，使个人在后续的执行、检查和处理过程中都围绕着如何实现这些目标来展开行动。

（6）可衡量进展

在执行和检查阶段，通过设定一系列可衡量的指标和标准，如学习时间的投入、技能掌握的程度、项目完成的数量和质量、人际关系拓展的情况等，能够准确地评估职业规划的执行进展情况。这不仅有助于个人了解自己是否正朝着目标前进，还能在发现偏差时精准定位问题所在，以便在处理阶段采取针对性的措施进行纠正。

（7）反思总结

PDCA 方法强调在每个循环周期结束后进行反思总结。在检查阶段，个人需要对自己的职业规划执行情况进行深入剖析，找出成功的经验和失败的原因；在处理阶段，将这些反思总结的结果转化为对职业规划的调整和改进措施。这种自我反思的过程有助于个人不断提升自我认知，了解自己的优势和劣势，以及在职业发展过程中需要进一步改进的方面。

（8）持续学习

为了实现职业目标，在执行阶段个人需要不断学习新知识、新技能，提升自己的能力素质。同时，通过检查和处理阶段对职业规划的调整，个人也能够根据外部环境的变化和自身发展的需要，适时调整学习内容和方式，从而实现持续学习的目的，保持自己在职业市场中的竞争力。

第七节　大学生职业生涯规划书的撰写

一、职业生涯规划书的内容

以土建类专业为例，将职业规划书的基本内容列举如下，供参考使用。在对个人进行职业生涯规划时，则需要将各部分内容进一步细化，根据自己的情况和收集到的外部信息进行具体分析。

1. 认识自我，开启规划之旅

认识自我是土建类专业大学生开启职业生涯规划之旅的关键起点。只有深入了解自己，才能制定出符合自身特点和发展需求的职业规划。

（1）自我认知的关键要素

性格决定了我们在工作中的行为方式和与他人的互动模式。例如，性格外向的学生可能更适合与团队合作、与客户沟通的工作岗位，而内向的学生可能在技术研究和分析方面更有优势。兴趣是推动我们追求职业发展的内在动力。对土建类专业的学生来说，如果对建筑设计充满兴趣，那么在未来的职业选择中可以倾向于设计类岗位；若对施工管理感兴趣，则可以朝着施工管理方向发展。能力包括专业技能和综合素质，如扎实的力学知识、熟练掌握绘图软件等专业能力，以及良好的沟通能力、团队协作能力等综合素质，都是在职业生涯中取得成功的重要保障。价值观则影响着我们对职业的选择和评价标准。例如，注重工作稳定性和职业发展空间的学生，可能会更倾向于选择大型国有企业；而追求创新和挑战的学生，可能会选择新兴的建筑科技公司。通过对这些关键要素的自我分析，大学生可以更好地了解自己的优势和不足，为职业生涯规划提供有力的依据。

（2）职业兴趣探索

霍兰德将职业兴趣分为现实型、研究型、艺术型、社会型、企业型和常规型六种类型，并且给出了职业兴趣量表，可以协助各人厘清自己实际的职业兴趣。霍兰德职业兴趣理论同样把职业能力分为现实型、研究型、艺术型、社会型、企业型和常规型六种类型，当职业能力和职业兴趣相匹配时，个人更容易从工作中获得快感。职业兴趣和自身目标选择一致，会增强自己从事该工作的动力，从而更易于成功。土建类专业的大学生可能更倾向于现实型和研究型。现实型的学生喜欢从事具体的、实际的工作，如施工管理、工程监理等；研究型的学生则对理论研究和技术创新更感兴趣，可能会选择从事结构设计、科研工作等。例如，通过参与实习和实践活动，学生可以更好地了解土木建筑行业不同领域的工作内容和职业特点，从而明确自己的职业兴趣方向。

（3）职业能力评估

土建类专业大学生应具备的职业能力主要包括专业技术能力、实践操作能力、问题解决能力、沟通协调能力和团队合作能力等。有一些能力可以衡量，另一些能力则难以衡量。专业技能可能更容易衡量，而通用技能虽然也很重要，但有时候会被忽视，且难以衡量。这时往往可以借助自身成功案例写作的方法（STAR 法）去梳理。对自己的能力有清楚的认识，往往能够激起自己成功的信心。以结构工程师为例，其不仅需要具备扎实的专业知识和技能，如力学分析、绘图设计等，还需要有良好的沟通能力（通用技能），与其他专业人员协同工作，共同完成项目设计。通过职业能力测评，大学生可以了解自己在不同能力方面的优势和不足，有针对性地进行提升和发展。

（4）职业价值观塑造

职业价值观是人们在职业选择和职业生活中所追求的目标和价值取向。对于个人来说，价值观表明你更看重什么东西，如选择工作时，是更看重地域、更看重薪资，还是更看重舒适程度等，这对于每个人都是不同的。舒伯职业价值观量表、职业锚测评量表、WVI 工作价值观量表等可以协助自己对价值观的梳理。

在土木建筑行业，智力刺激也是一种重要的职业价值观。土建类专业涉及复杂的工程问题和技术挑战，需要不断地进行思考和创新。例如，在设计新型建筑结构时，工程师需要运用先进的理论和技术，进行创造性的设计和分析，以满足工程的安全性、功能性和美观性要求。这种智力刺激可以带来工作的成就感和满足感，吸引对技术创新有追求的大学生投身于土木建筑行业。同时，其他职业价值观如成就感、社会地位、经济报酬等也在土木建筑行业中有着不同程度的体现。大学生在进行职业生涯规划时，应充分考虑自己的职业价值观，选择与自己价值观相符合的职业发展道路。

2. 洞察行业，把握职业机遇

（1）行业背景与发展趋势

土木建筑行业在国家基础设施建设中占据着至关重要的地位。从古代的长城、大运河到现代的高楼大厦、高速公路、桥梁隧道等，土木建筑行业始终是推动国家经济发展和社会进步的重要力量。但随着近年来基建领域投资的减少，整个土木建筑行业承受较大压力，整个行业随社会共同进行着深度调整，土建类专业毕业生就业也随之面临困难。

同时，随着科技的不断进步，土木建筑行业也呈现出了新的发展趋势。一方面，技术创新成为推动行业发展的关键动力。例如，建筑信息模型（BIM）技术的应用，实现了从设计到施工再到维护的全过程数字化管理，提高了工程设计的准确性和效率，减少了设计错误和施工浪费。智能化施工技术的发展，如机器人施工、3D 打印建筑等，不仅提高了施工质量和效率，还降低了施工风险和成本。另一方面，绿色发展成为行业的必然选择。随着人们环境保护意识的不断提高，土木建筑行业也在积极探索绿色建筑，走可持续发展的道路。采用环保材料、节能技术，提高资源利用效率，降低对环境的影响，已成为土木建筑行业发展的重要方向。

（2）土建类工程师的职责与要求

土建类工程师在规划、设计、施工和维护等方面承担着重要职责。在规划阶段，需要根据项目需求和场地条件，制定合理的工程规划方案，包括确定工程的规模、布局、功能等。在设计阶段，需要运用专业知识和技能，进行结构设计、给水排水设计、电气设计等，确保工程的安全性、功能性和美观性。在施工阶段，需要对施工现场进行监督和管理，确保施工质量和进度，协调解决施工中出现的问题。在维护阶段，需要对工程进行定期检查和维护，确保工程的正常运行和使用寿命。土建类工程师需要具备扎实的专业知识和技能，包括力学、结构、材料、地质等方面的知识，以及绘图、计算、测量等方面的技能；同时，还需要具备良好的综合素质，如沟通协调能力、团队合作能力、问题解决能力、创新能力等。

（3）就业前景与职业发展空间

土木建筑行业的就业需求持续旺盛。随着国家基础设施建设的不断推进，特别是“一带一路”倡议的实施，土建类专业人才的需求将进一步增加。毕业生的职业发展路径较为广泛，可以在建筑施工企业、勘察设计企业、房地产企业、政府机构等多个领域发展。在建筑施工企业，毕业生可以从施工员、预算员等基层岗位做起，逐步晋升至项目经理等管理岗位。在勘察设计企业，毕业生可以从事建筑设计、结构设计等工作，随着经验的积累，可以晋升至高级工程师、设计总监等岗位。在房地产企业，毕业生可以从事工程管理、房地产开发等工作，有机会晋升至项目总经理等管理岗位。此外，毕业生还可以选择继续深造，攻读硕士、博士学位，从事科研和教学工作。

3. 规划步骤，迈向成功之路

（1）自我评估与定位

自我评估是职业生涯规划的重要基础。大学生可以从多个方面进行自我评估，如性格特点、兴趣爱好、专业技能、价值观等。对于土建类专业的学生来说，可以思考自己是更擅长理论研究还是实践操作，是对建筑设计感兴趣还是对施工管理更有热情；同时，可以通过回顾自己的学习经历、实践活动、社团经历等，分析自己的优势和不足。例如，如果你在实习中发现自己对施工现场的管理和协调工作比较得心应手，那么可以考虑将施工管理作为自己的职业方向。在确定职业定位时，要结合自我评估的结果和工程领域的不同方向，找到最适合自己的发展路径。

（2）制定职业目标

制定职业目标要结合行业发展趋势和自我优势。短期目标可以是在大学期间掌握扎实的专业知识，通过相关证书考试，参加实习积累实践经验等。例如，在一年内通过计算机辅助设计软件的认证考试，争取在暑假参加一个建筑施工项目的实习。长期目标则可以是成为一名优秀的土木工程师，在行业内有一定的影响力。比如，在未来五年内晋升为项目经理，负责大型工程项目的管理。在制定目标时，要具体、可衡量、可实现、具有相关性和时间限制。

（3）规划实现路径

学习计划方面，可以制定详细的课程学习计划，包括选修一些与土木类相关的跨学科课程，拓宽知识面。例如，学习工程管理、环境科学等课程，为未来从事综合型的工程项目管理打下基础。实践计划方面，可以包括参加各种实习项目、参与科研课题、参加学科竞赛等。例如，利用假期参加一个桥梁建设项目的实习，参与学校的结构设计竞赛。提升计划方面，可以包括参加培训课程、考取更高层次的职业资格证书、拓展人际关系等。比如，参加项目管理培训课程，考取注册建造师证书，积极参加行业研讨会，结识更多的专业人士。

（4）积极行动与积累经验

积极行动是实现职业目标的关键。大学生要充分利用大学时光，积极参加各种学习和实践活动。在学习过程中，要主动探索，勇于尝试新的知识和技能。在实践中，要注重提高自己的实践能力和团队协作能力。例如，在实习项目中，主动承担一些具有挑战性的任务，与团队成员密切合作，共同解决实际问题。通过不断地学习和实践，积累丰富的经验和能力，为未来的职业发展打下坚实的基础。

（5）定期反馈与调整

职业规划不是一成不变的，需要根据自身发展和行业变化进行定期反馈和调整。大学生可以每隔半年或一年对自己的职业规划进行一次评估，分析自己在实现目标的过程中取得的进步和存在的问题。如果发现自己的职业目标不再适合自己或者行业发生了重大变化，要及时调整规划。例如，如果发现新兴的智能建造技术对土木建筑行业产生了重大影响，而自己对这方面的知识和技能掌握不足，可以调整学习计划，增加相关课程的学习和实践活动。通过定期反馈和调整，使职业规划始终保持适应性和有效性。

二、大学生职业生涯规划书构架

为了方便大学生进行职业生涯规划，并撰写职业生涯规划书，本书列举一份完整大学生职业生涯规划书的构架，如下所示：

（1）封面

（2）自我分析

（3）职业环境分析

（4）职业目标确立和分解

（5）实施计划

职业生涯规划书

姓　　名：____________________

学　　号：____________________

所在学院：____________________

专　　业：____________________

指导教师：____________________

___年__月__日

一、自我分析

1. 基本情况

（1）家庭背景

（2）个人经历

（3）学校因素分析

2. 职业兴趣分析

借助 Holland 职业兴趣测试工具等，结合自己的实际情况，分析自己兴趣在于做哪方面工作。

3. 性格特征分析

借助 MBTI 工具或卡特尔 16PF 工具等，对照测试结果和自我分析，重点侧重于自己的性格适合具有什么特质的工作。

4. 价值观分析

借助 WVI 舒伯职业价值观测试等，梳理出在选择职业方面自己更看重哪些因素，并在职业目标确定时要考虑这些因素。

5. 个人基本能力分析

（1）专业知识技能分析

自己大学期间课程包括哪些，这些课程对本专业的支撑作用如何，自己成绩如何。参加过哪些专业相关竞赛，情况如何等。

（2）可迁移技能分析

借助 STAR 写作法，梳理自认为较强的可迁移技能。

（3）自我管理技能

对照自己日常表现，分析自我管理方面如时间管理、情绪管理、生活管理、目标管理方面的能力。

二、职业环境分析

1. 对学校专业背景的分析

自己学校的行业（专业）特点、在行业中的地位，面临的机会如何等。

2. 专业课程

分析自己的专业课程都有哪些，专业课对本学科就业时的支撑，有哪些缺点，特别是针对自己想要就业的方向而言，有哪些需要弥补的方面。

3. 专业就业方向

自己专业在学校传统就业方向有哪些，有没有新的就业方向和领域，这些领域要求如何，有没有更进一步的机会。

4. 行业环境分析

可以采用访谈、网络信息、专家调查和相关专业招聘网站的资料收集等，分析本专业门类就业前景、就业趋势和面临的机会和挑战。

三、职业目标分析

结合对自身特征分析和对职业环境的分析，确定自己想要在哪些领域内工作，这些领域的岗位和职责如何，相对自己而言有哪些可供选择的就业方向。用 SWOT 法确定自己想要的目标，并最终确定自己的职业目标。

1. 对职业目标分析

包括这些职业目标有什么特征，有什么优缺点，对于自己的适合性如何，除了这些目标，是否还有其他更好的目标，达到这些目标需要的条件和难度如何，初步选定一些可供自己选择的目标。

2. SWOT 分析（表 4-3）

职业目标的SWOT分析表　　表 4-3

内部因素	优势因素（S）	劣势因素（W）
	1. 2. 3.	1. 2. 3.
外部因素	机会（O）	威胁（T）
	1. 2. 3.	1. 2. 3.

最终形成分析结论，确定自己的职业目标。

3. 职业目标的分解

采用鱼骨刺图法，将职业目标需要的条件进行分解，确定需要达到的中期目标并进一步分解为短期目标，形成目标分解体系。这些目标要符合 SMART 原则。

四、实施计划

根据长期目标及其分解体系，制定长期行动计划。

根据具体的短期目标，制定目前需要立即执行的行动计划，其行动步骤、需要资源、困难和初步确定解决困难的办法；根据可能遇到的困难，估计可能的偏差及可能的调整策略。

思考题：

1. 采用 SMART 原则确定自己的目标。

2. 初步确定自己的职业目标，用 SWOT 法分析和选择目标，并用鱼骨刺图法进行分解。

第四章思考题参考答案

参考文献

[1] DORAN G T. There's a S.M.A.R.T. way to write management's goals and objectives[J]. Management Review, 1981, 70(11): 35-36.

[2] 黄素芹. 职业生涯规划理论与实践[M]. 北京: 高等教育出版社, 2015.

[3] 理查德·霍尔. 职业生涯规划[M]. 朱宁, 译. 北京: 机械工业出版社, 2018.

[4] 中国就业培训技术指导中心. 职业生涯规划师(三级)教程[M]. 北京: 中国劳动社会保障出版社, 2021.

[5] 施恩. 职业锚理论[M]. 王晓红, 译. 北京: 中国人民大学出版社, 2016.

第五章

土建类专业学生就业市场与对应行业分析

学习目标：

1. 掌握土建类专业学生的就业市场需求、地域选择策略。
2. 掌握就业信息搜集与整理的方法。
3. 能够制定科学合理的职业规划信息库。

第一节　当前土建类专业学生的就业形势

一、行业概况

土木建筑行业是国民经济的重要组成部分，承载着国家经济发展重任的同时，也深刻影响着社会的进步和人民生活的质量。土木建筑行业的发展，某种程度上反映着人类文明的发展演变，从金字塔、长城到现代的摩天大楼、跨海大桥，既承载着技术与艺术的融合，也是国家实力的体现。

1. 行业规模与地位

土木建筑行业作为国民经济的支柱产业，对经济发展和社会进步起到了极大的推动作用。随着国内经济稳健复苏，土木建筑行业也呈现出稳步修复的趋势。为了加快推动土木建筑行业高质量发展，国家和政府部门相继发布了一系列产业利好政策，旨在推动其向绿色化、智能化、高端化方向转型。这些政策的实施不仅为土木建筑行业注入了新的活力，也为土建类专业学生提供了更加广阔的发展空间和就业前景。

2. 市场需求与趋势

当前土木建筑市场需求呈现四大核心驱动力：

（1）公共基建持续发力：政府主导的交通网络、水利枢纽等重大项目仍是就业主阵地，但重心向中西部欠发达地区转移；

（2）地产结构深度调整：住宅开发转向城市更新，商业地产聚焦智慧综合体，工业厂房则随先进制造业扩张；

（3）绿色智能技术革命：绿色建筑占比将超 30%，智能建造催生 BIM 工程师等新岗位；

（4）国际工程增量显著："一带一路" 项目占比增高，要求从业人员具有跨文化管理能力。

3. 土建类专业的重要性

土建类专业包括土木工程、建筑学、城乡规划、给排水科学与工程等专业，这些专业能够为国家培养大量的专业人才，支持国家的基础设施建设和城市化进程的推进。

（1）基础设施建设：土木工程专业人才在交通、水利、能源等基础设施建设中发挥着重要作用。他们负责设计、施工和管理各类工程项目确保工程质量和安全。这些项目的成功实施能促进区域经济发展，并提升居民生活质量。

（2）城市化进程：建筑学和城乡规划专业人才在城市规划和设计中发挥着核心作用。他们负责设计城市空间布局、建筑风格和景观环境等，提升了城市的形象。因此随着城市化进程的加速，建筑学和城乡规划专业人才的需求也将持续增长。

（3）环境保护与可持续发展：给排水科学与工程专业人才在环境保护和可持续发展方面发挥着重要作用。他们设计和管理城市给水排水系统、处理污水和垃圾等，保护生态环境和居民健康。

随着“一带一路”倡议、新型城镇化、交通强国等国家战略的推进，为土木建筑行业提供了更多的发展机遇和市场空间，同时也为土建类专业学生提供了广阔的就业平台和职业发展路径。

二、就业市场需求

在当前复杂多变的全球经济环境下，土建类专业学生的就业市场需求呈现出多元化、动态化的特点。随着国家战略的深入实施和全球经济的不断融合，土木建筑行业面临着前所未有的发展机遇与挑战。本节将深入分析基础设施建设、房地产开发、绿色建筑与智能化以及国际化发展四个方面的就业市场需求，为土建类专业学生提供全面的职业规划指导。

1. 基础设施建设

基础设施建设是推动国家经济发展的重要力量，也是土建类专业人才就业的主阵地。高速公路、铁路、桥梁、隧道、水利、港口等大型项目为土建类专业人才提供了广阔的就业空间。

（1）高速公路建设

随着国家“十四五”规划的推进，预计未来我国高速公路建设将继续保持稳速发展态势。土建类专业学生将有机会参与到更多大型项目的建设中，同时相关产业链如建筑材料、工程机械、交通物流等领域的就业机会也将增加。

（2）铁路建设

我国高速铁路网络的发展同样令人瞩目，已成为世界上高速铁路运营里程最长的国家。“八纵八横”高速铁路网的构建，为土建类专业学生提供了就业机会，促进了铁路沿线地区的经济发展和社会进步。

（3）水利与港口建设

水利和港口建设项目是土建类专业人才就业的重要领域。水利设施如水库、水电站的建设关乎国计民生，并促进了水资源的合理利用和生态环境的保护；港口建设项目利于国际贸易和物流的发展，为区域经济注入了新的活力。这些项目的建设为土建类专业学生提供了更广阔的就业空间和发展机遇。

2. 房地产开发

房地产市场虽然经历了多次波动，但随着城市化进程的推进，房地产市场仍然具有一定的发展空间。

（1）住宅项目

土建类专业学生在住宅项目建设中发挥着重要作用，随着住宅市场的品质升级和个性化需求的增加，此领域仍有一定的就业人才需求。

（2）商业地产项目

商业地产项目如购物中心、写字楼、酒店等建设需求也在发展当中。未来商业地产项目将更加重视智能化、人性化、个性化以及品质化设计，这些变化对土建类专业学生的专业素养和创新能力提出了更高的要求，也提供了更多的就业机会。

（3）产业园区

随着产业升级和创新创业的兴起，产业园区的发展呈现出集约化、智能化和绿色化的趋势。集约化要求产业园区合理规划土地资源，提高土地利用效率；智能化强调利用现代信息技术，提升园区的运营效率和管理水平；绿色化注重园区的生态环境保护和可持续发展。这些趋势为土建类专业学生提供了更多发挥专业技能和创新能力的空间。

3. 绿色建筑与智能化

随着环保意识的增强和科技的进步，绿色建筑和智能建筑成为新的发展趋势，这为土建类专业学生提供了新的就业机会。

（1）绿色建筑

绿色建筑强调在建筑的全生命周期内最大限度地节约资源、保护环境和减少污染。我国绿色建筑面积预计未来几年将持续快速增长态势，这为土建类专业学生提供了大量参与绿色建筑项目建设的机会。

（2）智能建筑

智能建筑集成了信息技术、物联网、人工智能等技术，实现建筑物的智能化管理。这要求土建类专业学生具备信息技术和智能化技术的相关知识，了解智能建筑的系统架构和关键技术，掌握智能建筑的设计、施工和维护方法。随着5G、大数据、云计算等技术的快速发展和应用推广，智能建筑市场将迎来爆发式增长。土建类专业学生应紧跟技术发展趋势，不断提升自己的专业素养和创新能力，以适应智能建筑市场的需求。

（3）绿色建筑与智能建筑的融合

绿色建筑和智能建筑是相互促进和融合的两个领域。绿色建筑注重环保和可持续发展，智能建筑通过技术手段提升建筑的运营效率和管理水平。这种融合要求土建类学生具备跨学科的知识和技能，以适应未来建筑行业的发展趋势。

4. 国际化发展

中国建筑企业越来越多地参与到国际工程项目中，具备国际视野和跨文化沟通能力的土建类专业人才成为新的需求热点。

（1）国际工程项目的增长与挑战

中国建筑企业参与的国际工程项目数量和规模持续增长。这些项目涉及交通、能源、水利等多个领域。但国际工程项目也面临着诸多挑战，不同国家和地区的文化、法律和市场环境差异较大；国际工程项目的工期长、风险高。这考验着土建类专业人才的专业能力和经验，以及风险管控能力等。

（2）国际视野与跨文化沟通能力的培养

为了适应国际化发展的需求，土建类专业学生应注重培养自己的国际视野和跨文化沟通能力。这包括了解不同国家和地区的文化、法律和市场环境，掌握国际建筑市场的规则和惯例，以及提高外语水平和跨文化交流能力。此外，土建类专业学生还可以通过积极参与国际学术交流和合作项目，拓宽自己的国际视野和人脉资源，为未来的职业发展打下坚实基础。

（3）国际工程项目的实践经验

除了理论知识的学习外，土建类专业学生可以通过实习、实训等方式积累国际工程项目的实践经验。这些实践经历有助于提升学生对国际工程项目的了解，包括认知和熟悉项目的运作流程和管理模式，从而提高实际操作能力和解决问题的能力。

土建类专业学生在当前就业市场中面临多元化、动态化的需求，这些机遇与挑战并存，学生应不断提升自己的专业素养和创新能力，紧跟行业发展趋势和技术前沿，注重培养自己的国际视野和跨文化沟通能力，积极参与国际交流和合作项目，为未来的职业发展打下坚实基础。

三、土建类专业毕业生的就业调整与应对策略

在当前快速变化的就业市场中，土建类专业毕业生面临着多维度的挑战与困境。这些挑战不仅来源于行业内部的竞争和周期性波动，还涉及学生素质与行业需求的错位、就业观念落后以及盲目的就业态度等问题。

1. 行业内部的就业挑战

（1）竞争激烈

土建类专业毕业生数量众多，就业市场竞争激烈。在现实情况中，许多毕业生在求职过程中发现自己的专业技能和综合素质难以满足用人单位的需求，从而陷入就业困境。

为了应对这一挑战，土建类专业毕业生需要注重提升自己的核心竞争力。一方面需要加强专业知识的学习和实践能力的培养，可以通过参与科研项目、实习实训等方式积累实践经验；另一方面注重提升自身综合素质，如沟通能力、团队协作能力、创新意识和适应能力等。这些能力的提升将有助于毕业生在就业市场中脱颖而出，获得更多的就业机会。

（2）技能更新快

新技术、新材料、新工艺在土建领域的不断涌现，对从业人员的专业能力要求越来越高。许多毕业生在求学期间往往过于专注于理论知识的学习，却忽视了实践技能的培养以及对新技术、新工艺的关注，这导致他们在求职过程中难以适应市场需求、面临就业困境。

为了应对这一挑战，土建类专业学生需要注重技能更新和知识迭代。一方面，可以通过参加培训课程、行业研讨会、在线学习等方式，了解最新的技术动态和行业动态；另一方面，可以通过参与实际项目、实习实训等方式积累实践经验，提升自己的实践能力和创新能力。此外，毕业生还可以建立自己的学习网络，与同行保持联系，分享学习资源和经验，共同进步。

（3）行业周期性

基础设施建设受国家政策和经济周期的影响较大，因此土木建筑行业的就业市场呈现出明显的周期性波动。在经济繁荣时期，基础设施建设投资的增加会推动土建类专业

毕业生就业机会的增多；而在经济衰退时期，基础设施建设投资的减少则会导致毕业生就业压力增大。

土建类专业学生需要密切关注国家政策和经济形势的变化，合理规划自己的职业生涯。可以通过了解国家发展战略、行业发展趋势等信息，预判未来就业市场的变化；同时，还可以制定灵活的就业策略，如选择多元化的就业渠道、提升跨领域就业能力等；此外，还可以通过参加职业规划咨询、就业指导等活动，获取更多的职业规划建议和指导，为自己的职业发展打下坚实基础。

2. 学生素质与行业需求的错位

用人单位对土建类专业人才的需求发生了显著变化，复合型和技术应用型的土建类专业人才更加受到青睐。毕业生想要拥有就业优势，不仅需要具备扎实的专业知识，还需要具备良好的沟通能力、团队协作能力、创新意识和适应能力等综合素质。

土建类专业毕业生需要注重综合素质的提升。可以通过参加社团活动、志愿服务、社会实践等方式锻炼自己的沟通能力、团队协作能力和适应能力；通过参与科研项目、创新创业项目等方式培养自己的创新意识和实践能力；还可以通过阅读、参加讲座等方式拓宽自己的知识面和视野，提升自己的综合素质和竞争力。

3. 就业观念落后

面对严峻的就业形势，一些土建类专业学生在求职过程中存在“先就业后择业”和“人往高处走”的矛盾心理，往往过于追求高薪、高职位和舒适的工作环境而忽视了自身实际情况和长远发展。这种就业观念导致许多毕业生在求职过程中频繁跳槽、转行或失业，难以实现自己的职业梦想。

土建类专业毕业生一方面需要认识到职业发展的长期性和持续性，注重个人兴趣、专业特长与职业发展的匹配度；另一方面还要关注用人单位的发展前景、企业文化和工作环境等因素。值得注意的是，毕业生应当树立正确的价值观和职业观，注重个人成长和社会贡献的平衡，实现个人价值与社会价值的双赢。

4. 盲目的就业态度影响就业稳定

（1）频繁毁约与改签

在土建类专业毕业生中，频繁毁约和改签就业协议的现象屡见不鲜。这种现象的存在，主要由于部分毕业生在求职过程中缺乏明确的职业规划和目标、盲目追求高薪和更好的职业发展机会，忽视了对用人单位和岗位的深入了解。许多人在入职后发现自己难以适应工作环境和要求，从而选择离职或毁约。这不仅浪费了毕业生的时间和精力，也在一定程度上影响了职业发展的效率。

为了应对这一挑战，土建类专业毕业生需要在求职前充分了解用人单位的情况和自身的职业规划。可以通过参加招聘会、行业交流会等方式了解用人单位的招聘需求和岗位要求；与用人单位的 HR 交流沟通，了解用人单位的企业文化、工作环境和发展前景等信息。毕业生应制定明确的职业规划和发展目标，选择适合自己的职业道路和岗位，并注重诚信和责任感的培养，避免频繁毁约和改签就业协议的行为。

（2）心理准备不足

土建类专业毕业生在求职过程中可能会面临艰苦的工作环境和高强度的工作压力。部分毕业生由于缺乏充分的心理准备，无法应对艰苦的工作环境，导致选择放弃工作机会或者离职。

对于这种情况，毕业生可以通过实习实训等方式提前适应工作环境和要求，积累实践经验并提升自己的职业竞争力。

5. 应对策略

（1）加强职业规划与就业指导

土建类专业学生应注重职业规划与就业指导，通过参加职业规划咨询、就业指导等活动，以及与职业规划师、就业指导专家的交流，深入了解自己的职业兴趣、特长和发展方向，获取更多的职业规划建议。

（2）提升综合素质与创新能力

土建类专业学生应通过参加社团活动、志愿服务、社会实践等方式锻炼沟通能力、团队协作能力和适应能力，通过参与科研项目、创新创业项目等培养创新意识和实践能力。

（3）关注行业动态与技术发展

土建类专业学生应该关注行业与技术发展的最新动态。一些科研机构或高校会组织行业研讨会、技术交流会等活动，学生可以通过参与这些活动了解最新的技术动态和行业动态；线上学习平台或网站提供的免费在线学习课程、阅读专业书籍等，可以帮助学生了解最新的技术发展和应用情况。这些信息可以使学生在了解市场需求的基础上，及时调整自己的学习和职业规划方向。

（4）积累实践经验与提升技能水平

实习实训、科研项目、专业竞赛等有助于学生积累实践经验并提升实践能力和创新能力；同时学生可以积极参加培训课程、考取相关证书等，提升自己的技能水平和竞争力。这些实践经验和技能水平的提升，将有助于学生在毕业时获得更多的就业机会。

土建类专业学生在就业过程中面临着一定的挑战和困境。面对这些挑战和困境，只要学生能够积极应对，不断提升自身能力和素质，就一定能在激烈的就业市场中脱颖而出，实现职业梦想。同时，高校和社会各界也应该加强对土建类专业毕业生的就业指导和支持力度，提供更多的就业机会和发展平台。

第二节　就业地域选择与市场分析

一、土建类专业毕业生的地理流向

土建类专业毕业生的就业地域分布广泛，主要集中在基础设施建设需求旺盛的一线城市、新一线城市，以及部分具有独特产业优势的二、三线城市。这些地区拥有完善的基础设施和活跃的市场，为土建类专业人才提供了广阔的就业空间和丰富的实践机会。在探讨土建类专业毕业生的就业地域流向时，我们不仅要关注具体的城市，更要深入分析不同城市层级在就业市场中的特点和差异。

1. 一线城市

一线城市，如北京、上海、广州和深圳，作为中国经济最发达的城市群，是土建类专业毕业生的重要就业目的地。这些城市不仅汇聚了大量的优秀企业和项目，还提供了丰富的教育资源和实践平台，为土建类专业人才的发展提供了得天独厚的条件。

（1）经济引擎

一线城市以其强大的经济实力和完善的产业体系，吸引了国内外大量资本和企业的涌入。这些城市不仅是国家经济发展的重要引擎，也是国际交流和合作的重要平台。土建类专业毕业生在一线城市，可以接触到最前沿的技术和管理理念，参与到大型基础设施项目和高端建筑项目中，提升自己的专业技能和综合素质。

例如，北京拥有众多大型国有企业、跨国公司以及科研机构，为毕业生提供了丰富的就业机会。这些企业不仅项目众多，而且技术和管理水平较高，能够为毕业生提供良好的职业发展空间。

（2）就业机遇

一线城市的基础设施建设和房地产市场发展成熟，对土建类专业人才的需求持续旺盛。建筑设计、施工管理、房地产开发等领域的发展推进，为土建类专业人才提供了大量的就业机会。同时，一线城市还积极推动科技创新和绿色发展，为土建类专业毕业生提供了在新兴领域如绿色建筑、智能建筑等方面的就业机会。

例如，在上海，随着国际金融、贸易和航运中心的地位日益巩固，其基础设施建设和房地产市场的发展对土建类专业人才的需求不断增加。毕业生可以参与到城市轨道交通、大型公共建筑、高端住宅等项目中，提升自己的专业技能和项目管理能力。

2. 新一线城市

新一线城市如杭州、成都、武汉、南京等，近年来经济发展迅速，城市规模和影响力不断扩大，成为土建类专业毕业生的新宠。这些城市在基础设施建设、房地产开发以及新兴产业的发展方面展现出强大的潜力，为土建类专业毕业生提供了多样的就业选择。

（1）经济发展

新一线城市以其独特的地理位置、丰富的资源和政策支持，实现了经济的快速发展。这些城市不仅吸引了大量国内外企业和资本的涌入，还培育了一批具有竞争力的本土企业。土建类专业毕业生在新一线城市，可以参与到城市基础设施建设和房地产开发项目中，为城市的发展贡献自己的力量。

例如，杭州作为互联网经济的重镇，阿里巴巴等知名企业带动了电子商务、云计算、大数据等新兴产业的快速发展。这些新兴产业的发展为土建类专业人才提供了与互联网相结合的就业机会，如智慧城市、智能建筑等领域的建设。毕业生可以参与到这些项目的规划、设计和施工中，提升自己的专业技能和创新能力。

（2）政策支持

近年来新一线城市纷纷出台了一系列优惠政策，以更好地吸引和留住人才。这些政策包括提供住房补贴、子女教育保障、创业扶持等，为毕业生提供了良好的生活和发展环境。土建类专业毕业生在新一线城市，不仅可以享受到优厚的薪资待遇和职业发展机会，还可以获得政府的政策支持和保障。

例如，成都以其宜居的城市环境和丰富的文化底蕴吸引了大量高科技企业和创新型企业入驻。为了吸引和留住人才，成都市政府出台了“蓉漂计划”等优惠政策，为毕业生提供了住房补贴、创业扶持等支持。这些政策不仅降低了毕业生的生活成本，还激发了他们的创业热情和创新活力。

（3）产业布局

新一线城市的产业布局多元化，不仅涵盖了传统的基础设施建设和房地产开发领域，还涉及了新兴产业如智能制造、数字经济等。土建类专业毕业生在新一线城市，可以根据自己的兴趣和职业规划选择合适的就业方向。

例如，武汉作为中部地区的中心城市，其交通枢纽地位和科教资源优势为土建类专业人才提供了在交通基础设施、教育科研设施等领域的就业机会。同时，武汉还积极推动智能制造和数字经济等新兴产业的发展，为毕业生提供了在相关领域如智能工厂建设、数据中心建设等方面的就业机会。

3. 经济发达的二、三线城市

部分经济发达的二、三线城市，也吸引了大量土建类专业人才前往就业。这些城市虽然在经济规模和影响力上不如一线城市和新一线城市，但在某些领域如制造业、电子信息产业等方面具有独特的优势和发展潜力。

（1）产业特色

经济发达的二、三线城市往往具有独特的产业优势和发展潜力。这些城市在某些领域如制造业、电子信息产业等方面具有较强的竞争力和影响力。土建类专业毕业生在这些城市，可以参与到相关产业的发展中，为城市的产业升级和转型贡献自己的力量。

例如，苏州作为长三角地区的重要工业城市，其电子信息、高端装备制造等产业的快速发展为土建类专业人才提供了在工业园区建设、高科技厂房建设等领域的就业机会。毕业生可以参与到这些项目的规划、设计和施工中，了解相关产业的发展趋势和市场需求。

（2）生活成本

与一线城市和新一线城市相比，经济发达的二、三线城市的生活成本相对较低。毕业生在这些城市可以获得更高的生活质量和幸福感。

例如，东莞作为世界制造业名城，其庞大的制造业基础为土建类专业人才提供了在工业园区规划、厂房建设等领域的就业机会。同时，东莞的生活成本相对较低，毕业生可以在这里享受到较为舒适的生活环境和较低的生活压力。

（3）创新创业

为了促进经济发展和产业升级，经济发达的二、三线城市纷纷出台了鼓励创新创业的政策措施。这些政策包括提供创业扶持资金、税收优惠、创业培训等支持，为毕业生提供了良好的创新创业环境。土建类专业毕业生在这些城市，可以积极参与到创新创业的浪潮中，实现自己的职业梦想。

例如，无锡以其物联网、新能源等新兴产业为土建类专业人才提供了在绿色建筑、智能建筑等领域的就业机会。同时，无锡市政府还出台了多项鼓励创新创业的政策措施，为毕业生提供了创业扶持资金、税收优惠等支持。这些政策不仅激发了毕业生的创业热情和创新活力，还为他们提供了更多的发展机会和选择空间。

土建类专业毕业生的就业地域流向多元，各城市层级均提供了丰富的就业机会。不同城市层级在就业市场中的特点和差异也较为明显。毕业生在选择就业地域时，应综合考虑个人专业方向、兴趣爱好及职业规划。无论选择哪个城市，都应保持积极心态，不断学习，努力提升自己的专业技能和综合素质，为未来的职业发展打下坚实基础。

二、地域选择建议

在选择就业地域时，土建类专业毕业生应综合考虑多个因素，作出明智的抉择。以下是对各个因素的深入探讨，旨在帮助毕业生更加全面、深入地了解就业市场的地域特点，从而作出更加科学合理的就业选择。

1. 职业规划的明确性

毕业生应根据自己的专业背景、技能特长和兴趣爱好，制定具体的职业规划，包括短期目标（如获得第一份工作、积累实践经验等）和长期目标（如成为技术总工、担任管理岗位等）。在选择就业地域时，毕业生应结合自己的职业规划，选择发展机会多的城市。

2. 兴趣爱好的匹配度

毕业生在选择就业地域时，应充分考虑自己的兴趣爱好，选择那些能够让自己在工作中感到快乐和满足的城市。例如，如果毕业生对绿色建筑和智能建筑等领域感兴趣，可以选择在这些领域具有优势和特色的城市就业；如果毕业生喜欢历史文化和城市更新等方面的工作，可以选择在具有丰富历史文化遗产和正在进行城市更新的城市就业。

3. 市场需求的分析

市场需求分析是了解就业市场的重要途径。毕业生可以通过查阅行业报告、参加招聘会、与业内人士交流等方式，了解不同地域的就业市场需求情况。例如，可以关注一线城市和新一线城市在基础设施建设、房地产开发、绿色建筑和智能建筑等领域的发展动态，了解这些领域的岗位需求和薪资待遇等信息；也可以关注二、三线城市在制造业、电子信息产业等领域的发展情况，了解这些领域的就业机会和发展前景。

4. 趋势的预测与把握

趋势的预测与把握有助于毕业生更好地规划自己的职业发展路径。毕业生可以通过分析行业发展趋势、政策导向和市场变化等因素，预测未来就业市场的需求和趋势。例如，可以关注国家“一带一路”倡议、新型城镇化、交通强国等战略的实施情况，了解相关地区的投资和发展计划，预测未来土建类专业人才的需求和发展方向；也可以关注绿色建筑和智能建筑等新兴领域的发展动态，预测这些领域的就业前景和薪资水平等。

5. 考虑生活成本与个人经济状况

毕业生在选择就业地域时需要充分考虑生活成本和个人经济情况，从而定位更加适合自己的城市。

毕业生可以通过查阅相关数据和资料，了解不同城市的生活成本情况，包括房价、物价、交通费用等。在评估生活成本时，毕业生应结合自己的实际情况，考虑收入水平、家庭负担等因素。

6. 关注政策导向与发展机遇

政策导向的解读是了解地区发展动态的重要途径。毕业生可以通过查阅政府文件、关注官方媒体等方式，了解国家和地方政府的政策导向和发展规划。例如，可以关注国家“一带一路”倡议、新型城镇化、交通强国等战略的实施情况，了解相关地区的投资和发展计划；也可以关注地方政府在基础设施建设、房地产开发、绿色建筑和智能建筑等领域的政策支持和资金投入情况。

7. 利用人脉资源与信息网络

人脉资源与信息网络是选择就业地域时的重要辅助手段。毕业生可以通过与亲朋好友、校友、行业专家等人脉资源的交流获取相关信息和建议；也可以通过互联网、社交媒体等渠道了解各地区的就业市场情况和发展趋势；还可以通过参加行业会议、学术论坛、校友会等活动，结识更多的业内人士和专家，拓展自己的人脉资源。

8. 信息网络的构建

信息网络的构建有助于毕业生及时获取就业市场的最新动态和信息。通过关注行业网站、社交媒体、招聘网站等渠道，构建信息网络，及时获取就业市场的最新动态。在构建信息网络时，毕业生应保持敏感性和主动性，及时关注行业动态和市场变化，以便更好地把握就业机会。

9. 个人适应能力的评估

个人适应能力的评估是选择就业地域的重要参考。毕业生应评估自己的适应能力，包括语言沟通能力、文化适应能力、心理承受能力等方面。在选择就业地域时，毕业生应考虑自己的适应能力是否符合当地的生活和工作环境要求。例如，如果毕业生的语言沟通能力较强且对当地文化有一定的了解，可以选择在国际化程度较高的城市就业；如果毕业生的心理承受能力较强且能够适应快节奏的工作生活，可以选择在一线城市或新一线城市就业。

10. 职业规划的匹配度

毕业生还应对当地的经济发展水平、产业结构、行业特点等因素进行了解，衡量职业规划与就业地域的匹配度。毕业生的职业规划若是成为行业专家或担任管理岗位，一线城市或新一线城市是不错的选择；若注重积累实践经验或创业发展，二、三线城市则提供了更多可能。

11. 综合评估与权衡

在选择就业地域时，毕业生应综合评估以上各个因素。可以通过制定一个评分表或权重表等方式，将各个因素进行量化和比较，从而得出一个相对客观的评估结果。同时，毕业生还可以咨询职业规划师、人力资源专家等专业人士，获取更全面的就业地域选择建议。通过专业人士的咨询与指导，毕业生可以获得更加全面和专业的信息和建议，从而更好地规划自己的职业发展路径和选择适合自己的就业地域。

案例 1

一线城市的机遇与挑战

A 同学是一名土建类专业的毕业生，他选择了在北京就业，加入了一家知名建筑设计公司，参与了多个大型公共建筑的设计项目。虽然北京的竞争压力大、生活成本高，但 A 同学通过不断努力和学习，逐渐在行业内崭露头角。他参与的项目多次获得国内外奖项，自己也得到了晋升和加薪的机会。然而，随着工作压力的增大和生活节奏的加快，A 同学也面临着身心健康方面的挑战。他意识到需要更好地平衡工作和生活的关系，于是开始关注健康管理和休闲活动等。

分析

选择一线城市就业可以获得更多的机遇和挑战，但也需要承受更大的竞争压力和生活成本。毕业生在选择一线城市就业时，应充分考虑自己的经济状况和职业规划，同时注重身心健康和生活品质的提升。通过合理安排工作和生活时间、积极参与健康管理和休闲活动等方式，可以更好地适应一线城市的生活和工作环境。

第三节　就业信息搜集

在职业规划的过程中，就业信息的搜集是至关重要的一步。对于土建类专业毕业生而言，掌握全面、准确的就业信息不仅能提高求职效率，还能帮助毕业生更好地定位自己的职业方向，实现职业发展的精准着陆。

一、渠道选择

就业信息的搜集渠道多种多样，毕业生应根据自己的实际情况和求职需求选择合适的渠道进行信息搜集。以下是对一些常见就业信息搜集渠道的详细分析和深入探讨。

1. 校园招聘

（1）校园招聘的重要性

校园招聘是获取就业信息的重要途径之一，为学生搭建了一个与用人单位面对面交流的平台。每年都会有两次较为大型的校园招聘，又被称为春招和秋招，一般集中在3—5月和8—11月。通过校园招聘，毕业生可以直观地了解用人单位的企业文化、招聘需求和岗位要求，同时展示自己的专业技能和综合素质。

（2）校园招聘的特点

针对性强：校园招聘通常由学校与用人单位提前沟通，根据学校的专业设置和用人单位的需求进行匹配，针对性较强。毕业生可以更容易地找到与自己专业相关的岗位。

机会丰富：知名企业和大型项目往往会在校园招聘中设立专门的展位，为毕业生提供实习和全职岗位。这些企业通常具有完善的培训体系和良好的职业发展前景，为毕业生提供了宝贵的就业机会。

信息权威：校园招聘中的招聘信息通常经过学校的审核和筛选，具有较高的权威性和可信度。

（3）如何有效利用校园招聘

毕业生应提前了解学校组织的招聘会、宣讲会等活动的时间和地点，并准备好自己的简历和求职信。在参加招聘会前，可以对目标企业进行一定的了解，以便更好地展示自己的优势。

毕业生应积极与用人单位的代表进行面对面的交流。这不仅可以增加自己的求职机会，还可以锻炼自己的沟通能力和表达能力。

在招聘会结束后，毕业生应及时跟进自己感兴趣的岗位，了解招聘进度并主动与用人单位保持联系。这有助于增加自己的求职成功率。

2. 网络招聘

（1）网络招聘的兴起

随着互联网的普及和发展，网络招聘已成为毕业生获取就业信息的主要渠道之一。智联招聘、前程无忧等招聘网站为毕业生提供了丰富的招聘信息和便捷的求职服务。毕业生可以通过这些网站搜索自己感兴趣的岗位和公司，了解招聘要求和薪资待遇等信息。

（2）网络招聘的特点

信息量大：网络招聘网站上的招聘信息量巨大，涵盖了各行各业、各个岗位的招聘信息。毕业生可以根据自己的专业和兴趣进行筛选和搜索。

便捷高效：网络招聘具有便捷高效的特点。毕业生可以随时随地通过电脑或手机访问招聘网站，浏览和投递简历。同时，招聘网站还提供了在线测试、视频面试等功能，方便毕业生进行求职操作。

互动性强：网络招聘网站通常设有论坛、社群等功能，毕业生可以在这些平台上与同行交流经验、分享心得。这有助于毕业生更好地了解行业动态和求职技巧。

（3）如何有效利用网络招聘

筛选信息：毕业生在浏览招聘网站时，应根据自己的专业和兴趣进行筛选和搜索。可以通过设置关键词、筛选条件等方式快速定位到适合自己的岗位。

完善简历：毕业生应完善自己的简历和求职信，突出自己的专业技能和综合素质。在投递简历前，可以对目标企业进行一定的了解，并根据企业的文化和需求调整简历内容。

积极沟通：在投递简历后，毕业生可以通过电话、邮件等方式了解招聘进度并表达自己的求职意愿。与用人单位的积极沟通，有助于增加求职的成功率。

一些大型的招聘网站上，涵盖了土建类专业的多个岗位招聘信息。毕业生可以通过设置关键词如“土木工程”“建筑设计”等进行搜索，快速定位到适合自己的岗位。同时还提供在线简历投递等功能，方便毕业生进行求职操作。一些知名企业也会在这些网站上发布招聘信息，为毕业生提供更多的求职机会。

3. 社交媒体

（1）社交媒体的影响力

社交媒体平台如微信、抖音等已成为信息传播和人际交流的重要渠道。在求职过程中，社交媒体也发挥着越来越重要的作用。毕业生可以关注行业内的公众号、抖音账号等获取最新的行业动态和招聘信息。

（2）社交媒体的特点

信息及时：社交媒体上的信息更新速度较快，毕业生可以及时了解最新的行业动态和招聘信息。

互动性强：社交媒体平台上的用户互动性强，毕业生可以与同行、专家等进行交流和讨论，拓宽自己的视野和人脉。

个性化推荐：一些社交媒体平台会根据用户的兴趣和行为进行个性化推荐，为毕业生提供更加精准的求职信息。

（3）如何有效利用社交媒体

关注行业动态：毕业生应关注行业内的公众号、抖音账号等，及时了解最新的行业动态和招聘信息。

建立人脉关系：通过社交媒体平台，毕业生可以结识更多的业内人士和专家，建立自己的人脉关系。这有助于毕业生在求职过程中获得更多的推荐机会和内部信息。

4. 人脉资源

（1）人脉资源的重要性

家人、朋友、老师等都是毕业生的人脉资源，这些资源可以为毕业生提供招聘信息或者推荐就职机会；同时，也可以通过他们了解行业内的就业趋势和岗位要求等信息。

（2）如何有效利用人脉资源

主动沟通：毕业生应主动与人脉资源保持联系，了解他们的职业动态和求职经验。可以通过电话或社交媒体等方式与他们保持沟通。

参加活动：毕业生可以通过参加行业会议、学术论坛等活动拓展自己的人脉资源。这些活动不仅有助于了解行业内的最新动态和趋势，还有助于结识更多的业内人士和专家。

5. 行业报告与新闻

（1）行业报告与新闻的重要性

行业报告和新闻是了解行业发展趋势和就业市场情况的重要途径。毕业生可以通过查阅相关的行业报告和新闻了解行业的最新动态、发展趋势以及就业市场需求等信息。这些信息有助于毕业生更好地规划自己的职业道路。

（2）如何有效利用行业报告与新闻

毕业生应关注权威机构发布的行业报告和新闻。在查阅行业报告和新闻时，深入分析并结合自己的实际情况进行思考和规划。

6. 政府官网与公共服务平台

（1）政府官网与公共服务平台的重要性

政府官网与公共服务平台是获取就业信息的重要渠道之一。毕业生可以通过访问政府官网了解相关政策法规、就业政策以及公共就业服务等信息；同时也可以通过公共服务平台获取招聘信息、职业指导等服务。这些信息具有较高的权威性和可信度，有助于毕业生更好地了解就业市场。

（2）如何有效利用政府官网与公共服务平台

毕业生应关注政府官网与公共服务平台的官方渠道，如人力资源和社会保障部官网等。还可以利用公共服务平台提供的服务资源，如职业指导、在线测试等。政府官网与公共服务平台经常会举办一些招聘会和就业服务活动项目，毕业生可以积极参与这些活动项目，寻找适合自己的岗位机会。

案例 2

以某地方政府举办的招聘会为例，该招聘会吸引了众多知名企业和大型项目参与，为毕业生提供了丰富的就业机会。某土建类专业毕业生 B 同学在得知该招聘会的信息后积极报名参加并通过现场面试成功获得了一家知名建筑企业的岗位机会。此外，B 同学还通过参与该地方政府举办的就业服务活动项目了解到更多的求职技巧和市场动态，为自己的职业发展打下了坚实基础。

7. 高校就业指导中心

（1）高校就业指导中心的重要性

就业指导中心通常会提供招聘信息发布、职业规划咨询、就业指导培训等服务，帮助毕业生更好地了解就业市场和求职技巧。此外，一些高校还会与用人单位建立合作关系，为毕业生提供定向培养和就业推荐等服务。因此，高校就业指导中心在毕业生求职过程中发挥着重要的作用。

（2）如何有效利用高校就业指导中心

关注公告信息：毕业生应关注高校就业指导中心的公告信息，及时了解招聘会和就业服务活动的举办时间和地点等信息。可以通过高校官网、微信公众号等渠道获取这些信息。

利用服务资源：毕业生可以利用高校就业指导中心提供的服务资源，如职业规划咨询、简历修改等。这些服务资源有助于毕业生更好地了解自己的优势和不足并制定相应的求职策略。

参与合作项目：一些高校会与用人单位建立合作关系，为毕业生提供定向培养和就业推荐等服务。毕业生可以积极参与这些合作项目，了解用人单位的需求和文化并争取获得实习或就业机会。

案例 3

以某高校就业指导中心为例，该中心定期举办招聘会和就业服务活动，为毕业生提供了丰富的就业机会和求职技巧培训。某土建类专业毕业生 C 同学在就业指导中心的帮助下成功获得了一家知名建筑企业的实习机会，并在实习期间表现优秀获得了转正机会。此外，C 同学还通过参与就业指导中心举办的职业规划咨询活动，更加清晰地了解了自己的职业目标和发展方向，为自己的职业发展打下了坚实基础。

总之，就业信息的搜集是土建类专业毕业生求职过程中的重要环节。通过选择合适的渠道进行广泛和多维度的搜集，毕业生可以更全面地了解就业市场和行业动态，提高求职效率。随着数字化时代的到来和就业市场的不断变化，毕业生需要不断更新自己的求职技能以应对新的挑战。通过精准定位和全面搜集就业信息，土建类专业毕业生可以更好地规划职业道路，实现职业发展目标。

二、信息筛选

在搜集到大量的就业信息后，毕业生需要对这些信息进行筛选。这一过程不仅关乎毕业生的求职效率，更关乎其未来的职业发展。

就业信息的来源五花八门，既有官方渠道如学校就业指导中心、政府人力资源和社会保障部门等，也有非官方渠道如社交媒体、论坛、个人博客等。为了确保所获取信息的权威性和真实性，毕业生应首先核对信息来源。

1. 官方渠道优先

官方渠道发布的就业信息通常经过严格审核和筛选，具有较高的权威性和可信度。因此，在筛选就业信息时，应优先考虑官方渠道。

常见的官方招聘网站或者渠道有很多，可以关注人力资源和社会保障部官网、地方人力资源和社会保障厅/局官网、高校就业指导中心官网、中央和国家机关事业单位公开招聘服务平台、国家大学生就业服务平台等。例如，学校就业指导中心通常会定期发布企业招聘信息和招聘会信息，这些信息经过学校审核，具有较高的可信度。政府人力资源和社会保障部门，会在其官方网站上发布最新的就业政策和招聘信息。

2. 非官方渠道需谨慎

非官方渠道发布的就业信息数量庞大，但鱼龙混杂难以辨别信息的真实性。毕业生在收集整理这类信息时，需要对信息的来源进行仔细的核对。对于来自社交媒体等非官方渠道的信息，毕业生可以通过多种方式进行验证。例如查阅企业官网或拨打企业电话了解真实性；搜索企业名称和相关信息了解企业的基本情况；还可以咨询身边的朋友、同学或老师了解该企业的实际情况。

3. 关注企业信誉与口碑

企业的信誉和口碑是判断招聘信息真实性的重要依据。一个具有良好信誉度的企业，在招聘过程中通常会更加注重信息的真实性和透明度。

查阅企业官网和社交媒体账号：企业官网和社交媒体账号是了解企业基本情况和社会声誉的重要窗口。毕业生可以通过查阅企业官网了解企业的历史沿革、业务范围、企业文化等信息；可以通过搜索企业的社交媒体账号了解企业的最新动态、员工评价和社会声誉等信息。这些信息有助于毕业生全面了解企业的真实情况，判断招聘信息的真实性。

搜索企业相关新闻和评论：除了查阅企业官网和社交媒体账号外，毕业生还可以通过搜索企业相关新闻和评论了解企业的社会声誉和口碑情况。例如，可以搜索企业的新闻报道了解企业在行业内的地位和影响力；可以搜索企业的员工评价了解企业的工作环境和福利待遇等情况。

4. 留意招聘细节与要求

在筛选就业信息时，毕业生应留意招聘细节与要求，如岗位要求、薪资待遇、工作地点等。通过对比不同岗位的招聘要求和薪资待遇等信息，毕业生可以更加精准地定位适合自己的岗位，并了解市场行情和薪资水平等信息。

5. 对比岗位要求与自身条件

毕业生在筛选就业信息时，应仔细对比岗位要求与自身条件，确保自己符合岗位的招聘需求。例如，可以关注岗位的学历要求、专业要求、工作经验要求等信息，确保自己符合这些要求。同时，还可以关注岗位的工作内容、技能要求等信息，判断自己是否具备胜任该岗位的能力和素质。通过对比岗位要求与自身条件，毕业生可以更加精准地定位适合自己的岗位，提高求职成功率。

6. 了解薪资待遇与福利条件

薪资待遇和福利条件通常是毕业生求职过程中关注的重要因素。在筛选就业信息时，毕业生应了解不同岗位的薪资待遇和福利条件等信息。可以关注岗位的月薪、年终奖、五险一金等福利待遇；可以了解企业的晋升机制、培训机会等职业发展前景。通过对比不同岗位的薪资待遇和福利条件等信息，毕业生可以更加全面地了解市场行情和薪资水平等信息，为自己的职业规划提供参考。毕业生在筛选就业信息时应结合自己的实际情况和职业规划，选择符合自己期望和要求的岗位和地区。同时，也要注意避免被过高的薪资承诺所迷惑，要结合自己的实际情况进行理性判断。

7. 利用第三方验证工具

在筛选就业信息时，毕业生还可以利用第三方验证工具来核实信息的真实性与可靠性。以下推荐两种比较常用的第三方验证方式。

企业信用查询平台：是了解企业信用状况的重要渠道之一。毕业生可以通过这些平台查询企业的注册信息、经营状况、信用记录等信息。例如，可以使用国家企业信用信息公示系统查询企业的基本信息和经营状况；可以使用天眼查、企查查等平台查询企业的股权结构、法律诉讼等信息。通过查询企业信用信息，毕业生可以了解企业的信用状况和经营风险等信息，为求职决策提供参考。

招聘网站评价系统：是了解企业招聘口碑和员工评价的重要途径之一。毕业生可以通过这些系统查看其他求职者对该企业的评价和反馈等信息。通过查看招聘网站评价系统，毕业生可以了解企业的招聘流程、面试体验、工作环境和福利待遇等信息，为求职决策提供参考。

案例 4

D 同学是一名土建类专业的毕业生，在搜集就业信息时收到了多家企业的招聘信息。其中，一家名为“××建设集团”的公司承诺提供高薪待遇和优厚的福利条件，吸引了 D 同学的注意。然而，在仔细核对信息来源和了解企业信誉后，D 同学发现该公司实际上是一家小型建筑公司，且存在拖欠员工工资和福利待遇不佳等问题。最终，D 同学放弃了该招聘信息，选择了另一家信誉良好、薪资待遇合理的企业。

分析

在这个案例中，D 同学通过仔细核对信息来源和了解企业信誉等方式成功地筛选出了虚假招聘信息，避免了上当受骗的风险。这充分说明了信息筛选在求职过程中的重要性。如果 D 同学没有进行信息筛选就直接投递简历和参加面试，可能会浪费时间和精力甚至遭受经济损失。

信息筛选是土建类专业毕业生求职过程中不可或缺的一步。通过核对信息来源、关注企业信誉与口碑、留意招聘细节与要求、参考行业标准和规范、利用第三方验证工具以及咨询专业人士或机构等方式，毕业生可以更加精准地识别就业信息，确保所获取信息的真实性和可靠性。这不仅有助于提高求职效率和成功率，更为毕业生的职业发展奠定坚实基础。

三、信息整理：构建个性化就业信息库，科学规划求职之路

在搜集和筛选到大量的就业信息后，毕业生需要进行信息整理，从而构建个性化的就业信息库，用于科学地规划求职路径。这能够极大地提升毕业生求职效率，并有助于

提升长远职业发展规划的质量。以下是对信息整理方法和技巧的深入探讨，旨在帮助土建类专业毕业生更加高效、精准地管理求职过程中的信息资源。

1. 分类整理信息：构建清晰的求职框架

分类整理信息是信息整理的第一步，也是构建个性化就业信息库的基础。毕业生可以将搜集到的就业信息按照不同的维度进行分类，如行业领域、企业性质、岗位类型等。这样不仅可以方便毕业生快速定位到适合自己的招聘信息，还能提高工作效率，避免在海量信息中迷失方向。

（1）行业领域分类

毕业生可以根据行业领域对就业信息进行分类，如建筑行业、房地产行业、交通运输行业等。不同行业对土建类专业毕业生的需求存在差异，通过行业领域分类，毕业生可以更加清晰地了解不同行业的招聘需求和岗位特点，为自己的职业规划提供参考。

（2）企业性质分类

除了行业领域分类外，毕业生还可以根据企业性质对就业信息进行分类，如国有企业、民营企业、外资企业等。不同性质的企业在招聘流程、薪资待遇、职业发展等方面存在差异，通过企业性质分类，毕业生可以更加全面地了解不同企业的特点和要求，为自己的求职决策提供依据。

（3）岗位类型分类

岗位类型也是分类整理信息的重要维度之一。毕业生可以将就业信息按照岗位类型进行分类，如设计师、工程师、造价师等。不同岗位对毕业生的专业技能和综合素质要求不同，通过岗位类型分类，毕业生可以更加精准地定位适合自己的岗位，提高求职成功率。

2. 提取关键信息

在分类整理的基础上，毕业生需要提取每条招聘信息的关键信息，如公司名称、岗位名称、岗位职责、任职要求、薪资待遇、工作地点等。这些信息是毕业生后续求职过程中需要重点关注的内容，也是构建个性化就业信息库的基础。

（1）公司名称与岗位名称

公司名称与岗位名称是招聘信息中最基本的信息，也是毕业生了解招聘单位和岗位的第一步。毕业生在提取这些信息时，应确保准确无误，以便后续查阅和使用。

（2）岗位职责与任职要求

岗位职责与任职要求是毕业生了解岗位工作内容和要求的重要依据。毕业生在提取这些信息时，应仔细阅读招聘启事或职位描述，确保对岗位有全面的了解。同时，还可以根据自己的专业技能和综合素质，判断自己是否符合岗位要求，为求职决策提供参考。

（3）薪资待遇与工作地点

薪资待遇与工作地点是毕业生求职过程中关注的重点因素之一。毕业生在提取这些信息时，应了解岗位的薪资范围、福利待遇以及工作地点等详细信息。这些信息有助于毕业生评估岗位的吸引力和自己的求职意愿，为求职决策提供依据。

3. 建立信息库：系统化存储与管理信息

毕业生可以根据提取的关键信息整理成表格或文档形式，以建立自己的就业信息库。信息库应包含所有搜集到的招聘信息，并按照分类和优先级进行排序。这样有助于毕业生随时查阅和更新信息，确保求职过程中的信息准确性和完整性。

（1）选择存储工具

毕业生可以根据自己的喜好和习惯选择合适的存储工具来建立就业信息库。例如，可以使用电子表格（如 Excel）来存储和管理信息，利用表格的排序、筛选等功能方便查阅和更新信息；也可以使用文档（如 Word、PDF）来存储和管理信息，利用文档的编辑、标注等功能方便整理和归纳信息。

（2）设置信息库结构

无论选择哪种存储工具，毕业生都应合理设置信息库的结构，以便更好地管理求职过程中的信息资源。例如，可以设置不同的列或章节来存储公司名称、岗位名称、岗位职责、任职要求、薪资待遇、工作地点等关键信息；可以设置不同的标签或分类来区分不同行业领域、企业性质、岗位类型等信息；还可以设置备注栏来记录一些额外的信息如面试时间、地点等以便后续跟进和管理。

（3）标注优先级与备注

在建立信息库的过程中，毕业生可以根据自己的职业规划和求职需求为每条招聘信息标注优先级和备注信息。优先级可以根据薪资水平、岗位吸引力、公司声誉等因素进行综合考虑；备注信息则可以记录一些额外的信息如面试时间、地点等以便后续跟进和管理。

标注优先级有助于毕业生精准定位求职目标，集中精力于更有价值的求职机会。毕业生可以根据薪资水平、岗位吸引力、公司声誉等因素对招聘信息进行优先级排序。例如，可以将薪资水平高、岗位吸引力强、公司声誉好的招聘信息标注为高优先级；将薪资水平一般、岗位吸引力较弱、公司声誉一般的招聘信息标注为低优先级。通过标注优先级，毕业生可以更加有针对性地选择求职机会，提高求职效率和成功率。

记录备注信息有助于毕业生更好地管理求职过程，确保重要信息不被遗漏。毕业生可以在备注栏中记录一些额外的信息如面试时间、地点、联系人等，以便后续跟进和管理。例如，可以在备注栏中记录面试的具体时间和地点，以便提醒自己准时参加面试；可以记录联系人的姓名和电话，以便在需要时及时沟通联系。通过记录备注信息，毕业生可以更加全面地了解求职过程中的重要信息，为求职做好充分准备。

（4）设定更新周期

就业市场是动态变化的，新的招聘信息会不断出现，而过时的信息则需要及时删除。因此，毕业生需要定期更新和维护自己的就业信息库，以确保信息的时效性和准确性。

毕业生可以设定一个固定的时间间隔（如每周或每月）对就业信息库进行更新和整理。例如，可以每周花费一定的时间浏览招聘网站和社交媒体平台获取最新的招聘信息；

可以每月对就业信息库进行全面的整理和归纳，删除过时或无效的招聘信息，补充新的招聘信息。通过设定更新周期，毕业生可以确保就业信息库的时效性和准确性，为求职提供有力的支持。

4. 关注行业动态

除了定期更新就业信息库外，毕业生还应关注行业动态和就业市场趋势。例如，可以关注行业内的新闻报道和专家观点，了解行业的最新动态和发展趋势；可以参加行业会议和学术论坛等活动，拓展自己的视野和人脉资源。通过关注行业动态和就业市场趋势，毕业生可以更加全面地了解就业市场的变化和需求，为求职做好充分准备。

为了更好地说明信息整理的重要性和方法技巧，以下提供一个案例分析。

案例 5

E 同学是一名土建类专业的毕业生，在搜集和筛选就业信息后建立了自己的就业信息库。他将搜集到的招聘信息按照行业领域、企业性质、岗位类型等维度进行分类整理，并提取了关键信息如公司名称、岗位名称、岗位职责、任职要求、薪资待遇、工作地点等。同时，E 同学还根据自己的职业规划和求职需求为每条招聘信息标注了优先级和备注信息，如面试时间、地点等。通过定期更新和维护自己的就业信息库，E 同学成功把握了多个求职机会，并最终入职了一家知名建筑设计公司。

分析

在这个案例中，E 同学通过构建个性化的就业信息库并科学规划求职之路，成功实现了自己的职业目标。他的成功经验主要体现在以下几个方面：

分类整理信息：E 同学将搜集到的就业信息按照不同的维度进行分类整理，构建了清晰的求职框架。这有助于他快速定位到自己感兴趣或符合职业规划的招聘信息，提高工作效率。

提取关键信息：E 同学提取了每条招聘信息的关键信息，如公司名称、岗位名称、岗位职责、任职要求、薪资待遇、工作地点等。这些信息为他后续求职提供了重要的参考依据。

建立信息库：E 同学将提取的关键信息整理成表格形式，建立了自己的就业信息库。这有助于他随时查阅和更新信息，确保求职过程中信息的准确性和完整性。

标注优先级与备注信息：E 同学根据自己的职业规划和求职需求为每条招聘信息标注了优先级和备注信息。这有助于他精准定位求职目标，将有限的精力投入到更有价值的求职机会中。

定期更新与维护：E 同学定期更新和维护自己的就业信息库，确保信息的时效性和准确性。这有助于他及时把握就业市场的变化，调整自己的求职策略和方向。

就业信息的搜集与整理是土建类专业毕业生求职过程中的重要环节。通过学习掌握相关技能和策略、不断探索和实践新的方法和工具，毕业生可以更加高效地实现自己的职业梦想。在未来的职业生涯中，他们将继续面临各种挑战和机遇，但只要保持积极的心态和不断学习的精神，就一定能够取得耀眼的成就。

思考题：

1. 分析当前土建类专业学生的就业形势，列举至少三个主要的就业市场趋势。分析这些趋势对土建类专业学生就业的影响。

2. 结合自己的职业规划，选择一个适合自己的就业地域并说明理由（如一线城市竞争激烈但机会多、新一线城市发展潜力大且生活成本低等）。分析该地域的就业市场特点和优势。

3. 列举至少五种搜集就业信息的渠道，评价它们的优缺点（如校园招聘信息真实可靠但机会有限、网络招聘信息丰富但真实性需甄别等）。

4. 在搜集就业信息时，如何确保信息的真实性和可靠性？请提出至少三条建议。

5. 在求职过程中，如何有效提升自己的竞争力？请结合土建类专业特点，提出至少三条建议。

第五章思考题参考答案

第六章

土建类专业职业岗位发展路径

学习目标：

1. 了解土建人的行业使命。
2. 了解土建人职业生涯五阶段理论。
3. 了解土建人成功的职业路径。
4. 掌握产业链纵向包括哪些行业主体。
5. 熟悉产业链横向包括哪些行业分类。
6. 掌握施工、设计、安全等各领域证书报考条件。
7. 了解土建人转型与转行的区别。

第一节　土建类专业毕业生的成长之路

一、土建类专业学子的行业使命

土建类专业学子肩负着历史传承与推动行业技术发展的双重使命。作为未来工程建设的中坚力量，他们不仅承担着延续和发扬建筑文化、承担建设社会基础设施的责任，而且需以技术创新为核心驱动力，引领行业的可持续发展。通过将专业知识与实践相结合，土建类专业学子能够推动建筑技术的进步，优化工作效率，提高工程质量，从而为社会创造更加安全、环保和智能化的建筑环境。这种使命感不仅体现在个人职业价值的实现上，更深刻影响着国家经济建设和社会进步的方向。

1. 肩负历史的传承

土木建筑行业作为人类文明的重要载体，承载着历史的记忆与文化的积淀。从《易经·系辞》中“上古穴居而野处，后世圣人易之以宫室，上栋下宇，以待风雨”的记载可以看出，建筑的历史可以追溯至上古时期。五千年来，中国建筑史与中华文明史紧密交织：秦始皇修筑长城抵御外敌，隋炀帝开凿大运河贯通南北，唐玄宗主持修建乐山大佛彰显信仰，明成祖营建故宫展现皇家威仪。这些建筑不仅是技术与艺术的结晶，更是中华民族智慧与精神的象征。

历经岁月洗礼依然屹立的建筑遗迹，无声地记录着人类社会的繁衍与朝代的兴衰。每一块砖石、每一根梁柱，都是历代土建人留给后世的宝贵遗产。正是这些伟大的工程，让人们得以窥见历史的真相，感受先人的智慧与创造力。

作为当代从事土木建筑的专业人员，肩负着传承历史、延续文明的使命。尽管个体的生命短暂，但我们的作品——摩天大厦、高速公路、铁路桥梁等，却能够跨越时间，成为未来世代了解我们这一时代的重要见证。建筑不仅是物质的存在，更是文化的延续。因此，每一位土建从业者都应意识到自身的责任，以匠心筑梦，用专业书写属于这个时代的历史篇章。

2. 技术创新推动行业发展

土建人的历史使命不仅在于传承人类文明，更在于通过技术创新推动行业发展和进步。作为技术密集型行业，土木建筑领域的每一次进步都离不开对创新的追求。那些屡获鲁班奖的企业，无一不是将技术创新视为核心竞争力。而真正的技术创新，往往源于兼具工匠精神与行业情怀的工程师之手。正是这些工程师在实践中不断钻研、反复试验，才为行业注入了源源不断的发展动力。

追溯至土木建筑界的鼻祖鲁班，他便是技术创新的典范。从钻、刨子到墨斗，这些历经千年的工具至今仍在使用，其背后是鲁班在长期生产实践中的智慧结晶。这种精神同样适用于当代土建人。许多年轻从业者或许会疑惑：经过四年的大学学习，为何仍需从工地一线开始？答案在于，一线工作并非简单的重复劳动，而是为了深入了解施工工艺与流程。只有在熟悉的基础上进行优化，并在优化中实现创新，才能真正推动技术的进步。

因此，当代土建人的使命不仅是建造高楼大厦与基础设施，更是通过自身的技术积累与创新能力，为行业开辟新的发展路径。这种责任既平凡又伟大，它承载着人类文明的延续，也书写着属于这一代土建人的历史篇章。

土建人的历史使命不仅关乎个人职业发展，更与行业的未来息息相关。近年来，土木建筑行业人才流失现象愈发显著，其根本原因在于从业者对行业认知的高度不足，以及对自身专业定位的模糊。事实上，土建人所肩负的使命远超日常工作的范畴——他们不仅是历史文化的传承者，更是行业创新与发展的推动者。这一责任虽沉甸甸，却意义非凡。从选择土建类专业的那一刻起，这份使命便已悄然落在肩上，无论是否曾意识到，它都已成为个人职业生涯中不可分割的一部分。正因如此，土建人需要以更高的视野看待自己的角色，在传承与创新中找到自身的价值定位，为行业的可持续发展贡献力量。

二、土建人的职业生涯五阶段

土建类专业毕业生的职业生涯发展可基于美国职业管理学家舒伯的职业生涯发展阶段理论进行规划。舒伯将人的一生划分为成长阶段（0～14 岁）、探索阶段（15～24 岁）、建立阶段（25～44 岁）、维持阶段（45～64 岁）和衰退阶段（65 岁以上），为职业规划提供了理论依据。然而，针对土建人这一特定群体，我们对其职业生涯阶段进行了更为针对性的划分，专注于从职场起点到终点的发展历程。

土建人通常在 22 岁左右大学毕业或 25 岁左右研究生毕业进入职场，至 60 岁左右退休，预计在职场中度过近 40 年时间。随着延迟退休政策的逐步实施，这一时间可能进一步延长。在此期间，土建人的职业生涯大致可分为五个阶段：成长期（22～25 岁），此阶段以适应职场环境、积累基础技能为核心；增值期（25～30 岁），重点在于提升专业能力与职业价值；变现期（30～45 岁），通过前期积累实现职业回报最大化；维持期（45～55 岁），注重稳定发展并保持竞争力；退休准备期（55～60 岁），为职业生涯的平稳过渡及退休生活做好准备。

每个阶段都环环相扣，前一阶段的表现直接影响后续阶段的发展。因此，土建人需明确各阶段的目标与侧重点，科学规划职业生涯，从而实现个人价值的最大化与职业发展的可持续性。

1. 成长期（22～25 岁）

成长期是刚毕业进入职场的第一阶段，这个阶段通常是 1～3 年。该时期主要任务是熟练掌握基层工作技能，为下一步增值期打基础。只有把基层工作做好，才有希望进入增值期。而进入职场的第一份职务，有的人用一年时间就可以熟练掌握，有的人可能要用三年时间才能熟练掌握，进步的速度越快，进入增值期的时间也越快。毕业生初入职场时，可能会在建筑公司、设计院或工程咨询公司担任技术员或助理工程师的职位。在这个阶段，他们会参与到现场施工管理、图纸绘制、工程量计算等实际工作中，通过实践来加深对专业知识的理解。

2. 增值期（25～30 岁）

增值期是进入职场的第二阶段，这个阶段通常最少需要 5 年以上，这个时期的主要任务是不断拓展我们的能力边界，积累职场能力资本，增值期积累得好，才能迎来变现期。大家都知道土木建筑行业状况，完整参与完一个项目最少需要两三年的时间，五年时间最多有机会参与两个项目。没有至少两个项目的经验积累，很难谈得上拥有丰富的工程管理经验。

经过一定年限的工作积累和不断学习，此阶段可以考虑报考相关专业的执业资格证书。从事不同领域和专业的工作，考取的证书也不同，关于报考证书的相关条件请参考建设行业执业资格介绍章节。证书是土建人晋升的必要条件，一旦通过考试并获得相应的资格，他们将有机会晋升为项目经理或部门负责人，负责项目的施工管理、质量控制、安全管理等关键工作。此外，也有部分从业人员可能会选择专注于某一设计领域，如结构设计、建筑设计、机电设计等，通过深入学习和实践，成为该领域的专业设计师，为项目的方案设计和技术支持贡献力量。对于那些有志于管理工作的从业人员，他们可以通过不断提升自己的管理能力和领导力，晋升为企业的中高层管理者，如部门经理、分公司总经理等，负责企业的整体运营和管理。

3. 变现期（30～45 岁）

变现期是第三阶段，该阶段也是我们职业生涯的黄金时期，一般在 10～15 年，在这一阶段，从业者的主要任务是将多年积累的专业知识、技能和经验转化为生产力，从而实现自我价值的最大化。注意，并不是每个从业者的职业生涯都能迎来变现期的，有的从业者增值期没有积累好，还没有迎来变现期就直接进入衰退期了。因此，对于土木建筑行业的从业者来说，合理规划成长期和增值期至关重要，以确保能够顺利迎来变现期。在土木建筑行业，变现期的到来往往伴随着更高的职级和更丰厚的薪酬，这不仅意味着个人能力得到了认可，也标志着职业生涯达到了一个高峰。

4. 维持期（45～55 岁）

维持期是第四阶段，该阶段是变现期的延续，没有变现期的人是没有维持期的。很多人 45 岁以后，还在担任着公司的重要职务，且薪酬都还维持在高水平上，这样的人无疑就是维持期的典型代表。在这个阶段，很多从业者已经积累了丰富的经验和较高的专业水平，他们可能会继续在现有岗位上发挥重要作用，或者转向更为高级的管理和技术岗位。他们还需要不断学习和更新自己的知识体系，以适应行业的快速发展。这个阶段同时也是一个分化阶段，考验的是你之前的职业路径走得是否正确。职业发展健康的人此时依旧维持在高水平的发展状态，而职业发展不正常的人就会提前进入衰退期，具体表现为找新工作越来越困难，薪资和职级也开始下降。

5. 退休准备期（55～60 岁）

退休准备期是最后阶段，一般是 55 岁之后，这个阶段就是维持为主，不宜再承担高强度的工作任务，自然也就不会再成为职场主力。随着年龄的增长，一些从业者可能会逐渐减少一线工作，转而更多地参与指导和培养年轻一代，或者在行业内担任顾问角色。对于那些在土木建筑行业取得显著成就的工程师，他们可能会成为行业内的专家或领军人物，通过参与行业标准的制定、新技术的研发和推广等工作，为土木建筑行业的持续发展作出重要贡献。

土建人职业生涯规划是每一位土木建筑行业从业者，尤其是应届毕业生，在职业发展初期需要高度重视的关键环节。成功的职业生涯从来不是偶然的结果，而是科学规划与持续努力的产物。从职业发展的角度来看，起点的选择和准备往往决定了未来的高度与成就。对于即将踏入土木建筑行业的新人而言，提前了解行业的发展规律、阶段特征及未来趋势，不仅能帮助自己更好地适应行业环境，还能在激烈的竞争中占据主动权。

近年来，土木建筑行业正在经历深刻的变化。过去“大兴土木”“野蛮生长”的时代已经结束，取而代之的是一个更加理性、规范的发展阶段。随着建设方对质量与安全要求的不断提升，以及监管力度的日益严格，土木建筑行业从业者的成本压力显著增加，利润空间逐步缩小，行业内裁员、降薪等现象屡见不鲜。这些变化让不少人产生了恐慌情绪，甚至出现了“土木夕阳论”“行业消亡论”等消极声音。然而，任何行业的演进都必然伴随着从粗放式增长到精细化发展的转型过程。当前土木建筑行业所经历的阵痛，正是其迈向理性与良性发展阶段的必经之路。作为从业者，我们需要以积极的心态面对这一转变，并坚信经过调整后的行业将更加健康、有序。

那么，作为个体从业者，如何在行业变革的浪潮中站稳脚跟，甚至脱颖而出？答案为科学的职业规划。职业规划的核心在于明确目标并制定可行路径。在土木建筑行业中，无论是选择深耕技术领域，还是转向管理岗位，都需要清晰的定位与长期的坚持。同时，要善于利用行业资源，包括导师指导、同行交流以及企业培训等，不断提升自身价值。最后，保持信念与耐心尤为重要。行业变革虽然充满不确定性，但只要坚守初心，顺应趋势，就能在浪潮中找到属于自己的位置，成为推动行业进步的中坚力量。总之，土木建筑行业的未来依然充满希望，关键在于我们如何看待变化、应对挑战。通过科学的职业规划，每一位土建人都能在理性与良性发展的新时代中实现自我价值。

三、土建人的职业发展规律

根据麦可思研究院发布的《2024 年中国本科生就业报告》，2023 届本科生毕业半年后就业量最大的前 50 个专业中，土木工程以 92.9%的毕业去向落实率位列第四，工程管理以 92.4%的毕业去向落实率排名第六（表 6-1）。报告指出，随着国家对技术创新、可持续发展、产业升级以及新型基础设施建设的重视，工程技术类专业的毕业生在就业市场上展现出较强的竞争力和稳定性，就业前景持续向好。

2023 届本科生毕业半年后就业量最大的前 50 个专业（部分）的毕业去向落实率

表 6-1

本科就业量最大的前 50 个专业名称（部分）	毕业去向落实率（%）
电气工程及其自动化	95.0
机械设计制造及其自动化	93.6
机械电子工程	93.4
土木工程	92.9
自动化	92.6
工程管理	92.4
物流管理	91.2
车辆工程	91.1
化学工程与工艺	91.1
环境工程	90.4
工程造价	90.1
护理学	90.0
小学教育	89.9
体育教育	89.8
电子商务	89.6
化学	89.5
商务英语	89.3
电子信息工程	89.2
产品设计	88.7
生物科学	88.5

另外，2021—2023 届本科生主要专业类毕业半年后的月收入数据显示，土木类专业排名第 11 位，2023 届毕业生毕业半年后的月收入为 6416 元。此外，对 2020 届本科生主要专业类毕业三年后的月收入统计显示，建筑类和土木类专业分别以 9495 元和 9169 元的平均月收入位列第 12 位和第 13 位，依然保持在榜单前列。这些数据表明，土木类和建筑类专业不仅在就业落实率上表现突出，其毕业生的职业发展潜力和收入水平也具备较强的竞争力。

从行业报告的数据可以看出，尽管土木建筑行业的整体环境充满挑战，但只要能够科学地进行职业规划，这仍然是一个可以实现高薪和职业突破的领域。正如古语所言，"人无远虑，必有近忧"，职业规划的核心价值在于帮助我们提前布局、未雨绸缪，以应对未来可能的风险与机遇。通过清晰的规划，可以更好地掌握职业发展的主动权，避免在行业变革中被淘汰。接下来，我们将深入解析土木建筑行业的职业发展规律，为大学生提供切实可行的指导，助力他们在这一领域找到适合自己的发展路径并实现职业目标。

完美的职业生涯，应该是成长期和增值期、维持期和退休准备期在同一家公司完成的。这是因为土木建筑行业作为一个传统且历史悠久的领域，对从业者的稳定性和忠诚度有着极高的要求。许多土木建筑企业的领导者，尤其是50后和60后，往往从大学毕业后便进入一家单位，并持续工作至退休。这种长期服务于单一单位的模式塑造了行业对稳定性的高度重视。如果频繁跳槽，例如每三年更换一次工作，在其他行业或许较为常见，但在土木建筑行业则会被视为缺乏稳定性和忠诚度的表现。因此，建议从业者将成长期与增值期集中在同一家单位完成。

具体而言，进入职场后的第一家单位至少应工作8年以上，此时个人年龄通常在30岁左右，这一阶段是职业能力快速提升的关键时期。此外，土木建筑行业的高管岗位，如副总工程师等职位，在招聘时通常要求候选人必须在同一家公司工作10年以上。过早跳槽即便带来薪资的小幅增长，但也可能错失在增值期进一步提升自身能力和积累经验的机会，最终得不偿失。由此可见，选择一个优质平台并长期深耕，不仅有助于建立稳固的职业基础，还能为未来的发展创造更多可能性。这种稳定性与持续性正是土木建筑行业人才成长的核心规律之一。

土木建筑行业作为典型的技术密集型领域，对从业者的专业能力要求极高。无论是项目经理还是更高层级的管理岗位，扎实的技术功底都是不可或缺的基础条件。只有通过长期的一线实践积累，才能真正掌握核心技术并逐步走向管理岗位。对于刚毕业的学生来说，如果因为畏惧工地环境而选择直接进入机关单位，往往只能从事行政、后勤等辅助性工作。这类岗位不仅可替代性强，而且职业发展空间有限。很多从业者到了30岁左右才意识到这个问题，但此时由于缺乏一线经验和技术积累，已很难重返施工现场，错失了职业发展的黄金期。因此，土木建筑行业的职业发展路径具有鲜明的阶段性特征，需要从业者在职业生涯初期就做好清晰规划。

对处于项目一线的从业者来讲，土木建筑行业还是一个对体能有要求的行业，年龄增长往往伴随着求职优势的下降。若在30岁之前未能在一线岗位扎实技术基础，40岁时便难以迎来职业发展的“变现期”。而一旦错过40岁这一关键阶段，个人将很难再有机会实现职业价值的最大化。因此，土木建筑行业的职业规律决定了从业者的“维持期”与“退休准备期”通常需要在同一家企业内完成。只有在年富力强时进入企业并持续贡献价值，才能在职业生涯后期获得企业的保障，避免因年龄增长而陷入失业困境。基于这一特性，从业者应在45岁之前完成人生最后一次职业选择。超过这一年龄仍频繁求职的人，其选择优质岗位的机会将大幅减少，职业发展空间也会受到限制。

土建人的职业发展规律遵循五个环环相扣的阶段，每一阶段的表现都会对下一阶段的发展产生深远影响。在成长期，需注重夯实基础，为顺利过渡到增值期创造条件；增值期则是拓展能力边界、积累核心竞争力的关键时期，只有在这一阶段充分沉淀，才能迎来实现价值回报的变现期；进入变现期后，科学规划职业路径，有助于延长职业发展的“黄金期”，从而平稳进入维持期，并最终以从容和体面的姿态步入退休期，完成职业生涯的完整周期（图6-1）。

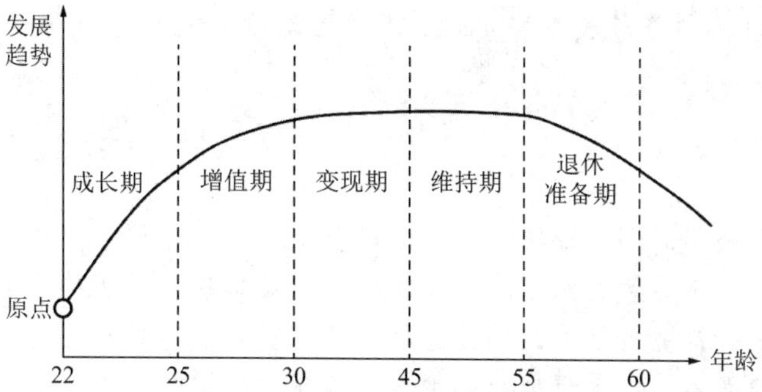

图 6-1　职业生涯的完整周期

有的人的职业生涯轨迹呈现为一个闭环，即在经历多年发展后，最终又回到了最初的起点。这种现象多见于中年阶段，尤其是 40 岁左右的人群。他们刚毕业时通常拥有不错的起点，例如进入大型国企或优质平台工作，但由于缺乏清晰的职业规划意识，未能在初始岗位上坚持积累，也未能审慎对待每一次职业选择。面对新机会时，往往采取“走一步看一步”的短视策略，导致职业发展逐渐偏离正轨。当中年危机降临时，才意识到最初平台的价值，试图重返原点，但此时往往已错失最佳时机。这样的职业路径不仅效率低下，还浪费了大量的时间和资源，无疑是失败的典型案例（图 6-2）。

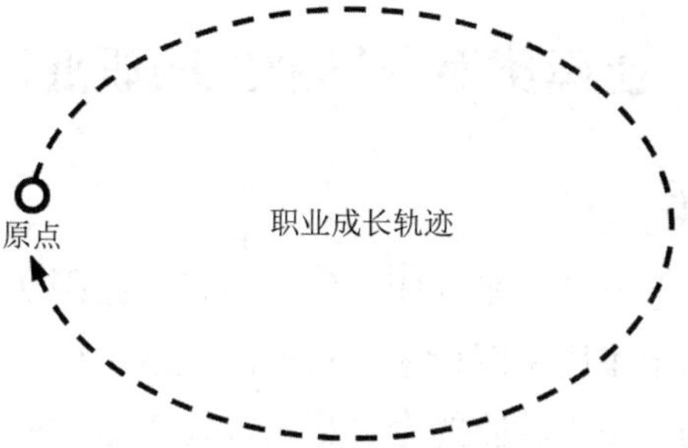

图 6-2　失败的职业路径

案例 1

王工毕业于一所普通本科院校的土木工程专业，通过校园招聘进入一家央企，从一线项目施工员做起。两年后，由于家庭催促结婚及其他考量，他选择辞职回到家乡，并通过熟人介绍加入了一家当地民营建筑企业。凭借良好的教育背景和在大型央企的工作经历，王工很快得到了领导的赏识，被提拔为项目经理，收入也颇为可观。这一阶段的职业发展让他感到满意，因此他在这家公司长期任职。然而，随着市场环境的变化，这家民营企业最终因经营不善而倒闭。此时，40 岁的王工开始感受到中年危机的压力，重新认识到央企工作的稳定性优势，因而萌生了重返央企的想法。但由于多年在民营企业的从业经历，即使能够回归央企，他也只能从施工员的岗位重新起步。尽管如此，王工依然坚定地选择追求稳定的职业路径。这一案例深刻揭示了职业选择与个人发展之间的复杂关系：职业规划需要兼顾短期利益与长期稳定性，避免因短视决策而导致职业生涯的反复与停滞。

分析

王工用了十余年时间，最终使自己的职业生涯回到了原点，这正是典型的“走一步看一步”心态所导致的结果。如果他当初能够具备更长远的眼光，克服家庭困难，选择在这家央企坚持下去，那么他至少可以晋升到项目经理的职位。对于大型央企的项目经理而言，如果想换新的工作，其职业选择会更加多样化：既可以选择到其他同级别央企继续担任项目经理，也可以进入规模较小的企业出任副总工程师等高层管理职务。而担任副总工程师不仅意味着迈入企业高层管理序列，更能实现从项目一线的逐步脱离，迈向更为稳定且高回报的职业发展阶段。

除了上述提到的两种典型职业路径外，现实中的职业发展道路远比我们想象的更加多样化。正如托尔斯泰所言：“幸福的家庭总是相似的，而不幸的家庭却各有各的不幸。”同样，成功的职业路径往往具有共性，而失败的职业路径则各有其独特的问题与不足。因此，若想在职业生涯中取得长远的成功，关键在于从当下开始，为自己制定一份清晰且可行的职业规划。这不仅是对未来的承诺，更是为实现个人价值奠定坚实基础的重要一步。

第二节　土建类专业毕业生的职业发展路径

一、土木建筑行业介绍

要全面分析土建类专业学子未来的职业发展路径，必须从土木建筑行业的产业链入手。可以从纵向和横向两个维度来解析这个行业。先从纵向来说，土木建筑行业的纵向产业链涵盖了从项目启动到竣工验收的全过程，涉及多个行业主体。从上游到下游，依次包括：

建设单位（业主或甲方）：项目的发起者和拥有者，可以是房地产公司、政府机构、学校、各大企事业单位或投资集团等。

设计：负责项目的整体规划与设计工作，包括概念设计、方案扩初、方案深化、施工图设计及审核等。设计阶段涉及的专业有建筑学、景观、规划、结构、水电暖等。

施工：由施工企业负责具体实施建设工作，将设计方案转化为实际建筑物。

监理：监理公司对施工过程进行监督和管理，确保工程质量符合设计要求和相关标准。

全过程咨询：提供项目全生命周期的咨询服务，涵盖项目策划、设计优化、施工管理、成本控制等多个方面。

工程检测：工程检测是对工程设计、施工及验收等环节进行技术检验的综合性服务，旨在确保工程质量符合规范与标准，为安全性和耐久性提供科学依据。其内容涵盖结构评估、材料测试、环境监测等，贯穿工程全生命周期。

建筑运维：建筑运维是指在建筑工程竣工并投入使用后，通过对建筑进行高效的运营和维护管理从而提升建筑的使用效率和功能价值。建筑运维包括优化设备运行、降低能源消耗、提高空间利用率，并协调物业管理、技术支持以及使用者需求，从而确保建筑在其全生命周期内保持最佳性能，实现可持续发展。

从产业链横向来说，住房和城乡建设部设置的行业总承包资质共有 12 项，分别为建筑工程、市政公用工程、机电工程、石油化工工程、水利水电工程、港口与航道工程、冶金工程、通信工程、矿山工程、电力工程、铁路工程、公路工程。除此之外，还有新能源、新基建、环保、工业制造业等领域都有对土建类专业人员的需求（图 6-3）。

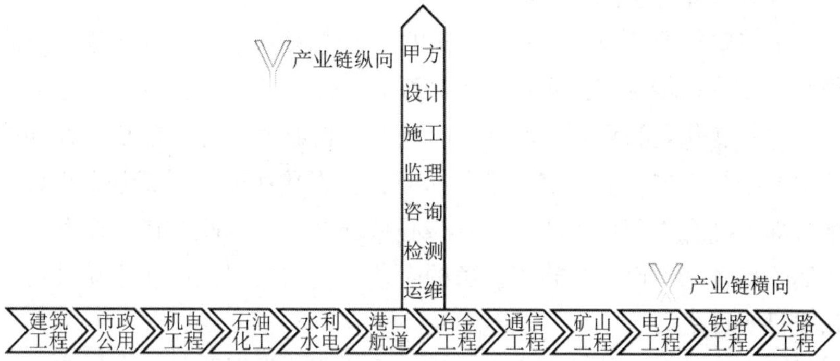

图 6-3　产业链坐标图

从行业产业链坐标图来看，土建类专业学生的就业入口非常广泛。我们可以从纵向产业链的角度来分别解析不同行业的特点和发展路径。

二、产业链主体介绍

1. 建设单位（甲方）

特点：对于许多土建类专业的学生而言，进入甲方工作是他们的首选。这主要是因为甲方的工作环境相对舒适，无需承受风吹日晒，也较少随项目频繁流动。然而，甲方的工作内容更侧重于项目管理和协调，对技术实操的要求较低。因此，刚毕业的学生如果直接进入甲方，可能会因缺乏扎实的技术基础而难以获得晋升。

建议：甲方处于产业链的上游，竞争非常激烈。若个人综合素质不够强，很难在甲方长期发展。随着年龄的增长，一旦被淘汰，职业发展将面临困境，通常只能转向监理公司或咨询公司，而这些公司的职业发展空间和收入水平远低于甲方。因此，建议学历背景较好的大学毕业生可以考虑去甲方，而学历一般的毕业生则不如从下游设计或施工做起，逐步积累技术和管理经验，为未来的职业发展打下坚实的基础。

2. 设计（设计院）

特点：设计作为工程行业的技术核心，其重要性不言而喻。然而，进入设计院的门槛相对较高，通常对学历有严格要求，一般要求研究生学历，或者重点本科院校。尽管如此，一旦在设计领域取得成功，收入水平通常也较为可观。

建议：在设计院的职业发展中，考取相关注册资格是至关重要的一步。具备注册资格不仅能显著提升个人的职业竞争力，还能为担任专业负责人等高级职位铺平道路。因此，对于那些拥有良好教育背景并希望在设计领域深耕的从业者来说，设计院往往是一个理想的选择。

3. 施工（施工单位、EPC 总包）

特点：施工单位主要负责项目的具体实施，并且施工行业对学历的要求相对宽松，但技术能力是其核心要求，具备扎实的专业技能，从业者可以逐步晋升至项目总工乃至集团总工的职位，从而获得可观的收入。然而，该行业的流动性大、工作地点不稳定，这成为许多求职者望而却步的主要原因。

在当前土木建筑行业的发展趋势下，EPC 工程总承包管理模式正逐步成为主流。这种模式的普及促使许多传统施工企业转型升级为 EPC 总包企业。对于大学生而言，在职业规划中了解这一变化尤为重要。判断一家施工企业是否已发展为 EPC 总包企业，关键在于其组织架构中是否包含设计院或设计部门。这是因为 EPC 模式强调设计、采购和施工的一体化管理，拥有内部设计能力是其核心特征之一。因此，在选择就业方向时，可以重点关注那些具备完整设计与施工链条的企业，这类公司往往能够提供更全面的职业发展平台和项目实践机会。

建议：对于土建类专业的学生而言，施工行业职业发展路径通常从技术员起步，通过不断积累经验和技术提升，从业者可以逐步晋升为技术部长、项目总工，最终可能达到集团总工的位置。尽管存在一定的挑战，但对于那些愿意吃苦耐劳并持续专注于技术提升的人来说，仍然提供了广阔的发展空间和职业前景。

4. 监理（监理单位）

特点：监理行业位于土木建筑产业链的下游，但却是整个工程管理中不可或缺的重要环节。土木建筑行业内有一句俗语："少不干监理，老不干施工。"这句话反映了监理行业的特点和局限性。监理的主要职责是技术监督，确保工程的质量、进度和安全。然而，对于刚毕业的学生来说，进入监理行业可能难以获得全面的技术和管理经验，因为该行业并不直接参与实际的施工和技术操作。监理行业的薪资水平相对较低，且职业发展空间有限。即使做到总监理工程师这一高级职位，收入也不会特别高。这主要是因为监理行业处于全产业链的末端，主要负责控制而非直接创造价值。因此，对于有较高职业追求的年轻人来说，监理行业可能无法满足他们的期望。

建议：虽然现状如此，但监理单位对从业人员的要求仍然很高。进入监理单位，需要具备严格的质量控制意识和高度的责任心。土建类专业学生在监理单位的职业路径通常是从监理员做起，逐步晋升为监理工程师，最终有可能成为总监理工程师。在这个过程中，良好的沟通能力和细致的工作态度是至关重要的。

总的来说，监理行业虽然在职业发展上有一定的局限性，但在工程质量管理和控制方面扮演着至关重要的角色。对于那些希望从事质量控制和技术监督工作的人来说，监理行业仍然是一个值得考虑的选择。

5. 全过程咨询

特点：随着 EPC（设计—采购—施工）项目管理模式的逐步推广，全过程咨询公司逐渐崭露头角。这类公司为项目甲方提供从前端规划、设计、施工到后期运营维护的一站式咨询服务，通过整合设计与施工资源，优化资源配置，显著提升了项目管理效率，减少了因多方协作沟通不畅而导致的风险和问题。因此，越来越多的业主方倾向于选择全过程咨询服务，以降低项目整体风险并提高实施效率，市场需求呈现持续增长态势。

然而，全过程咨询行业的快速发展也对从业人员提出了更高的要求。由于服务贯穿项目的全生命周期，从业者不仅需要具备扎实的专业技术能力，还需掌握跨领域的综合知识，如设计规范、造价控制、施工管理以及监理流程等。此外，相较于大型总承包单位，全过程咨询公司的规模通常较小，产值有限，员工的职业发展路径和薪酬天花板可能受到一定限制。这使得从业者在选择进入该行业时需审慎权衡自身的职业规划。

建议：对有志于从事全过程咨询行业的大学生或职场新人而言，提升自身的综合素质和专业技能是应对行业挑战的关键。建议从考取相关职业资格证书入手，例如注册咨询工程师等，同时注重积累多领域的实践经验，培养全局思维和资源整合能力。唯有如此，才能在这一竞争激烈的行业中脱颖而出，实现个人职业发展的长远目标。

6. 工程检测

特点：工程检测行业作为工程建设领域的重要组成部分，其用人特点鲜明且具有一定的特殊性。随着社会对工程质量要求的不断提升，工程检测行业迎来了良好的发展前景。然而，由于该行业属于第三方服务性质，其发展往往受到工程建设行业周期性波动的影响，因此从业者需具备较强的适应能力和风险意识。

从行业门槛来看，工程检测行业的准入条件相对较低，但职业发展空间与个人资质密切相关。对于希望在行业内有所建树的从业者而言，取得相关注册资格证书尤为重要。例如，注册结构工程师、注册岩土工程师等证书不仅是专业能力的体现，更是获得高薪职位的关键因素。尤其是在出具检测报告时，相关责任人需要对结果承担终生责任。一旦因检测失误或违规操作引发工程质量问题，不仅会面临法律追责，还可能对职业声誉造成不可挽回的损害。因此，工程检测行业对从业者的综合素质要求较高，既注重技术能力的培养，也强调职业道德和责任心的重要性。

建议：工程检测行业是一个典型的知识密集型与责任重大型领域。从业者在追求职业发展的同时，必须不断提升自身的技术水平和职业素养，以应对行业对高质量服务的严格要求。这种双重挑战也为有志于投身该行业的大学生提供了明确的努力方向和发展路径。

7. 建筑运维（物业公司）

特点：建筑运维行业属于典型的第三方服务型领域，常见于物业公司或其他专业运维机构的职能范畴。所谓建筑运维，是指在建筑工程竣工并投入使用后，对其开展系统化的运营管理和维护工作。这一环节涵盖了建筑设施的日常管理、设备维护与检修、能源管理、空间优化以及安全保障等内容，旨在确保建筑物的功能持续高效运转，延长其使用寿命，并为使用者提供安全、舒适的工作或生活环境。

建筑运维的重要性在于，它是建筑全生命周期中不可或缺的一部分。相比于前期的设计和施工阶段，运维阶段的时间跨度更长，直接影响建筑的实际使用价值和社会经济效益。因此，从事建筑运维工作的人员需要具备跨学科的知识储备，包括建筑工程基础、设施管理技术、智能化系统应用以及相关的法律法规等。同时，随着绿色建筑和智慧建筑的兴起，建筑运维行业也逐步向数字化、智能化方向转型，这为相关从业者提供了广阔的职业发展空间。

建议：建筑运维行业作为典型的第三方服务型领域，其用人特点呈现出一定的独特性。尽管该行业对从业人员的准入门槛相对较低，但随着建筑行业的规范化发展和业主需求的不断提升，市场对运维人员的专业能力和服务质量提出了更高要求。尤其是在智能化、绿色节能等新兴趋势的推动下，运维人员不仅需要掌握基础的技术操作技能，还需逐步适应新技术的应用与管理模式的升级。因此，近年来市场对高素质运维人才的需求呈现逐年增长的趋势，这为从业者提供了更多的职业发展机遇，同时也对其持续学习和综合能力提升提出了明确要求。

三、职业发展路径介绍

土建类专业学生的职业发展路径主要可分为两种模式：从上往下走和从下往上走（图 6-4）。

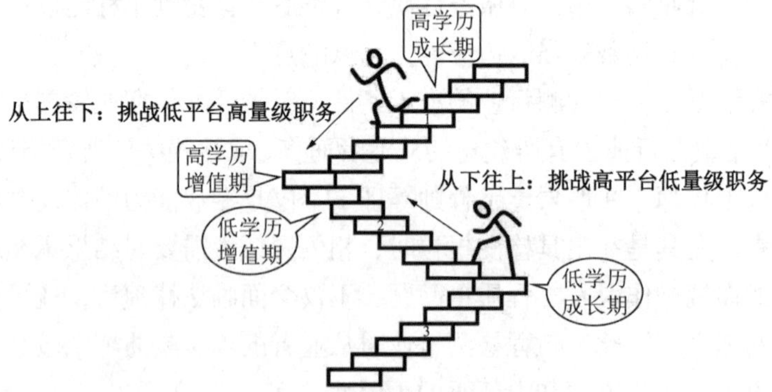

图 6-4　土建类专业学生的职业发展路径

选择适合自己的路径，需综合考虑个人的学历背景、专业基础以及职业起点等因素。

从上往下走的路径更适合具备较高学历或技术专长的毕业生。这类路径的特点是职业起点较高，通常进入大型企业或综合性平台担任技术员或其他初级管理岗位。在积累一定经验并达到一定职务高度后，可以选择转入中小型平台，挑战更高层次的管理或技术岗位，如集团技术总工或工程总监等。这种路径的优势在于起点平台较高，资源丰富，视野开阔，但对从业者的专业能力和综合素质要求较高。

从下往上走的路径则更适合起点较低的学生。这类路径的特点是初始平台较小，职位起点较低，例如从施工员或基层技术员做起，通过不断积累实践经验与管理能力，在小平台晋升至项目经理或其他高级职务后，可选择进入更大的平台，从较低职务重新起步，逐步攀升至高层管理或技术岗位。尽管这条路径需要付出更多的时间和努力，且职业发展过程可能更为曲折，但对于起点较低的学生而言，这是实现职业逆袭的重要途径。

无论选择哪种路径，关键在于明确自身定位，制定清晰的职业规划，并在实践中不断提升专业技能与综合素养，以适应不同阶段的职业需求。总而言之，条条大路通罗马。无论你处于何种职业起点，都可以通过科学的职业规划和不懈的努力达成自己的目标。因此，学生应根据自身的专业基础、性格特点及职业目标，合理选择适合自己的发展方向。例如，如果你的专业技术能力较强，且有机会进入业内有影响力的平台，那么从技术员入手可能是最佳选择；而如果你的起点较低但具备较强的实践能力和抗压能力，也可以选择从基层岗位做起，逐步积累经验和资源，最终实现职业跃升。关键在于明确自身定位，制定清晰的职业规划，并在实践中不断调整和优化，从而找到最适合自己的职业发展路径。

1. 从上往下走的职业路径（图 6-5）

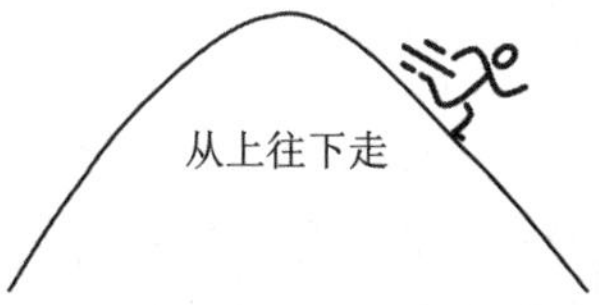

图 6-5　从上往下走的职业路径

（1）职业切入点：大型甲方公司

职务：技术员

职业路径：技术员（1～3 年）→技术部长（3 年）→工程经理→集团项目管理

适用对象：研究生学历或者重点本科院校

发展路径：在土建专业的职业发展路径中，甲方企业作为产业链的上游，具有较高的行业地位和职业起点，但同时也伴随着激烈的竞争环境。对于刚毕业的学生而言，若能进入大型甲方公司，无疑能够获得一个较高的平台和视野，这对未来的职业发展大有裨益。然而，这种路径对个人能力的要求极高，尤其是在技术、管理以及综合素养方面，必须具备显著的竞争优势才能在甲方体系中实现长期稳定的发展。

在大型甲方公司积累 3～5 年的经验后，可以选择到中小型甲方企业，这类企业虽然规模较小，但往往能提供更高的职位和更大的职责范围。例如，从项目经理助理岗位晋升为项目经理甚至更高层级的管理岗位，这不仅拓宽了职业发展的空间，也能进一步提升个人的综合能力。然而，值得注意的是，一旦选择进入甲方体系，未来的职业路径大概率会被锁定在这一领域内，转向设计院或施工单位的可能性较低。因此，在作出选择之前，需要充分评估自身的兴趣与长期规划。

此外，甲方企业的职业稳定性相对较低，尤其在市场波动或行业调整时，员工面临较大的淘汰风险。一旦被淘汰，再就业的选择通常较为有限，多数人只能转向监理公司或工程咨询公司等下游企业。这些企业的薪资水平和发展空间相较于甲方企业存在明显差距，且对技术背景的要求较高，而长期脱离一线技术工作的经历可能使求职者难以满足这些岗位的需求。

综上所述，直接进入甲方企业的职业路径更适合学历背景较好的学生，他们凭借扎实的专业基础、较强的学习能力和名校背景，能够在激烈的竞争中占据一席之地，并获得更多向上发展的机会。而对于其他院校的学生，则需更加谨慎地权衡利弊，结合自身实际情况制定更为稳健的职业规划。

最后需要明确的是，甲方并不仅限于房地产公司。根据住房和城乡建设部官网统计的 12 个行业分类，每个行业中均存在甲方角色。例如，在市政工程项目中，政府通常作为甲方主导项目推进；在交通基础设施建设中，负责修建地铁或公路的相关部门也属于甲方。此外，学校、医院等机构在进行校园扩建或医疗设施建设时同样会承担甲方职责。因此，无论是建筑工程、能源开发还是公共服务领域，只要涉及资金投入和项目发起的一方，均可被视为甲方。这种多元化的分布表明，甲方的角色贯穿于各类行业的项目运作之中，而不仅仅局限于房地产领域。

（2）职业切入点：大型设计院

职务：设计师

职业路径：一般设计师→设计专业负责人→部门总工→院总工/院长

适用对象：研究生学历或者重点本科院校毕业

发展路径：设计行业因其较高的技术门槛，通常对从业者的学历背景有明确要求，尤其在土木工程及建筑设计领域，研究生学历往往成为进入大型设计院或高端岗位的基本条件之一。在设计院工作的专业人才，通过长期参与一线技术工作，不仅可以逐步实现职业晋升，从初级设计师成长为设计经理、设计总监乃至部门负责人，还能够积累丰富的项目经验，为未来的职业转型奠定基础。例如，部分设计人员选择向甲方单位转型，进入房地产开发企业或总承包公司，从事项目管理、设计管理等更具决策性质的工作。这种转型不仅拓宽了设计人员的职业发展空间，也使其能够在更宏观的层面参与项目的整体规划与实施，发挥更大的影响力。

因此，对于有志于在设计行业发展的人才而言，设计院不仅是积累技术和经验的重要平台，更是通往多元化职业路径的关键跳板。尤其是在当前行业环境下，单纯依赖传统设计院的职业发展模式已难以满足市场需求。从业者可以考虑将目光投向 EPC 总承包公司或其他综合性企业下属的设计部门，这些平台不仅能提供更广阔的发展空间，还能帮助从业者更好地适应行业变革，实现个人价值的最大化。

（3）职业切入点：大型央国企 EPC 总包公司

职务：施工员、技术员

职业路径：施工员/技术员（1～3 年）→技术部长（3 年）→项目总工/项目经理→集团技术或者项目管理者

适用对象：研究生学历或者重点本科院校

发展路径：央国企因其较高的招聘门槛，通常倾向于吸纳学历背景较为优秀、专业素养突出的求职者。对于能够成功进入这些大型平台的员工而言，其职业生涯初期将显著受益于企业内部完善的培训体系、系统化的晋升机制以及丰富的资源支持。这种环境不仅有助于快速积累专业经验，还能全面提升个人综合能力，为未来的职业发展奠定坚实基础。当在央国企中达到一定职务层级后，员工可以根据自身职业规划选择不同的发展方向。例如，可以选择转向规模较小但更具挑战性的企业，担任更高职务以锻炼管理能力和决策水平；或者考虑进入甲方单位，利用此前积累的专业经验和行业资源实现职业发展的进一步突破。这种从上往下的职业路径设计，不仅能帮助个人拓宽视野，深入了解不同规模企业的运作模式，还能显著增强其综合管理能力和市场竞争力，为长期职业发展创造更多可能性。

以上是职场中常见的三种从上往下走的职业路径，这是一种以产业链上游为起点，逐步向下游拓展发展的职业选择模式。这种路径的典型特征是聚焦于产业链的关键环节，例如甲方、设计单位以及 EPC 总承包企业等。这些领域通常掌握着项目的核心资源和决策权，因此在职业发展初期进入这些领域，尤其是加入其中的大型头部公司，能够为个人提供更高的起点和更广阔的视野。由于这些平台本身具备较强的行业影响力和资源优势，从业者在积累一定经验后，往往能够较为顺畅地实现向上晋升或横向拓展。这种路径的优势在于，随着经验和资源的积累，后续的职业发展会愈发轻松，类似于从山顶向下行走的过程，既高效又省力。因此，对于具备较高学历或有机会进入优质平台的毕业生而言，选择从上往下走的职业路径无疑是一种明智的规划方向。

案例 2

占工是国内某建筑名校土木工程专业毕业生，毕业后进入了大型央企，在该央企工作将近 20 年，刚进去的时候职务是施工员，仅 2 年时间就晋升到了项目总工，之后考取了一级建造师证书，7 年时间晋升到了项目经理，此后一直在项目经理岗位上干了将近 10 年，期间自己管理的项目多次获得省优质工程奖、国家优质工程奖，本人也多次获得优秀项目经理的荣誉，可以说各种光环加身，但是在项目经理岗位上待太久了，而且眼看要 40 岁了，再往上晋升的希望也很渺茫，此时有猎头联系占工，于是占工就通过猎头公司去了一家大型总包民营公司任职工程副总，年薪 60 万元。

分析

占工的职业路径走得非常完美：1. 毕业院校好；2. 进入职场的第一家平台好，起点高；3. 成长期和增值期在一家公司，且做到项目经理后，又一直做横向拓展，积累业绩，这为他能最终晋升工程副总打下了非常好的基础。

案例 3

王工毕业于知名高校建筑学专业，毕业时通过校招进了一家大型设计机构，跟着一位大师级别的建筑师搞建筑方案创作，30 岁出头，年收入已经过百万元。当时另外一家上海本地的中型设计院想挖这家公司的人，于是通过猎头联系上了王工，当时他仅担任这家设计机构一个分所的副所长，新公司给到了总建筑师岗位，且年薪给到了 200 万元以上，由于王工毕业就进入这家公司，发展至今也到了瓶颈期，所以愉快地接受了新公司的 offer。

分析

王工能迎来变现期，原因如下：1. 毕业院校好；2. 师从大师级别建筑师，沉淀了技术实力；3. 平台好，在业内有影响力，所以成为业内其他公司的挖猎对象。

案例 4

翟工是建筑学专业研究生学历，毕业后先是进了一家国有设计院从事建筑设计，5 年时间做到了建筑专业负责人，并且也考取了一级注册建筑师证书，虽然有证书，但是在这样的国企大院，证书并不算是稀缺资源，翟工已经是建筑专业负责人，想晋升建筑总工是难上加难。此时，有一家环保公司想招聘一名建筑师，这家公司为了申请资质，必须要一名具有一级注册建筑师证书的工程师。但是大部分建筑师觉得建筑学在环保行业发展受限，不愿意考虑该公司。在与企业数次沟通后，翟工决定过来试试，企业给开出了 60 万元年薪的待遇，远远高于他在原单位的收入。而且，翟工过来后才发现，在环保工程中，建筑师也有很多发挥的空间，并不算是浪费了专业。

分析

翟工能迎来变现期，原因如下：1. 学历好；2. 具有一级注册建筑师证书；3. 平台好。应该说证书占据了主导因素，翟工不仅有注册建筑师证书，而且学历好，出身于大平台，所以这家环保公司才愿意花高薪聘请他。

2. 从下往上走的职业路径（图 6-6）

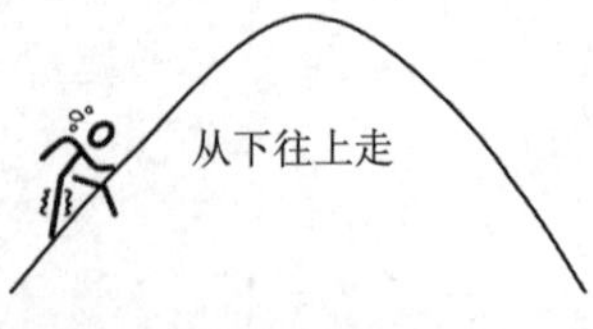

图 6-6 从下往上走的职业路径

（1）职业切入点：监理行业

起点职务：监理员

职业路径：监理员（3～5 年）→总监理工程师（3 年）→施工行业施工管理→项目经理→工程副总

适用对象：普通本科、专科、高职类院校

发展路径：对于学历相对较低的土建类专业毕业生而言，进入大型建筑企业或优质平台的机会较为有限。在此情况下，建议采取“先就业再择业”的务实策略，优先选择门槛较低、能够提供实践机会的岗位积累经验。监理行业作为工程全产业链的末端环节，对从业者的初始要求相对宽松，许多初入职场的学生在缺乏更好的选择时可以将其作为一个切入点。然而，需要注意的是，监理行业的职业发展路径较为狭窄，通常以总监理工程师职位为职业天花板，且整体收入水平在行业内处于中低层次。因此，建议从业者在积累一定经验后，尽早规划转型，争取向施工、设计等上游环节迈进，从而突破职业发展的瓶颈。通过逐步提升自身的技术能力和管理经验，不仅可以实现职业生涯的跃升，还能为未来进入更高层次的发展平台奠定坚实基础。这种稳扎稳打的职业路径，既符合行业规律，也能帮助个人实现长远发展目标。

（2）职业切入点：民营施工单位

起点职务：施工员、技术员

职业路径：施工员/技术员（1～3 年）→技术部长（3 年）→项目总工/项目经理→大型央国企项目管理岗→集团技术或者项目管理者

适用对象：普通本科、专科、高职类院校

发展路径：进入民营施工单位是土建专业毕业生一个值得考虑的职业起点。这类企业通常对学历要求相对宽松，尤其适合初入职场、亟需积累实践经验的毕业生。在民营企业中，员工往往需要身兼多职，从施工管理到技术协调，甚至是与客户的沟通对接，这种多维度的工作内容能够帮助从业者快速提升综合能力，并为未来的职业发展打下扎实的基础。然而，需要注意的是，由于民营企业在企业规模、资源储备以及政策支持上的局限性，从业者可能较难接触到大型综合性项目，导致在业绩积累和职业履历上存在一定的短板。因此，在民营企业积累一定年限的工作经验并显著提升个人能力后，建议尝试向大型国企或央企平台转型。尽管在这一过程中可能会面临职务下调或薪资减少的情况，但从长远来看，这种选择有助于拓宽职业发展空间。大型平台不仅能提供参与高层次项目的机会，还能让从业者接触到更为丰富的行业资源和系统化的管理体系，这对个人职业成长具有显著优势。这种“从下往上走”的职业路径，虽然短期内需要承受一定的压力和适应成本，但通过战略性投资自己的职业发展，可以为未来创造更加广阔的空间和更高的职业天花板。

（3）职业切入点：咨询、检测、运维企业

起点职务：基层职员

职业路径：基层职员（1～3 年）→中级技术人员（3 年）→部门经理→行业内头部企业或者更高平台的低级职务→大平台高层管理

适用对象：普通本科、专科、高职类院校

发展路径：咨询、检测、运维都属于第三方服务性质，进入门槛没有那么高，且工作环境相对稳定，竞争压力小，但是相对应的薪资普遍低于甲方、设计与施工行业，一旦进入这个领域，想再进入技术主导的企业几乎是不可能了，即便后期在职业发展的过程中想重新作职业选择通常也只能在同行业的不同企业之间作选择，即便如此，也并不代表进入了这样的行业就没有发展空间。通常可以选择先进入小型公司积累基层工作经验以及锻炼各种复合工作能力，积累到一定程度之后可以选择去业内的头部企业，比如央企下属的咨询公司，这样的平台稳定度很高，而且也会有更大的晋升空间。

从下往上走的职业路径是一种适合学历起点较低或暂时无法进入大型企业的求职者的职业发展方式。这种路径的特点在于，先进入小型企业或处于产业链下游的企业，通过努力逐步晋升至较高职务，积累一定经验后，再选择跳槽到更大、更核心的平台，从低职务重新起步，最终实现向高级职务的发展与职场逆袭。这样的职业路径犹如爬山，从山脚向上攀登的过程无疑充满艰辛，但这是低起点从业者实现职场突破的必经之路。

对于大多数求职者而言，无论学历高低，都应秉持“先就业，再择业”的原则。若能够直接进入大型企业固然理想，但若当前实力不足以支撑这一目标，也无需气馁。从小型企业或产业链下游岗位入手，积累工作经验与资历，逐步提升自身竞争力，同样可以为未来进入更高量级的平台奠定基础。关键在于保持清晰的职业规划和持续的学习能力，以应对不同阶段的挑战与机遇。通过阶段性目标的设定与执行，求职者能够在职业生涯中稳步前行，最终实现个人职业发展的长远目标。

案例 5

柯工的第一学历是中专，专业是工业与民用建筑，之后又进修了大专和本科学历，不过都是在职进修，含金量并不高。中专毕业时，柯工进入了一家地方国企从事施工员工作，在这家公司工作了 7 年，做到了生产经理并且考取了一级建造师证书，有了经验和证书，柯工便通过社招去了央企，在央企工作 9 年，由施工员一直做到了项目经理，之后通过猎头又去了一家小型房地产公司，在这家公司仅一年多时间，就又选择去了一家大型房地产公司，由工程经理一直做到了项目总经理，年薪 60万元。

分析

柯工职业起点较低，之所以能逆袭，拿到 60 万元年薪，主要在于走对了以下几步：1. 毕业先进了地方国企，干了 7 年时间，完成了成长期，并且进入了增值期；2. 然后去了更大的平台，虽然职务没有晋升，但是符合学历低就要通过大平台给自己积累职场资本的原则；3. 前后两家国企和央企，干的时间都足够久，且在其中多次晋升职务，说明稳定度高且工作表现优异；4. 柯工的几次职业选择都遵循了平台优先原则。柯工的学历低、起点低，学历不够，能力来凑，柯工恰是掌握了这点，从而最终迎来了职场变现期。

案例 6

周工毕业于一所普通本科院校土木工程专业，毕业后进了当地一家国有设计院，从事结构设计工作，工作 3 年后去了一家央企施工企业，在这家央企工作了 8 年，期间考取了一级建造师证书，评了高级职称，职务也从施工员一直做到了项目经理，之后就选择进入了房地产行业。周工先后经历了 4 家房地产公司，职务从工程经理做到了工程总监，后来年龄大了，就去了当地一家项目管理公司，从项目负责人做起，目前是该项目管理公司的 CEO，享有股权分红，年收入约 70 万元。

分析

周工毕业院校普通，他前面就业的两家公司平台不错，分别是国企和央企，且在央企做到了项目经理。但他进入房地产行业后，换工作过于频繁，这也导致他在房地产行业的晋升受到了影响，最后不得不提前退出了房地产行业，选择了项目管理公司，但是他之前在甲方的经历也为他积累了商务资源和商务经验，所以他最终能够成为项目管理公司的 CEO，收入也得到了再次提升。

案例 7

沈工，统招大专，工程管理专业，毕业后劳务派遣去了央企，职务是技术员，3 年后从央企离开，去了本地一家民营企业总包公司，在该民营企业总包公司工作 12 年，考取了一级建造师证书，评了高级职称，刚去的时候是项目技术部部长，3 年后晋升为项目经理，4 年后晋升为集团的工程经理，又 3 年后晋升为工程副总，年薪 45 万元。

分析

1. 沈工没有学历优势，所以毕业后通过劳务派遣先去了央企，虽然央企 3 年一直是技术员，职务并未得到晋升，但是为他下一步进入大型民营企业打下了基础。

2. 在一家民营企业工作 12 年，稳扎稳打从项目上一路做到集团工程副总，除了沈工自身技术实力足够强大之外，还有他的忠诚度，尤其是后者极为难得。现在能真正践行长期主义的人太少了，所以学历出身并不好的沈工才能在其中脱颖而出。

案例 8

林工，统招大专，工程管理专业，毕业后进入当地一家国企下属的监理公司，6 年时间做到了总监理工程师代表，之后便去了一家施工分包企业，由于平台较小，林工有机会参与更多的工作内容，由基础的施工管理到招标投标、合同等商务工作均有涉猎，3 年后离职去了另外一家民营施工企业，从商务经理做到公司的经营副总，年薪 30万元。

分析

林工毕业院校一般，毕业后进入职场的起点又比较低，最后能做到民营企业的经营副总，年收入30万元，对他来说，也是迎来变现期了。林工在监理行业工作6年后果断转入了施工，且在施工企业工作期间，抓紧时间参与更多的工作内容，也就是增值期的积累比较好，所以才能最终迎来了变现期。

案例9

朱工，普通双非本科学历，工程造价专业，毕业后进入地方民营施工企业，从项目上的预算员做起，3年时间做到了商务经理，此后就被公司调去了市场部，主抓市场经营工作，职务晋升到了市场经营部经理，后经由猎头介绍去了央企三级公司，任职商务中心主任，几年后晋升为该三级公司的市场经营副总，年薪40万元。

分析

朱工的学历背景还是不错的，他的发展曲线是先民企后央企，且进入央企的时候就是以一个比较高的起点进去的，这也是值得借鉴的一个发展思路。朱工的学历还行，但是在央企人才济济，这样的学历就没有太大优势，如果一毕业就进入央企，可能很难通过自身努力在央企晋升到高管。朱工先进入民营企业，且该民营企业在当地也是龙头企业，进去后先是商务工作，后主抓经营，积累了足够多的商务资源，这也为他进入央企打下了很好的基础。进入央企的年龄是35岁，且进去给的职务就比较高，年龄又还在干事业的好时候，还可以有进一步晋升的机会。但是，由于他是从小平台进入的大平台，所以薪资并不是特别高，相信朱工在央企沉淀几年之后，薪资和职级还会有上涨空间。

无论选择哪种路径，关键在于明确自己的职业目标，并根据实际情况制定合理的规划。从上往下走的路径相对容易一些，而从下往上走的路径则需要更多的努力和坚持，但同样具备逆袭的可能性。每个赛道对土建类专业学生的自身要求不同，选择适合自己的发展方向至关重要。通过明确自己的兴趣和优势，结合行业特点和发展需求，可以更好地规划职业生涯，实现个人价值的最大化。

第三节　建设行业注册师执业资格制度介绍

建设行业因其技术门槛较高，要求从业者必须具备相应的注册师执业资格证书。这些证书不仅是从事该行业的必要条件，更是个人能力和专业水平的重要体现。具体而言，资格证书是进入建设行业的硬性要求，但仅有证书并不足以保证职业成功，实际工作能力同样重要。因此，拥有注册师执业资格证书是迈向职业发展的第一步，而持续提升自身技能和经验则是实现长期职业发展的关键。建设行业的注册师执业资格证书主要包括以下几类：

一、施工类

1. 注册建造师

注册建造师是土木建筑行业中从事建设工程项目总承包和施工管理的关键证书，分为一级建造师和二级建造师两个级别。不同级别的注册建造师在职责和权限上有所区别，但都是确保工程项目顺利进行的重要角色。

（1）一级建造师

报考条件：一级建造师的考试难度较高，通常要求考生具备较高的学历和丰富的实践经验。具体条件如下：取得工程类或工程经济类专业大学专科学历的考生，需从事建设工程项目施工管理工作满 4 年；取得工学门类、管理科学与工程类专业大学本科学历的考生，需从事相关施工管理工作满 3 年；取得相同专业硕士学位的考生，需从事相关施工管理工作满 2 年；而取得相同专业博士学位的考生，则需从事相关施工管理工作满 1 年。

职责范围：一级建造师证书在全国范围内有效。持证人可以在全国任何地区从事与一级建造师资格相匹配的工程项目管理工作，不受地域限制，前提是需要在具体执业地区进行注册。

专业分类：一级建造师包含 10 个专业类别，分别是：建筑工程、公路工程、铁路工程、民航机场工程、港口与航道工程、水利水电工程、市政公用工程、通信与广电工程、矿业工程、机电工程。

（2）二级建造师

报考条件：二级建造师的考试难度相对较低，具备工程类或工程经济类中等专科（中专）及以上学历，从事建设工程项目施工管理工作满 2 年即可报考。

职责范围：二级建造师主要负责小型项目的管理和实施。在大型项目中，二级建造师可以担任副项目经理或项目助理，但不能担任项目经理。二级建造师证书通常只能在发证省份内使用，这意味着，如果在某个省份考取了二级建造师证书，那么只能在该省份内的建设项目中担任副项目经理或项目助理，如果需要在其他省份工作，通常需要重新参加当地的二级建造师考试，或者通过一些特定的互认协议来实现跨省执业。部分省份之间可能存在证书互认协议，具体互认情况需咨询当地建设主管部门。

专业分类：二级建造师同样包含上述 10 个专业类别，不同专业对应不同的业务领域。

2. 注册造价工程师

注册造价工程师分为一级造价工程师和二级造价工程师两个等级。一级造价工程师和二级造价工程师在考试难度、报考条件、考试科目、成绩管理和证书适用范围等方面存在差异。

（1）一级造价工程师

考试难度：较大，全国统一大纲、统一命题、统一组织。

报考条件：工程造价专业大学专科或高等职业教育学历，从事工程造价、工程管理业务工作满 4 年；具有工程造价、通过工程教育专业评估（认证）的工程管理专业大学本科学历或学位，从事工程造价、工程管理业务工作满 3 年；具有工学、管理学、经济学门类硕士学位或者第二学士学位，从事工程造价、工程管理业务工作满 2 年；具有工学、管理学、经济学门类博士学位，即可报考。

（2）二级造价工程师

考试难度：较低，全国统一大纲，但各省、自治区、直辖市自主命题并组织实施。

报考条件：工程造价专业大学专科或高等职业教育学历，从事工程造价、工程管理业务工作满 2 年；工程造价专业大学本科及以上学历或学位，从事工程造价、工程管理业务工作满 1 年。

3. 注册监理工程师

报考条件：考生需具备以下任一学历背景及相应的工作年限，具体条件如下：

各工程大类专业大学专科学历（或高等职业教育），并从事工程施工、监理、设计等业务工作满 4 年；

工学、管理科学与工程类专业大学本科学历或学位，并从事相关业务工作满 3 年；

工学、管理科学与工程一级学科硕士学位或专业学位，并从事相关业务工作满 2 年；

工学、管理科学与工程一级学科博士学位。

二、安全类

1. 注册消防工程师

报考条件：

取得消防工程专业大学专科学历，工作满 6 年，其中从事消防安全技术工作满 4 年；取得消防工程相关专业大学专科学历，工作满 7 年，其中从事消防安全技术工作满 5 年。

取得消防工程专业本科学历或学位，工作满 4 年，其中从事消防安全技术工作满 3 年；取得消防工程相关专业本科学历或学位，工作满 5 年，其中从事消防安全技术工作满 4 年。

取得含消防工程专业在内的双学士学位，工作满 3 年，其中从事消防安全技术工作满 2 年；取得含消防工程相关专业在内的双学士学位，工作满 4 年，其中从事消防安全技术工作满 3 年。

取得消防工程专业硕士学历或学位，工作满 2 年，其中从事消防安全技术工作满 1 年；取得消防工程相关专业硕士学历或学位，工作满 3 年，其中从事消防安全技术工作满 2 年。

取得消防工程专业博士学历或学位，从事消防安全技术工作满 1 年；取得消防工程相关专业博士学历或学位，从事消防安全技术工作满 2 年。

工作经验要求：工作经验包括全日制和非全日制学历下的工作经验。全日制学历的工作经验从毕业后开始计算，非全日制学历的工作经验可以累加计算。

2. 注册安全工程师

报考条件：

安全工程及相关专业

大学专科学历，从事安全生产业务满 5 年。

大学本科学历，从事安全生产业务满 3 年。

第二学士学位，从事安全生产业务满 2 年。

硕士学位，从事安全生产业务满 1 年。

博士学位，从事安全生产业务满 1 年。

其他专业

大学专科学历，从事安全生产业务满 6 年。

大学本科学历，从事安全生产业务满 4 年。

第二学士学位，从事安全生产业务满 3 年。

硕士学位，从事安全生产业务满 2 年。

三、设计类

1. 注册建筑师

分为一级注册建筑师和二级注册建筑师，是从事建筑设计及相关业务活动的专业技术人员需要持有的证书。

（1）一级注册建筑师

报考条件：报考一级注册建筑师需要本科及以上学历。具体条件包括：

取得建筑学硕士以上学位或者相近专业工学博士学位，并从事建筑设计或者相关业务 2 年以上。

取得建筑学学士学位或者相近专业工学硕士学位，并从事建筑设计或者相关业务 3 年以上。

具有建筑学专业大学本科毕业学历并从事建筑设计或者相关业务 5 年以上，或者具有建筑学相近专业大学本科毕业学历并从事建筑设计或者相关业务 7 年以上。

（2）二级注册建筑师

报考条件：报考二级注册建筑师资格考试的人员需要具备以下条件之一：

建筑学或者相近专业大学本科毕业以上学历，并且从事建筑设计或者相关业务满 2 年以上。

建筑设计技术专业或者相近专业大专毕业以上学历，并且从事建筑设计或者相关业务满 3 年以上。

2. 注册结构工程师

注册结构工程师分为一级注册结构工程师和二级注册结构工程师，是从事建筑、桥梁、隧道、塔架等工程的结构设计、计算、施工、监理及检验等工作的专业资格证书。考试内容包括基础课考试和专业课考试两个部分。

（1）一级注册结构工程师

基础考试报考条件：

取得本专业或相近专业专科及以上学历，并从事相关专业工作满 1 年。

取得本专业或相近专业本科（工学学士）及以上学历，没有职业实践时间要求；或取得其他工科专业本科（工学学士）及以上学历，并从事相关专业工作满 1 年。

取得本专业工学硕士、工程硕士或研究生毕业及以上学位，没有职业实践时间要求。

专业考试报考条件：

本专业专科毕业，并从事相关专业工作满 6 年；或取得相近专业专科及以上学历，并从事相关专业工作满 7 年。

本专业工学学士学位或本科毕业，并从事相关专业工作满 5 年；或相近专业工学学士或本科毕业，并从事相关专业工作满 6 年；或取得其他工科专业工学学士或本科毕业及以上学位，并从事相关专业工作满 8 年。

本专业工学硕士、工程硕士或研究生毕业及以上学位，并从事相关专业工作满 4 年；相近专业工学硕士、工程硕士或研究生毕业及以上学位，并从事相关专业工作满 5 年。

（2）二级注册结构工程师

报考条件：

本专业专科毕业，并从事相关专业工作满 3 年；

本专业本科及以上学历，并从事相关专业工作满 2 年。

3. 注册公用设备工程师

注册公用设备工程师包含三个专业，分别是暖通空调、给水排水和动力，考试分为基础考试和专业考试两部分。

基础考试报考条件：

本专业（公用设备专业工程中的暖通空调、动力、给水排水专业，下同）或相近专业大学本科及以上学历或学位。

本专业或相近专业大学专科学历，并累计从事公用设备专业工程设计工作满 1 年。

其他工科专业大学本科及以上学历或学位，并累计从事公用设备专业工程设计工作满 1 年。

专业考试报考条件：

基础考试合格后，还需满足以下条件之一，方可申请参加专业考试：

取得本专业博士学位后，累计从事公用设备专业工程设计工作满 2 年；或取得相近专业博士学位后，累计从事公用设备专业工程设计工作满 3 年。

取得本专业硕士学位后，累计从事公用设备专业工程设计工作满 3 年；或取得相近专业硕士学位后，累计从事公用设备专业工程设计工作满 4 年。

取得含本专业在内的双学士学位或本专业研究生班毕业后，累计从事公用设备专业工程设计工作满 4 年；或取得相近专业双学士学位或研究生班毕业后，累计从事公用设备专业工程设计工作满 5 年。

4. 注册电气工程师

注册电气工程师是从事电气专业工程及相关业务的专业技术证书，分为供配电专业和发输变电专业两个方向。报考注册电气工程师需要通过两部分考试，即：基础考试和专业考试。

基础考试报考条件：

本专业或相近专业本科及以上学历或学位：如电气工程、电气工程自动化、自动化、电子信息工程、通信工程、计算机科学与技术专业等。

本专业或相近专业大学专科学历：需累计从事电气专业工程设计工作满 1 年。

其他工科专业本科及以上学历或学位：需累计从事电气专业工程设计工作满 1 年。

专业考试报考条件：

本专业博士学位，需累计从事电气专业工程设计工作满 2 年。

相近专业博士学位，需累计从事电气专业工程设计工作满 3 年。

本专业硕士学位，需累计从事电气专业工程设计工作满 3 年。

相近专业硕士学位，需累计从事电气专业工程设计工作满 4 年。

含本专业在内的双学士学位或本专业研究生班毕业，需累计从事电气专业工程设计工作满 4 年。

通过本专业教育评估的本科毕业生，需累计从事电气专业工程设计工作满 4 年；未通过教育评估的本科毕业生，需累计从事电气专业工程设计工作满 5 年。

本专业专科毕业生，需累计从事电气专业工程设计工作满 6 年；相近专业专科毕业生，累计从事电气专业工程设计工作满 7 年。

其他工科专业的本科及以上学历或学位,需累计从事电气专业工程设计工作满 8 年。

5. 注册土木工程师

注册土木工程师是从事土木工程设计及相关业务的专业技术证书，分为多个专业方向，包括岩土工程、水利水电工程、港口与航道工程等。报考注册土木工程师需要通过基础考试和专业考试两个阶段的考试。

基础考试报考条件：

取得本专业或相近专业大学本科及以上学历或学位。

取得本专业或相近专业大学专科学历，并从事相关专业工作满 1 年。

取得其他工科专业大学本科及以上学历或学位，并从事相关专业工作满 1 年。

专业考试报考条件：

基础考试合格，并具备以下条件之一者，可申请参加专业考试：

取得本专业博士学位，累计从事本专业工作满 2 年；或取得相近专业博士学位，累计从事本专业工作满 3 年。

取得本专业硕士学位，累计从事本专业工作满 3 年；或取得相近专业硕士学位，累计从事本专业工作满 4 年。

取得本专业双学士学位或研究生班毕业，累计从事本专业工作满 4 年；或取得相近专业双学士学位或研究生班毕业，累计从事本专业工作满 5 年。

取得本专业大学本科学历，累计从事本专业工作满 5 年；或取得相近专业大学本科学历，累计从事本专业工作满 6 年。

取得本专业大学专科学历，累计从事本专业工作满 6 年；或取得相近专业大学专科学历，累计从事本专业工作满 7 年。

四、其他类

1. 注册城乡规划师

从事城市规划设计、城市开发与建设项目策划等工作的专业技术人员需要持有的证书。

报考条件：

取得城乡规划专业大学专科学历，从事城乡规划业务工作满 4 年；

取得城乡规划专业大学本科学历或学位，或取得建筑学学士学位（专业学位），从事城乡规划业务工作满 3 年；

取得通过专业评估（认证）的城乡规划专业大学本科学历或学位，从事城乡规划业务工作满 2 年；

取得城乡规划专业硕士学位或建筑学硕士学位（专业学位），从事城乡规划业务工作满 1 年；

取得通过专业评估（认证）的城乡规划专业硕士学位或城市规划硕士学位（专业学位），从事城乡规划业务工作满 1 年；

取得城乡规划专业博士学位。

2. 注册咨询工程师

在全过程咨询公司中，注册咨询师的角色尤为重要，因为他们能够贯穿整个项目周期，确保项目的顺利进行。他们从项目的前期规划、设计阶段直至施工及后期评估，全程参与并提供技术支持与建议。具体工作内容包括但不限于项目可行性研究、方案设计、技术经济分析、风险管理以及环境影响评估等。

报考条件：

取得工学学科门类专业，或者经济学类、管理科学与工程类专业大学专科学历，累计从事工程咨询业务满 8 年。

取得工学学科门类专业，或者经济学类、管理科学与工程类专业大学本科学历或者学位，累计从事工程咨询业务满 6 年。

取得含工学学科门类专业，或者经济学类、管理科学与工程类专业在内的双学士学位，或者工学学科门类专业研究生班毕业，累计从事工程咨询业务满 4 年。

取得工学学科门类专业，或者经济学类、管理科学与工程类专业硕士学位，累计从事工程咨询业务满 3 年。

取得工学学科门类专业，或者经济学类、管理科学与工程类专业博士学位，累计从事工程咨询业务满 2 年。

取得经济学、管理学学科门类其他专业，或者其他学科门类各专业的上述学历或者学位人员，累计从事工程咨询业务年限相应增加 2 年。

除上述证书外，还有一些其他常见的注册类证书，如房地产评价师、土地估价师、注册化工工程师、安全评估师、资产评估师、注册环评工程师、注册环保工程师等。这些证书在土木建筑行业中也具有较高的含金量，能够满足不同领域和专业人员的职业发展需求。持有相应的注册资格证书不仅能提升个人的专业能力和市场竞争力，还能在职业发展中获得更多的机会和认可。因此，建议从业人员根据自己的职业规划和发展方向，选择考取合适的证书。

其实，不仅毕业后有许多值得考取的证书，在校期间考取以下这些证书，也能够提前为你的职业竞争力加分。

1. CAD 绘图员证书

证明计算机辅助设计能力，是建筑、土木等专业的必备技能。

掌握 CAD 绘图，有助于未来设计、施工工作。

报考条件：通常无严格限制，适合在校大学生报考。

2. BIM 技能等级证书

证明在建筑信息模型（BIM）技术方面具备专业能力。BIM 技术是土木建筑行业的重要发展趋势，掌握这项技术将为未来的职业发展增添更多可能性。

报考条件：无严格限制，在校大学生可报考。

3. 施工员、质量员、安全员等证书

证明施工现场管理能力，是施工管理工作的基础。有助于快速适应职场环境，提升职业管理能力。

报考条件：部分省市允许在校大学生报考，具体条件因地区而异。

在校期间考取这些证书，能让你在求职时拥有更多优势。这些证书不仅证明了你的专业能力和技能水平，还展示了你对职业发展的积极态度和规划。因此，建议土木建筑相关专业的大学生们充分利用在校时间，根据自己的兴趣和职业规划，选择适合自己的证书报考。

第四节　土建类专业学生的职业转型与创业机会

一、职业转型

1. 职业转型发生在什么时期?

正如婚姻中存在“七年之痒”，职场中也存在着类似的阶段，我们称之为“职场七年之痒”。这一现象通常表现为对工作的倦怠感，失去工作热情，对未来感到迷茫。在这种情况下，许多人会开始考虑是否需要转行或跳槽。如果你发现自己对当前的工作失去了兴趣，感到日复一日的工作变得乏味无趣，并且对未来的发展方向感到困惑，那么你很可能正处于职场的“七年之痒”期。

这个时期通常是职业生涯的一个重要转折点，意味着需要重新审视自己的职业路径，并考虑进行职业转型。通过调整工作内容、改变工作环境或者拓展新的技能领域，可以帮助你重新激发工作热情，找到新的职业发展方向。

土木建筑行业作为一个技术密集型行业，其职业发展路径具有独特的特征。几乎所有的管理岗位都是以精通技术为基础的，而技术的提升又需要时间的沉淀，因此土建从业者的职业生涯通常会经历横向与纵向的交替发展。纵向路径指的是职位晋升，这是个人能力和经验积累到一定程度后的自然结果；而横向路径则更侧重于专业技术能力的深化和拓展。

在职业生涯的不同阶段，土建从业者会在增值期专注于技术实力的提升，在变现期通过升职加薪实现价值转化。这种螺旋式上升的职业发展模式，使得土木建筑行业的从业者能够持续地在专业领域内成长，并有效应对行业变化带来的挑战。正处于职场“七年之痒”的土建从业者，如果想顺利转型，就必须要考虑土木建筑行业的这一特性，找到适合自己的转型方向。

概括来讲，土建从业者的转型路径主要分为横向路径与纵向路径两大方向。横向路径，也称为技术路径，强调在专业技能上的持续深耕与突破。从业者可以在现有技术基础上，通过拓展项目类型和规模，逐步提升自身的技术水平，从而成为行业内的顶尖技术型人才。例如，精通房建技术的工程师可以尝试向市政工程、园林工程等相近领域延伸，实现技术领域的横向扩展。这种路径适合那些希望在技术深度和广度上有所建树的人才。

纵向路径，也称为管理路径，则注重向复合型人才方向发展。这一路径要求从业者不仅具备扎实的技术能力，还需逐步培养管理、商务、经营等方面的综合能力。例如，从单纯负责技术工作的岗位转向兼顾团队管理或商务协调的工作内容，逐步成长为初级管理者，并最终迈向高级管理岗位。这种路径适合那些希望突破单一技术角色、追求全面发展的从业者。

在选择职业转型方向时，需结合自身兴趣与职业发展目标进行权衡。若选择横向路径，则应关注与当前领域相关的其他技术领域，寻找新的突破点；若选择纵向路径，则需要调整工作内容，增加管理或商务等新职责，以拓宽个人能力边界。需要注意的是，职业转型并非完全脱离原有领域，而是在保持一定关联性的基础上，为职业生涯注入新的活力与发展空间。这种既继承过往经验又开拓新方向的转型方式，能够帮助土建从业者更好地适应行业变化，实现可持续的职业成长。

2. 如何顺利实现职业转型?

（1）转型与转行的区别

对于土木建筑行业的从业者而言，在职业生涯的某个阶段考虑转型是一种理性的选择，而不建议轻易转行。这是因为转行相较于转型，其难度和风险显著提高。职业转型是指在保留原有行业背景的前提下，进行横向拓展或领域延伸。例如，一位建筑设计工程师可以选择向施工管理、项目管理方向发展，或者从房建项目转向市政工程、水利工程、新能源项目等领域。这种转型不仅能充分利用已有的专业知识和技能，还能在新的领域中开辟更多的职业机会，从而实现个人价值的提升。

相比之下，转行则是指完全脱离原有行业，进入一个全新的领域。例如，一名建筑工程师选择转行去做保险销售、快递员或程序员等职业。在这种情况下，过去积累的专业知识、工作经验以及行业资源几乎无法直接应用于新领域，这意味着需要从零开始学习和积累经验。这种转变不仅需要投入大量的时间和精力，还可能面临收入下降、职业稳定性不足以及心理压力增加等问题。尤其是对于已经在土木建筑行业深耕多年的从业者来说，转行往往意味着放弃多年的职业积累，代价高昂且充满不确定性。

因此，职业转型与转行的本质区别在于：转型是在原有基础上的扩展与提升，而转行则是彻底放弃过去的一切，重新开始。对于土木建筑行业的从业者而言，在面对职业发展的迷茫或困惑时，应优先考虑通过转型来寻找新的发展方向，而不是贸然转行。只有在经过深思熟虑，并明确新领域确实适合自己长期发展的情况下，才可慎重考虑转行这一选项。总之，无论是为了降低职业发展的风险，还是为了最大化利用已有积累，转型都比转行更具可行性和现实意义。

在明确了转型与转行的区别，且了解了两者的优劣势之后，相信大家在面临职业生涯的“七年之痒”时，是优先考虑转型还是优先考虑转行已经有了答案。接下来，我们就围绕土建从业者如何顺利实现职业转型来展开论述。

（2）职业转型路径

① 纵向路径

a. 从设计转向 EPC 管理

原本从事建筑设计工作的人员可以考虑向工程管理方向转型。当前，许多工程项目采用 EPC（设计—采购—施工）模式，而市场上真正擅长 EPC 项目管理的人员非常稀缺，如果你在设计领域感到职业发展已经到了天花板，不妨考虑往 EPC 项目管理方向发展。设计人员通常具有较强的成本控制意识，并且熟悉项目的全流程，因此他们能够更好地协调设计与施工之间的关系，确保项目顺利进行。尽管设计与施工在具体工作内容上有所不同，但两者之间有很多相通之处，例如项目管理、规范理解和图纸解读等。这些技能为设计人员转向 EPC 管理提供了坚实的基础。

如果考虑这个发展方向的设计人员，除了设计领域的注册证书之外，还要考取一级建造师证书。转型为 EPC 项目经理，不仅能拓宽职业发展的道路，还能在新的领域中发挥更大的作用，实现职业生涯的新突破。

该方向面临的挑战：

由设计转 EPC 项目管理也即工程管理，面临的首要挑战在于知识结构的全面性要求。作为设计人员，虽然具备扎实的专业技术背景，但对于工程管理岗位而言，仅仅掌握设计技能是远远不够的。工程管理人员需要同时熟悉施工流程、工艺标准以及现场管理要点，这要求转型者必须快速补齐施工领域的知识短板。此外，EPC 项目管理模式强调设计、采购与施工的高度集成，这对从业者的全局视野和综合能力提出了更高的要求。

在跨部门协作中，沟通协调能力显得尤为重要。设计人员通常以技术为导向，习惯于按照规范和图纸开展工作，而工程管理则需要频繁对接不同专业团队，包括设计方、施工方、监理方以及供应商等多方利益相关者。这种复杂的协作环境要求从业者不仅能准确传递信息，还需具备解决冲突、平衡各方需求的能力。

更为关键的是，从设计到工程管理的转型过程中，个人角色定位也需要随之调整。设计工作更注重技术深度，而工程管理则偏向资源整合与统筹规划。因此，转型者需逐步培养自身的领导能力、决策能力和风险管控意识，以应对项目周期中的各类复杂问题。这一转变不仅需要理论学习的支持，更依赖于在实践中不断积累经验，从而实现从单一技术角色向复合型管理角色的成功过渡。

案例 10

李工毕业于一所普通本科院校的建筑电气与智能化专业，毕业时通过校招进入一家央企下属设计院从事电气设计，这家设计院的服务领域主要是芯片半导体和数据中心等项目。李工进去之后由普通的设计师一直晋升到了电气专业负责人，期间又考了注册电气工程师证书，后经由猎头推荐去了一家从事数据中心项目的民营设计院担任电气总工，年薪 60 万元。在这家民营设计院工作 5 年后，又经介绍去了一家大型 EPC 总包公司，先是担任设计的技术负责人，并且在这期间考取了一级机电建造师证书，由于在 EPC 项目中，设计是一直要对接施工，为施工提供技术支持的，所以几年后李工晋升为了 EPC 项目经理，年薪百万元，实现了职场飞跃。

分析

李工虽然仅毕业于普通本科院校，但是他毕业后的第一份工作平台较好，有机会进入大型央企，这使他拥有了比较高的起点。在房建领域发展如火如荼的年代，当时的数据中心领域算是比较冷门的赛道。所以，李工之所以发展得好，算是无心插柳的结果，但是李工能在机遇来临的时候果断抓住并且进入新的赛道，从而顺利实现职业转型，为职场变现期的到来提供了足够空间，这足以说明任何人的成功都不是偶然的。

b. 从乙方转向甲方

从乙方转向甲方，即从设计或施工单位转向建设单位，成为项目的业主方代表，这一职业路径的转变不仅需要对整个项目生命周期有更全面的理解，还要求具备较强的沟通协调能力。这是典型的由技术岗位向管理岗位发展的过程。在乙方工作时，主要职责通常集中在具体的技术实施和操作层面，例如绘制设计图纸、监督施工质量等；而转向甲方后，工作重心则更多地放在项目管理和协调上，而非具体的实操任务。因此，甲方的工作更加注重沟通技巧、成本控制以及处理复杂关系的能力。对于想走这一方向的土建从业者来讲，在注重技术积累的同时，不断提升自己的综合素质能力就非常重要。

此外，尽管甲方并不要求必须持有注册证书（如一级建造师、注册结构工程师等），但在招聘过程中，具备相关证书的候选人通常会被优先考虑。这是因为证书不仅是专业能力的证明，也体现了个人的学习能力和职业发展潜力。因此，即便有意转向甲方，也不应忽视证书的重要性。值得注意的是，从乙方到甲方的职业转型并非一蹴而就，通常需要在乙方一线岗位积累丰富的实践经验，尤其是在技术领域有所沉淀后，才能更好地胜任甲方的管理工作。这种技术与管理相结合的职业路径，不仅有助于个人成长为企业的核心高管，还能为长期稳定的职业发展奠定坚实基础。

该方向面临的挑战：

对于长期在乙方工作的人员而言,从乙方转向甲方的职业转型可能会面临诸多挑战。首先，从技术层面来看，甲方的工作要求从业者不仅能熟练掌握专业技术知识，还需要对设计、施工、采购等全流程有深入的理解。例如，作为业主方代表，必须能够准确解读设计图纸，评估设计方案的合理性，同时还要熟悉工程造价和成本控制方法，以确保项目在预算范围内高效推进。这种全方位的知识储备往往是刚毕业直接进入甲方的学生所欠缺的，因此许多甲方更倾向于从一线挖掘具有多年技术沉淀的人才。

其次，从管理角度来看，甲方的角色定位决定了其需要承担更多的跨部门、跨团队的协调任务。无论是与设计院、施工单位，还是与供应商、监理单位的对接，都需要通过高效的沟通来确保各方目标一致、行动协调。此外，甲方还需应对复杂的利益关系，例如平衡工期、质量和成本之间的矛盾，这要求从业者具备较高的情商和应变能力。

最后，从职业发展的角度分析，由乙方转甲方虽然提供了更高的职业平台和发展空间，但也伴随着更大的挑战和竞争压力。甲方内部的晋升机制往往较为严格，从业者的成长周期较长，且淘汰率较高。尤其是在达到项目总工这一职业天花板后，若无法进一步突破，则可能面临中年职业瓶颈的风险。因此，选择这一路径的从业者需做好长期积累的准备，并不断提升自身的综合能力，以应对未来可能的职业转型需求。

鉴于此，在考虑从乙方转向甲方时，个人应全面评估自身的综合能力和适应性。一方面，要审视自己的技术积累是否足够扎实，以应对甲方可能提出的技术管理需求；另一方面，也要注重提升自身的软实力，包括沟通能力、情商以及商务谈判技巧等，从而更好地胜任甲方岗位的要求。同时，企业也应在招聘过程中充分考量候选人的背景与经验，合理安排其职位与发展路径。例如，针对具有丰富技术经验但缺乏商务能力的候选人，可以通过提供培训或设置过渡期的方式，帮助其逐步适应甲方的工作模式，最终实现人才的最佳配置。总之，从乙方到甲方的转型既是机遇也是挑战，只有通过科学的自我评估与系统的准备，才能在新的职业环境中充分发挥自身优势，实现职业生涯的可持续发展。

案例 11

赵工毕业于名牌大学结构工程专业，毕业就进入了上海最大的一家国有设计院从事结构设计工作，在这期间又考取了一级注册结构工程师证书，由于毕业院校非常好，虽然是大院，人才济济，但是赵工也很受领导重视。考取了一级注册结构工程师证书之后，更是有幸担任了一个 300m 超高层项目的结构负责人，之后经由猎头推荐去了甲方，这家甲方公司正好有一个超高层项目，急需一个技术负责人，给到了赵工70万元年薪。

分析

赵工之所以能迎来变现期，有以下原因：1. 毕业于名牌大学；2. 业绩好，担任300m超高层项目结构专业负责人，之所以能有担任超高层项目结构负责人的机会也是因为他有一级注册结构工程师证书，且一贯表现良好；3. 平台好。赵工身上集合了核心竞争力三要素：学历、平台、业绩，三项均占优势，因此能迎来变现期。

案例 12

郭工毕业于普通本科院校给排水科学与工程专业，毕业后先去了当地一家国有施工企业，担任机电工程师，在这家国企工作1年后，又选择去了房地产公司，之后又换过几个平台，全是房地产公司。工作至今，由机电工程师晋升至机电经理，年薪30万元。

分析

郭工的职业路径走得并不算成功，他的年薪30万元，在房地产行业算是中等偏低的薪酬，郭工的职业路径不太成功的原因在于：1. 毕业于普通本科院校，在十分重视学历背景的甲方，学历没有优势；2. 在乙方没有做好技术沉淀，匆忙跳槽去了甲方；3. 所经历的几家公司都不是大平台，且跳槽频繁。

案例 13

黄工毕业于重点建筑类本科院校建筑环境与能源应用专业，毕业后进入一家大型央企下属的设计院从事暖通设计，这家央企主要从事医疗、电子厂房、数据中心等项目，期间黄工考取了注册公用设备工程师（暖通空调）证书，做到了暖通专业负责人岗位，后经由猎头推荐去了一家世界百强全流程项目管理公司担任暖通技术主管，后又升任暖通技术专业负责人，年薪60万元。

分析

黄工之所以能迎来变现期，主要原因是：1. 毕业于重点建筑类本科院校；2. 毕业选择的赛道非常好，半导体厂房、新基建都是最近几年的风口行业；3. 成长期和增值期都是在第一家公司完成的，这意味着稳定度高。在前文职业路径中介绍在设计院发展到了瓶颈时，可以选择去甲方，像黄工这样的虽然没有选择去甲方，但是全流程项目管理公司在业内俗称二甲方，其实就是甲方把整个项目全权委托给一家专业的公司进行管理，所以黄工的发展方向还是进入了甲方。

案例 14

余工毕业于普通本科院校建筑环境与能源应用专业，毕业后先是进入了本地一家中型设计院从事暖通设计，5 年后选择进入了房地产公司，仍旧是从事暖通设计管理工作，后晋升为机电经理。在地产行业工作了 6～7 年后，经由猎头推荐去了一家互联网行业头部公司基建处，担任机电项目经理，年薪 70 万元。

分析

余工非名牌大学毕业，为什么也能进入互联网头部公司呢？因为他既有设计经验，又有房地产公司对项目的全流程跟进管理经验，在房地产行业蓬勃发展的那几年，很多人是不会考虑进入互联网企业的，认为是脱离了主赛道，会影响未来的发展，所以余工能有机会转换赛道。不管是房地产公司还是互联网公司，都属于甲方。先有乙方的技术沉淀后，再跳槽去甲方会更有优势。

案例 15

张工毕业于重点建筑类本科院校建筑电气与智能化专业，毕业后通过校招进入了北京一家大型国有设计院，这家设计院所涉足领域比较多，房建、医疗、工业等领域的项目均有涉猎，张工在这家公司工作 10 年左右，期间考取了注册电气工程师证书，后经由猎头推荐去了一家以数据中心项目为主的民营设计公司，基本算是平薪跳过去的。在这家设计公司工作了两年左右的时间，再次经由猎头推荐去了一家研发芯片半导体的头部企业担任数据中心基建处的技术主管，年薪 60 万元左右。

分析

张工的学历优势比较明显，毕业后又一直在大型设计公司，但是由于他所在的设计公司服务的领域比较传统，所以张工想转型进入新赛道的时候，是平薪跳槽的。在新赛道仅工作两年左右时间，就能跳槽进入甲方，而且是业内头部公司，一方面是张工本身比较优秀（学历好、平台好），另一方面是因为数据中心这个领域起步晚，市场人才储备不足，所以张工才有了这样的机会。

c. 从技术转商务

由技术转型商务也是常见的职业发展路径之一，很多土木工程专业毕业的人，都是先从技术做起的。技术岗位的从业者，如设计或施工技术人员，天然的具备向商务方向转型的机会与潜力。技术岗位的工作内容通常涉及项目实施的具体环节，而这些环节往往与商务活动密切相关。例如，在工程项目中，技术人员经常需要陪同公司的市场商务部参与招标投标工作，协助完成技术方案的制定、成本核算以及合同条款的技术支持。这种跨部门协作不仅让技术人员积累了丰富的商务实践经验，也为他们未来的职业转型奠定了基础。

向商务方向转型的优势在于，技术背景能够帮助从业者更深入地理解项目的实际需求和潜在风险，从而在商务谈判、供应商对接以及合同管理等工作中表现得更加专业和高效。此外，商务岗位通常需要较强的沟通能力和人脉拓展能力，这对于希望拓宽职业视野、提升综合能力的技术人员来说是一个很好的锻炼机会。

具体而言，技术人员可以通过以下路径实现向商务方向的转型：首先，在现有岗位上主动参与更多与商务相关的活动，例如招标投标、合同谈判和技术交底会议，积累相关经验；其次，加强商务知识的学习，包括造价管理、合同法律基础以及市场营销等内容，以弥补知识结构上的不足；最后，通过内部轮岗或申请调岗的方式逐步过渡到商务岗位，例如从商务助理或合约专员等职位入手，逐步承担更多的商务职责。总之，由技术转向商务不仅是可行的职业发展方向，更是拓宽个人职业路径的重要选择。这一转型过程需要结合自身兴趣与能力，同时注重经验积累与知识补充，从而实现职业生涯的可持续发展。

该方向面临的挑战：

技术人员在职业发展中，常常因其性格特质而在转向商务岗位时面临诸多困难与挑战。首先，技术岗位与商务岗位的工作内容存在显著差异。技术岗位更注重专业知识的应用和问题解决能力，例如施工技术优化、工程方案设计等；而商务岗位则侧重于沟通协调、资源整合以及市场开拓等能力，这对长期从事技术工作的人员来说是一个全新的领域。例如，从技术员或施工员转向商务岗位，可能需要重新学习招标投标流程、合同管理、成本控制等相关知识，并快速适应与客户、供应商及合作伙伴打交道的工作模式。

其次，思维方式的转变是另一大挑战。技术工作通常以逻辑性和精确性为核心，强调数据支持和规范执行；而商务工作则更加灵活，需要在复杂的利益关系中找到平衡点，同时具备较强的风险预判和决策能力。这种思维模式的切换并非一蹴而就，需要通过实践不断积累经验并调整心态。

最后，人脉资源的积累也是技术转型商务过程中不可忽视的一环。相较于技术岗位，商务岗位对人际关系的依赖程度更高。如何建立并维护广泛且有效的行业网络，成为转型成功与否的关键因素之一。对于长期专注于项目一线的技术人员而言，这无疑是一项需要额外投入精力去弥补的短板。

综上所述，由技术向商务转型虽然为土木工程专业的从业者提供了更为广阔的职业发展空间，但也要求他们主动提升自身的综合素质，包括补充商务知识、调整思维模式以及拓展人脉资源。只有在充分准备的基础上，才能顺利完成这一转型，并在新的领域实现突破与发展。

案例 16

李工毕业于普通本科学校建筑学专业，毕业后进入当地（三线城市）一家中型设计院从事建筑设计工作，他生性活泼好动，对于枯燥的画图工作并不是特别感兴趣，但他的优势是商务能力很强，口才特别好，在一群闷头搞技术的人群中显得格外活跃，于是领导每次见甲方的时候都会带上他。就这样他由一名建筑师慢慢地开始参与越来越多的商务工作，后来干脆全职做起了市场开发。几年后他辞职来到北京，进了北京当地的一家大型民营设计公司继续从事市场开发工作，在这家公司工作了 5 年左右，做到了市场总监，积累了丰富的商务资源并锻炼了市场开拓能力。之后经由猎头推荐去了另一家民营设计公司，一开始也是担任市场总监，但是仅仅一年后就晋升成为该公司的合伙人，享有公司年终分红，年收入过百万元。

分析

李工是典型的技术转商务且转型非常成功的案例。他从建筑设计做起，最后却成为一名市场总监，既懂设计又懂商务，而且手握大量商务资源，使他成为不可替代的人，所以老板才会把他变为合伙人，目的是进行深度利益捆绑。可见增值期不断拓展能力边界是极其重要的，这不仅是在拓展能力，同时也是探索多种发展方向的可能性，李工就是一个非常好的案例。

② 横向路径

a. 从传统建筑转向新兴建筑

随着城市化进程的逐步完善，大规模基础设施建设的时代逐渐接近尾声。然而，这并不意味着土木建筑行业的衰落，而是标志着行业进入了一个全新的发展阶段。在科技进步和时代需求的双重推动下，传统建筑领域正经历深刻的转型升级，向更加智能化、科技化的方向迈进。这一转型不仅为行业注入了新的活力，也为从业者提供了更广阔的发展空间。

当前，智能建造已成为土木建筑行业的核心趋势之一。通过将大数据、人工智能、物联网等新兴技术与传统建筑相结合，行业正在实现从劳动密集型向技术驱动型的转变。例如，智慧城市的整体规划、智慧社区的精细化管理、智慧交通系统的优化设计以及智慧停车场的自动化运营，都是智能建造理念的具体体现。这些项目不仅提升了建筑工程的效率和质量，还显著改善了人们的生活体验，展现了科技赋能土木建筑行业的巨大潜力。

对于土木建筑行业的从业者而言，如果在传统建筑领域感到发展遇到瓶颈，不妨将目光投向智能建造这一新兴方向。无论是参与装配式建筑的研发，还是投身于绿色节能建筑的设计，抑或是探索建筑人工智能的应用，都能找到适合自己的职业发展路径。当然，这也要求从业者不断提升自身的综合素质，尤其是对新技术的学习和掌握能力，以适应行业的快速变化。

该方向面临的挑战：

为了应对从传统建筑向智能建造转型过程中面临的挑战，土木建筑行业的从业人员需要主动适应行业变化，积极提升自身技能与专业素养。首先，在执业资格认证方面，考取相关领域的权威证书尤为重要。例如，一级机电建造师证书在智能建造领域中具有显著优势，因为机电专业作为该领域的核心方向之一，其技术应用贯穿于智能化工程的各个环节。持有此类证书不仅能增强个人的专业背景，还能为职业发展提供更多的机会。

其次，掌握前沿技术是转型成功的关键之一。以建筑信息模型（Building Information Modeling，BIM）为例，这一工具已成为现代土木建筑行业的重要支柱。通过 BIM 技术，可以实现建筑设计、施工和管理全流程的数字化整合，从而大幅提升项目的效率与精度。此外，BIM 还支持多专业协同工作，有助于解决传统建筑模式中存在的沟通不畅和资源浪费等问题。因此，熟练运用 BIM 技术不仅是对个人能力的重要补充，更是顺应行业发展趋势的必然选择。

除此之外，随着土木建筑行业逐渐向科技化、智能化方向迈进，跨学科知识的学习也显得尤为重要。例如，了解人工智能、物联网以及绿色节能技术等新兴领域的基础知识，将帮助从业者更好地参与到装配式建筑、节能建筑等新型项目中。这些技术的应用不仅提升了建筑的功能性和可持续性，也为行业注入了更多的创新活力。

需要注意的是，进入智能建造领域并不意味着完全脱离原有工作，而是基于已有经验的横向拓展。如果彻底脱离原有行业，则不再是转型，而是转行。例如，一名房建项目经理若希望进入智慧建造领域，首先需要系统学习智能建造相关的专业知识，并考取相关资质证书，如一级机电建造师证书。这是转型的第一步，也是至关重要的基础。其次，为了顺利过渡到新领域，建议从实际工作中积累经验。比如可以选择加入一家智能化工程公司，从施工员岗位开始学习。尽管这一职位相较于之前的项目经理职位可能显得“降级”，但这是熟悉新领域运作模式的有效途径。由于此前已具备项目管理的经验，此时的主要短板仅在于对智能建造技术的理解和应用能力。通过参与具体项目，可以快速掌握智能建造的核心知识、技术规范以及全流程管理方法，从而为未来胜任智能建造项目经理打下坚实基础。

案例 17

谢工毕业于一所普通本科院校的建筑电气与智能化专业，毕业后通过校招进入一家房建工程企业，职务是机电设计师。由于房建项目逐渐减少，谢工在这家公司服务 3 年后选择去了一家智能化工程公司，职务是智能化设计师，在这家公司工作仅一年时间，又跳槽去了省会城市的智能化工程公司，职务仍旧是智能化设计师，在这家公司工作不到 3 年，又再次跳槽去了当地比较大的一家从事智能化信息研究的事业单位，从智能化工程师晋升至技术主管，目前年薪 30 万元。

分析

谢工的职业生涯，最大的败笔是跳槽太频繁，但是他能通过跳槽最终进入了自己想转型的领域，也算是不幸中的万幸。由此可见，智能化工程领域依旧存在巨大的人才缺口，所以毕业院校一般的谢工，才能够每次跳槽都能顺利找到他想去的公司。如果他能在一家大型智能化工程公司一路按部就班发展的话，他当前的年薪应该在 50 万元以上了，但是他跳槽太频繁了，第二家和第三家公司跳槽职务均没有变动，按照职业规划理论，增值期跳槽应该是职务优先，但是谢工明显违背了这个原则，所以导致他毕业 10 年了，职务还仅是技术主管，而且薪资只拿到了这个领域的中等偏下水平。

b. 从建筑转向其他领域

随着社会经济的发展和人们生活需求的不断提升，土木建筑行业已不再局限于传统的房屋建设领域，而是逐步向多个细分赛道拓展，与其他行业的融合日益紧密。这种跨领域的合作不仅拓宽了土木建筑行业的应用范围，也为解决现代社会面临的多样化挑战提供了创新性方案。

在制造业领域，土木建筑行业正积极参与半导体芯片、新能源等高科技厂房的建设。这些项目对建筑的技术要求较高，例如洁净室的设计与施工、恒温恒湿环境的营造等，都需要建筑专业人员具备扎实的技术功底和创新能力。而在农业领域，现代化养殖场景如装配式猪舍、智能化温室以及农田水利灌溉系统的建设，则为土木建筑行业开辟了全新的发展空间。这些项目不仅需要满足功能性需求，还需结合科学养殖或种植的特点，设计出高效、环保且可持续的建筑方案。

此外，在环保工程中，土木建筑行业也扮演着重要角色。例如，污水处理厂、垃圾焚烧发电厂以及生态修复设施的建设，都离不开建筑专业的技术支持。通过优化设计和施工工艺，土木建筑行业能够助力实现资源的高效利用和环境的可持续发展。同样，在水利工程领域，大坝、水库及防洪设施的建设不仅关乎国计民生，还对区域经济发展具有重要意义。土木建筑行业在这些项目中的参与，既体现了其技术实力，也彰显了社会责任。

对于想跨界转型的土建从业者来说,这无疑为他们提供了更多转型的方向和可能性。未来，土木建筑从业者不仅需要掌握传统建筑技能，还需要了解相关领域的专业知识，以适应跨学科协作的要求，并在新的领域中找到自己的定位。

该方向面临的挑战：

俗话说隔行如隔山，对于想跨领域转型的从业者来说，掌握跨界知识和技术是未来职业发展的核心要素。土木建筑行业本身具有高度的专业性和复杂性，随着行业分工的细化与新兴领域的崛起，向各细分赛道横向拓展已成为一种必然趋势。然而，这一转型并非易事，需要克服诸多挑战，包括专业知识的补充、实践经验的积累以及行业资源的整合。

在这一过程中，考取相关领域的专业证书是最有效的途径之一。例如，在水利工程建设领域，一级水利建造师证书不仅是进入行业的敲门砖，更是证明个人专业能力的重要凭证；而在新能源领域，一级机电建造师证书则因其对设备安装、能源管理等技术要求的覆盖而显得尤为重要。通过系统学习和考证，不仅可以深化对目标领域的理解，还能提升自身的技术水平和综合素质，从而为职业转型奠定坚实基础。

此外，跨领域的转型还需要面对不同行业间的文化差异和协作模式的变化。例如，从传统建筑施工转向新能源或智能建造领域，可能需要适应更加注重技术创新和多学科协作的工作环境。这就要求从业者不仅具备扎实的专业技能，还需拥有较强的沟通能力和团队协作意识，以应对复杂的项目需求和多元化的合作对象。

总之，通过考取相关证书、积累跨领域经验以及提升软技能，可以在土木建筑行业中实现更广泛的横向拓展。这不仅能增加就业机会和晋升空间，还将使个人在竞争日益激烈的市场中占据更有利的位置，为职业生涯的长远发展提供有力保障。

案例 18

张工毕业于一所普通本科院校土木工程专业，毕业后进了上海一家大型国有设计院从事结构设计工作，期间考取了一级注册结构工程师证书，在该设计院工作了8年，做到了结构专业负责人，其后选择去了一家大型民营设计院担任结构总工，在这家民营设计院工作了5年。他精通多种结构设计类型，由于上海是装配式建筑的最早试点城市，张工有幸成为最早接触装配式建筑的工程师，后来经由猎头推荐去了一家大型上市钢结构公司，担任该公司装配式建筑研发总监，年薪150万元。

分析

张工是走横向路径转型的典型代表，他自始至终一直从事结构设计工作，但是由于精通多种结构设计类型，又是最早接触装配式建筑的人，因此才迎来变现期。总结一下，张工能迎来变现期，原因是：1. 平台好，前后经历的两家公司都属于上海知名设计机构，所以能有幸参与装配式建筑研发；2. 技术好，由于都是大平台，所以能有机会涉及各种结构类型，沉淀技术实力。

案例 19

王工毕业于某知名大学的建筑电气与智能化专业，毕业后先是通过校招进入地方施工国企，从项目上的基层技术员做到了电气技术负责人，并且考取了一级机电建造师证书。5年后王工经推荐进入了一家民营企业，这家民营企业主要从事照明工程，由于王工优秀的技术能力，没有多久就晋升为照明工程的项目经理。之后经由猎头推荐去了一家世界百强照明企业担任技术主管，几年后晋升为项目经理，年薪百万元。

分析

王工的职业路径非常有代表性，正面临职业转型的朋友可以参考：1. 第一家施工国企是房建总包，王工在其中完成了成长期和增值期，并且考取了一级机电建造师证书；2. 他再次面临职业选择时没有选择同样的房建领域，而是转换赛道去了照明企业，但是由于他没有照明领域的经验，所以他这次选择了一家小型民营照明企业，先完成职业赛道的转换；3. 有了照明领域的工程管理经验，且毕业院校优秀，所以才有机会再次面临职业选择时进入世界百强公司，从低职务一路再次晋升为高级项目经理。

案例 20

尧工毕业于重点建筑类本科院校给排水科学与工程专业，毕业后通过校招进入了本地一家甲级市政设计院从事给水排水设计工作，在市政设计院8年时间做到了给水排水总工职务，并且考取了注册公用设备工程师（给水排水）执业资格证书，后选择进入一家环保工程公司担任设计所总工，3年后又经推荐进入了其服务的甲方公司，担任生产部总工，为其环保创新提供技术支持，年薪60万元。

分析

尧工的优势：1. 毕业于重点本科院校，为其能进入大型市政设计院提供了条件；2. 在第一家公司完成了成长期和增值期；3. 由于在市政设计院参与过污水处理等项目，为其去环保行业打下了基础；4. 由环保乙方转型到环保甲方，职业路径是一路上升。

案例 21

曹工研究生毕业于知名大学的，建筑环境与能源应用工程专业，毕业后通过校招进入大型设计院从事暖通设计工作，在该院工作 10 年，做到了暖通总工，并且在期间考下了注册公用设备工程师（暖通空调）证书。这 10 年间，曹工有机会参与了多种项目的暖通设计，尤其是数据中心项目，所以 10 年后经猎头推荐去了业内一家以数据中心建设为主的设计公司，担任职务是高级工程师，在该公司仅工作一年，就又再次经引荐去了一家大型国有设计院，该设计院是专门从事能源节能方面的研究机构，主要涉及的项目类型是数据中心、智能化工程等新基建领域，职务是高级技术专家，年薪 60 万元。

分析

曹工由传统建筑领域的暖通设计师进入数据中心这样的新基建领域，又从新基建领域进入能源领域，可以说是典型的横向路径发展，那么曹工的职业发展之所以如此成功，主要原因是：1. 曹工的毕业院校非常好，这为他进入大型平台且有机会参与更多项目、积累业绩提供了先决条件；2. 曹工的成长期和增值期在一家公司完成；3. 他的业绩非常好，且在一家公司工作了 10 年，稳定度高，这为他后面的连续跨领域选择提供了很好的基础，所以最终有机会进入大型能源节能领域的头部公司，迎来了职业生涯的变现期。

社会在不断发展，科学技术也在日新月异地进步。土木建筑行业作为解决民生根本问题的重要领域，未来将与各行各业产生越来越多的跨界融合。例如，深海开发、外太空探索等前沿领域，可能在不远的将来成为土木建筑行业的新兴方向。因此，作为土建类专业学生，与时俱进至关重要。我们不能仅仅停留在过去的成就上，而应该着眼于未来的发展趋势。

随着建筑科技化和智能化的趋势日益明显，节能建筑、绿色建筑和装配式建筑等新型建筑模式正在逐渐普及。此外，市政工程、交通工程、园林工程、新能源工程、机电工程、矿山工程以及环保工程等领域也需要土木工程师的积极参与，这些多样化的应用场景要求土建人具备跨领域的专业知识和技术能力。

未来的土木建筑行业需要的是复合型和跨界型人才，这不仅要求我们在技术上过硬，还需要具备商务能力和创新能力。我们必须深入了解人工智能、智能建造等相关领域的知识，以便更好地适应行业发展需求。只有这样，才能在不断变化的市场中保持竞争力，避免长期从事低价值且替代性强的工作。

总之，作为土建类专业学生，我们要紧跟时代步伐，不断提升自己的综合素质，以应对未来可能出现的各种挑战。通过不断学习和创新，我们可以为人类留下更多宝贵的历史遗产，并推动整个行业向前发展。

思考题：

1. 土建人职业生涯包含哪五个阶段？每阶段的规划重点是什么？
2. 总结就业案例中职业路径失败的主要原因。
3. 土木建筑行业从业人员有哪些职业转型路径？
4. 土建人职业转型与转行的区别？
5. 土木建筑行业的产业链横向和纵向都分别包含哪些行业主体？

第六章思考题参考答案

参 考 文 献

[1] DONALD E SUPER. The dynamics of vocational adjustment[M]. Harper & Row, 1942.

[2] DONALD E SUPER. The psychology of careers[M]. Harper, 1957.

第七章

土建类专业学生的求职技能

学习目标：

1. 掌握应届生简历撰写的基本要点，并学会突出个人优势。
2. 理解在简历中突出与应聘岗位相匹配的项目经验和专业技能。
3. 掌握求职信的撰写策略。
4. 熟悉土建类专业面试中常见的问题类型。
5. 掌握在面试中展现个人专业能力和沟通能力的技巧。
6. 了解面试前的准备工作内容。
7. 理解实习与项目经验的价值。

第一节　土建类专业应届毕业生简历撰写要点

撰写一份出色的简历是土建类专业应届毕业生成功求职的关键步骤，作为敲门砖，一份精心准备的简历能够有效吸引面试官的注意，从而为自己争取更多的面试机会。为了达到这一目标，简历需要突出以下几个方面。

个人基本信息：在简历的顶部，应清晰列出姓名、联系方式（包括电话和电子邮件）、居住地、期望工作地。期望工作地建议填写为“全国不限”，因为土木建筑行业的特性决定了工作的流动性较大，特定的地域要求可能会降低获得面试的机会。如果应聘的是央国企，建议在简历中注明政治面貌。

教育经历：在简历中，应详细列出学历信息。具体包括学校名称、专业、毕业时间及所获学位。例如，如果是专升本的情况，需要分别写明专科阶段的专业和学校，以及本科阶段的专业和学校；如果是研究生，则需依次写明本科和研究生阶段的毕业院校、专业、毕业时间和所获学位。教育背景部分只需提供这些基本信息，无需做过多额外介绍。

实习经历：在撰写土建类专业应届生简历时，如果有相关的实习经验，一定要突出这部分内容。具体描述实习期间承担的角色、参与的项目以及取得的成绩。如果有能量化的工作成果，尽量用数据来表达，如果无法量化，那么可以写一下这些工作使你获得了哪些方面的能力提升，如“通过实习锻炼了项目管理和团队协作能力，提升了沟通协调和解决问题的能力”。这些能力最好是你想应聘的岗位所需要的，以展示你的实际能力和工作的匹配度。

校园经历：应详细列出在校期间完成的相关课程项目或个人研究项目，描述项目的规模、你在其中担任的角色以及最终成果，并附上项目链接或作品集供招聘方参考。同时，可以提及在校期间参与的社团活动或社会实践活动，以及参加的比赛和获奖情况。注意，这部分内容应精简且与应聘岗位相关，避免冗长和无关信息。通过这些经历，展示你拥有扎实的与应聘岗位相关的理论基础和未来进入企业后的发展潜力。这样可以帮助招聘方更好地了解你的能力和潜力，从而提高你的竞争力。

技能与证书：技能与证书部分是展示个人专业能力和特长的重要环节。对土建类专业的学生而言，应当列举与专业紧密相关的技术技能，如 AutoCAD 绘图、BIM 应用以及结构设计软件的使用能力等。此外，具备英语等多种语言沟通能力也是极大的加分项，能够帮助你在国际化的项目中脱颖而出。同时，拥有驾照等实用技能证书，以及任何兴趣特长所获得的相关认证，比如音乐、体育等方面的证书，不仅能丰富你的简历内容，还能体现你的综合素质和个人魅力。这些信息的详尽罗列，将有助于招聘者全面了解你的综合能力，从而增加你获得面试机会的可能性。

自我评价：这部分简短地概述你的职业愿景和个人优势至关重要。首先，明确表达你对未来职业的期望和目标，以及你为何适合应聘职位。其次，突出你的个人优势，用具体事实来证明你的能力。避免使用主观性较强的描述，如“我认为自己是个……的人”，而是采用客观的语言，通过具体的实例来增强说服力。例如，如果你担任过学生会职务或组织过重要活动，可以说明你在这些经历中的具体贡献和收获。这样不仅能展示你的实际能力，还能体现你的综合素质。同时，要表达出对所应聘领域的热情，让招聘方感受到你的积极性和投入度。

排版格式：简历的排版格式对应届生求职尤为重要，科学合理的布局能够显著提升信息传递的效率。理想情况下，简历应控制在一页纸以内，确保招聘者能够在短时间内快速掌握求职者的核心信息。为实现这一目标，建议采用清晰的分块设计，将内容分为基本信息、实践经历和业绩成果三大模块，并通过适当的留白与字体调整增强可读性。避免冗长的段落描述，优先使用简练的语言和条目式表达，突出重点内容，使整体结构一目了然。这样的排版不仅便于阅读，还能有效吸引招聘者的注意力，提升简历的竞争力。

概括一下，一份完整的应届生简历应包含以下内容：个人基本信息、教育经历、实习经历、校园经历、技能与证书以及自我评价。简历的内容并不是越多越好，语言应当简洁明了，重点突出那些最能体现你与岗位匹配度的经历和技能。简历的主要目的是引起面试官的兴趣，从而获得面试机会。因此，简历只需起到抛砖引玉的作用。如果在简历中过度展示自己，可能会让面试官对你产生过高的期望，反而不利于面试的成功。如果是应届生求职的话，简历应限制在一页纸以内，如果是有过工作经验的社会人求职，简历也最多两页纸内容即可。过多繁复的内容展示，并不见得能为你赢得更多面试机会。如果你确实是一位非常优秀的人才，请在简历中有所保留地展示自己，将更多的优点留待面试时再惊艳面试官吧。

简历案例 1

[redacted]

出生年月：[redacted] | 毕业时间：2023.01（2023应届生）
政治面貌：中共党员 | 电　话：[redacted]
学位学历：硕士研究生 | 邮　箱：[redacted]

教育经历

2020.09—2023.01 硕士 [redacted] 市政工程
2016.09—2020.06 本科 [redacted] 给排水科学与工程

荣誉奖项：国家励志奖学金、2020届河北省优秀毕业生、三好学生、优秀中共党员、社会活动优秀奖、学风建设先进个人、优秀毕业设计。
相关课程：水质工程、给排水管道工程、建筑给水排水工程、废水生物处理理论、海绵城市建设理论与技术、污水生物脱氮除磷处理理论与技术等。
参与项目：河北省自然科学基金面上项目：生物滞留设施对城市雨水径流调控的作用机制研究；河北省水环境科学重点实验室开放课题：剩余污泥基质生物滞留设施面源污染控制技术研究。
发表论文：[redacted]等. 剩余污泥基质生物滞留设施重金属环境风险评价[J]. 应用化工, 2022, 51(9): 2516-2520+2526.（中文核心）

实践实习经历

2017.09—2020.06 给排水科学与工程[redacted]班 任职班长
担任班长期间班级先后被评为“优秀学风班”“上课全勤班集体”“上课不使用手机班集体”。
2019.07 第六届全国大学生水利创新设计大赛 项目第二负责人
参赛项目名称为一种基于建筑外排水的PLC智能来水识别分流系统，并获得一等奖。
2020.07—2020.09 [redacted]市政工程设计院有限公司 实习生
于环境所实习，主要负责工程制图、蓝图折叠及装订，并参与魏县老旧小区改造项目调研。
2021.07—2022.07 [redacted]学院研究生党支部 任职副书记
任职期间党支部荣获学校先进基层党组织、样板党支部称号、被邯郸市教育局评为先进党小组。
2022.07—2022.10 [redacted]工程设计有限公司 实习生
于设计所实习，前后参与河北省烟草公司邯郸市公司经营业务用房修缮项目、丛台区老旧小区改造项目、邱县农村人居环境整治提升项目的现场对接和CAD制图工作以及财政部办公用房修缮项目的可研报告编制工作。

技能/证书及其他

技 能：计算机二级（office）、注册公用设备工程师（基础）、CAD（熟练）
专 利：一种楼宇用雨水处理装置（实用新型）
语 言：英语—CET-6（481）、普通话（二级乙等）

分析

简历亮点：

1. 实习经历丰富，但是又没有过多繁复赘述；
2. 实习工作内容和专业一致；
3. 全部内容在一页纸之内体现。

简历案例 2

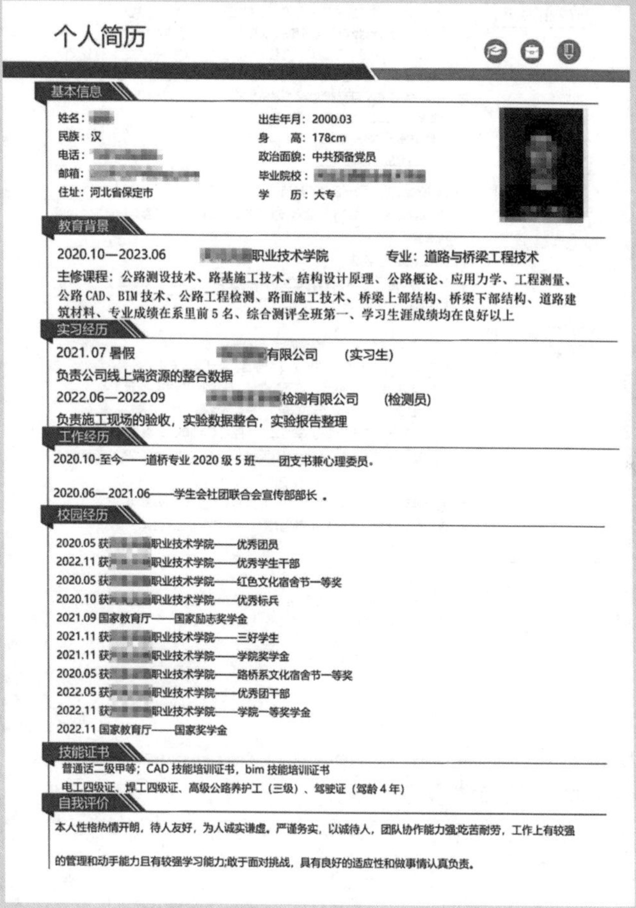

个人简历

基本信息

姓名：[redacted]　　出生年月：2000.03
民族：汉　　身　　高：178cm
电话：[redacted]　　政治面貌：中共预备党员
邮箱：[redacted]　　毕业院校：[redacted]
住址：河北省保定市　　学　　历：大专

教育背景

2020.10—2023.06　[redacted]职业技术学院　专业：道路与桥梁工程技术
主修课程：公路测设技术、路基施工技术、结构设计原理、公路概论、应用力学、工程测量、公路 CAD、BIM 技术、公路工程检测、路面施工技术、桥梁上部结构、桥梁下部结构、道路建筑材料、专业成绩在系里前 5 名、综合测评全班第一、学习生涯成绩均在良好以上

实习经历

2021.07 暑假　[redacted]有限公司　(实习生)
负责公司线上端资源的整合数据
2022.06—2022.09　[redacted]检测有限公司　(检测员)
负责施工现场的验收，实验数据整合，实验报告整理

工作经历

2020.10-至今——道桥专业 2020 级 5 班——团支书兼心理委员。
2020.06—2021.06——学生会社团联合会宣传部部长 。

校园经历

2020.05 获[redacted]职业技术学院——优秀团员
2022.11 获[redacted]职业技术学院——优秀学生干部
2020.05 获[redacted]职业技术学院——红色文化宿舍节一等奖
2020.10 获[redacted]职业技术学院——优秀标兵
2021.09 国家教育厅——国家励志奖学金
2021.11 获[redacted]职业技术学院——三好学生
2021.11 获[redacted]职业技术学院——学院奖学金
2020.05 获[redacted]职业技术学院——路桥系文化宿舍节一等奖
2022.05 获[redacted]职业技术学院——优秀团干部
2022.11 获[redacted]职业技术学院——学院一等奖学金
2022.11 国家教育厅——国家奖学金

技能证书

普通话二级甲等；CAD 技能培训证书，bim 技能培训证书
电工四级证、焊工四级证、高级公路养护工（三级）、驾驶证（驾龄 4 年）

自我评价

本人性格热情开朗，待人友好，为人诚实谦虚。严谨务实，以诚待人，团队协作能力强吃苦耐劳，工作上有较强的管理和动手能力且有较强学习能力;敢于面对挑战，具有良好的适应性和做事情认真负责。

分析

1. 实习经历太少，且在实习描述中没有体现与专业相关性；
2. 自我评价只是对个人优点的总结，缺乏可信度；
3. 实习经历和工作经历完全可以并入一起；
4. 校园经历赘述过多，可以用一句话概括，比如在校期间多次获得三好学生、优秀干部和奖学金，这些内容占用了过多篇幅，但是这些内容并不是面试官重点关注的，面试官重点关注的是实习经历，但是实习经历却又过于简单。

简历案例 3

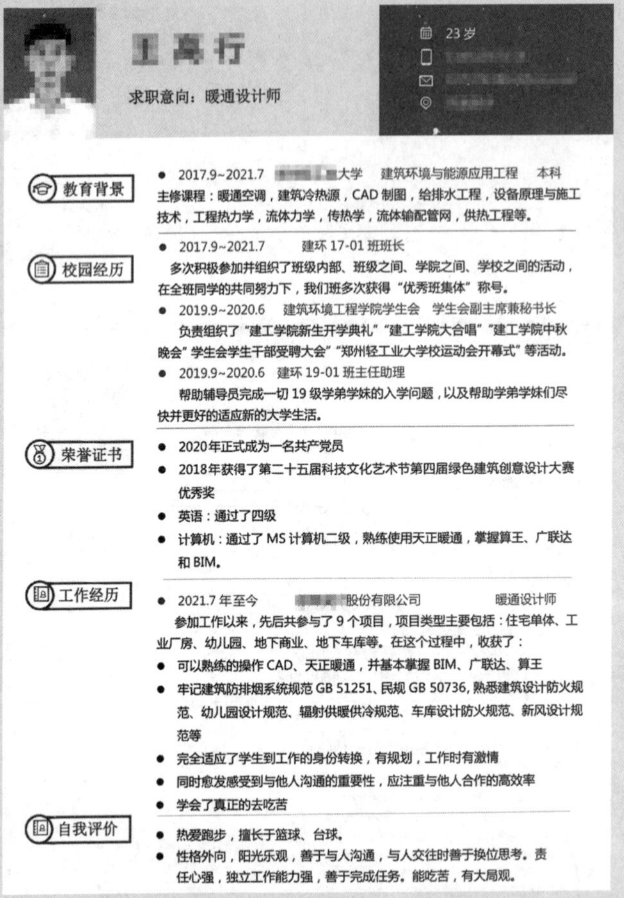
求职意向：暖通设计师

23 岁

教育背景
- 2017.9~2021.7 大学 建筑环境与能源应用工程 本科

主修课程：暖通空调，建筑冷热源，CAD 制图，给排水工程，设备原理与施工技术，工程热力学，流体力学，传热学，流体输配管网，供热工程等。

校园经历
- 2017.9~2021.7 建环 17-01 班班长

多次积极参加并组织了班级内部、班级之间、学院之间、学校之间的活动，在全班同学的共同努力下，我们班多次获得“优秀班集体”称号。
- 2019.9~2020.6 建筑环境工程学院学生会 学生会副主席兼秘书长

负责组织了“建工学院新生开学典礼”“建工学院大合唱”“建工学院中秋晚会”学生会学生干部受聘大会”“郑州轻工业大学校运动会开幕式”等活动。
- 2019.9~2020.6 建环 19-01 班主任助理

帮助辅导员完成一切 19 级学弟学妹的入学问题，以及帮助学弟学妹们尽快并更好的适应新的大学生活。

荣誉证书
- 2020年正式成为一名共产党员
- 2018年获得了第二十五届科技文化艺术节第四届绿色建筑创意设计大赛优秀奖
- 英语：通过了四级
- 计算机：通过了 MS 计算机二级，熟练使用天正暖通，掌握算王、广联达和 BIM。

工作经历
- 2021.7 年至今 股份有限公司 暖通设计师

参加工作以来，先后共参与了 9 个项目，项目类型主要包括：住宅单体、工业厂房、幼儿园、地下商业、地下车库等。在这个过程中，收获了：
- 可以熟练的操作 CAD、天正暖通，并基本掌握 BIM、广联达、算王
- 牢记建筑防排烟系统规范 GB 51251、民规 GB 50736，熟悉建筑设计防火规范、幼儿园设计规范、辐射供暖供冷规范、车库设计防火规范、新风设计规范等
- 完全适应了学生到工作的身份转换，有规划，工作时有激情
- 同时愈发感受到与他人沟通的重要性，应注重与他人合作的高效率
- 学会了真正的去吃苦

自我评价
- 热爱跑步，擅长于篮球、台球。
- 性格外向，阳光乐观，善于与人沟通，与人交往时善于换位思考。责任心强，独立工作能力强，善于完成任务。能吃苦，有大局观。

分析

1. 简历排版格式值得借鉴；
2. 校园经历和实习经历做了重点突出；
3. 不足之处依旧是自我评价过于主观，这样的自我评价对面试官没有吸引力，建议如果写不好自我评价宁可不写。

第二节 突出项目经验与专业技能的技巧

一份优质的简历应当简洁明了且重点突出，尤其要着重体现与应聘岗位相匹配的项目经验和专业技能。在撰写简历时，应仔细分析目标岗位的具体要求，确保所列出的经验和技能能够直接对应岗位需求。通过具体案例展示自己在相关领域的实践经历，以及在这些经历中所取得的成绩，可以有效提升简历的吸引力。下面，给大家分享一些撰写的技巧。

一、明确目标职位所需技能

在撰写简历和准备面试时，首先必须深入了解目标职位的具体技能要求。不同岗位的技能需求各不相同，即使是同一岗位名称，在不同公司中也可能有不同的要求。为了准确了解这些需求，应重点关注岗位职责描述。如果岗位职责中包含大量对内对外协调的工作内容，那么应在简历和面试中突出自己的沟通协调能力；如果岗位职责强调任务指标和工作压力，则需重点展示自己的抗压能力和解决问题的能力。总之，要通过仔细分析岗位描述来确定该岗位所需的具体技能，而不是仅凭岗位名称自行臆断。一旦明确了所应聘岗位需要的技能，那么在写简历时，就要围绕这些来做展示。

二、准备具体案例

在撰写土建类专业应届毕业生简历时，建议准备几个具体的项目案例，这些案例可以从实习经历或校园经历中选取。每个案例应包含项目背景、你在项目中的角色、你采取的具体行动以及最终的成果。确保所选案例能够突出应聘岗位所需的专业技能，这样可以帮助招聘者更全面地了解你的专业能力和实际经验。

三、量化成果

在撰写简历时，土建类专业应届毕业生应当充分利用具体数据来展示项目经验，这样能够直观地体现个人的贡献和价值。例如，如果你参与了一个桥梁设计项目，可以这样描述："作为团队成员之一，在为期 6 个月的桥梁设计过程中，协助完成了设计全流程；并在优化设计方案阶段提出了创新性建议，为甲方节约成本约 15%，从而协助公司成功赢得了投标。"这样的表述不仅展示了你的实际工作内容，还突出了你对项目的积极影响，如提高效率、降低成本等。使用数字说明成果，可以让招聘者更清晰地认识到应聘者的实际能力和潜在价值。

四、使用行业术语，展现专业性和对职位的理解

在撰写简历时，土建类专业应届毕业生应当仔细分析目标职位的岗位描述，提取出与该职位紧密相关的专业术语和技能要求，并将这些关键词巧妙地嵌入自己的简历中。这样做不仅能帮助招聘者快速识别你的专业技能，还能提升通过初步筛选的机会。例如，如果应聘的是结构工程师岗位，可以强调自己在项目中使用过的特定软件（如 AutoCAD、PKPM 等）以及参与过的具体工程项目类型（如桥梁建设、高层建筑设计等）。确保所列出的经验和技能都是真实且可验证的，避免夸大其词或提供虚假信息。

五、强调解决复杂问题的能力

土建类专业应届毕业生还应当在简历中详细描述在过往项目中遇到的具体挑战及所采取的解决措施，这不仅能体现个人的技术能力，还能彰显解决问题的能力、创新思维以及团队协作精神。例如，可以具体说明在一个施工项目中如何应对突发状况（如材料

供应延误或设计变更），通过积极沟通协调各方资源，并提出创新性的解决方案来保证工程进度和质量，同时强调在这个过程中与团队成员紧密合作的重要性，以展现良好的团队精神和个人领导力。这样的案例能够使招聘方对求职者的实际工作能力和职业素养有更直观的认识。

六、使用行动动词

在撰写简历时，使用强有力的行动动词来描述你的职责和成就是至关重要的。例如，可以用“开发”来说明你参与了某个项目的规划与设计工作，“管理”则可以用来强调你在团队或项目中的领导角色，而“优化”则适用于展示你在提高工作效率或改进施工工艺方面所作的贡献。通过这些具体的、有力度的词汇，不仅能更生动地展现实际工作经历，还能有效突出专业技能和个人价值，从而吸引招聘者的注意力。

七、展示持续学习和成长

在撰写简历时，土建类专业应届毕业生应当详细列出参与过的专业培训、获得的相关证书以及通过自学掌握的新技能。例如，可以具体描述在大学期间参加的 BIM 技术培训和结构设计软件的应用课程，强调这些经历如何提升了你的专业技能，如建模能力、结构分析能力和项目管理能力等。此外，还可以展示英语四六级证书、计算机等级证书等通用技能证明，以此来体现你的全面素质和对新知识的持续追求，向招聘方证明你不仅具备扎实的专业基础，还拥有良好的语言能力和信息技术应用能力，从而证明你具备成为高潜力人才的特质。

鉴于土木建筑行业的复杂性及其项目执行过程中频繁的跨专业、跨部门和跨机构合作需求，除了详细列出与应聘岗位直接相关的技能和经验外，还应着重强调个人在沟通协调、处理复杂人际关系以及应对突发状况方面的能力。这些行业通识能力是所有想进入土木建筑行业发展的人所必备的素质，展现这些素质可以让招聘方看到你具备进入行业的必备素质，并且能够在未来的工作中胜任复杂的协作任务。

第三节　求职信的撰写策略与注意事项

求职信是简历的重要补充，它进一步展示了求职者的个人特质以及对应聘职位的热情。在求职过程中，简历和求职信通常同时提交。简历主要用于快速筛选，而求职信则通过更加个性化和情感化的表达，增加求职者的个人吸引力。两者相辅相成，共同提高求职成功的概率。通过精心撰写的求职信，求职者可以更好地展示自己的优势、经历和对职位的热情，从而在众多候选人中脱颖而出。

以下是撰写求职信时的一些策略与注意事项。

一、针对目标

求职信应当针对具体的职位和公司量身定制，充分展现你对该职位的深入了解以及对公司文化的热爱。避免使用千篇一律的模板，确保每封求职信都能突出你的独特性和诚意。

二、语言精炼

求职信应保持简洁明了，通常不超过一页纸。在信中，你需要用精炼的语言介绍自己的教育背景、专业技能及实践经验，并清晰地说明你为何是该职位的理想人选。重点突出与岗位要求相匹配的经历和能力,展现对目标职位的热情以及能为公司带来的价值。同时，确保语言流畅且无语法错误，以体现你的专业素养。

三、展示对公司的了解

在撰写求职信时，应采用个性化语言表达对目标职位的热情及对公司浓厚的兴趣。首先，简明扼要地介绍自己，并直接说明申请的具体岗位；其次，基于前期调研，挑选出公司文化、核心价值观或正在进行的项目中与个人经历相契合的部分进行阐述，以此展现你不仅对公司有着深入理解，还能够为公司带来独特价值。例如，可以这样写："自贵公司成立以来，我一直密切关注着其在[具体领域]的发展，并深受贵公司在[某项社会贡献/创新举措]方面所展现出的企业责任感所打动。我相信，我的[专业技能/过往经验]将有助于推动[提及公司的某个具体项目或发展目标]，并期待能与团队成员一起，在[强调公司文化或使命]的引领下共创辉煌。"通过这种方式，不仅表达了对加入该组织的热切期望，同时也突出了自身作为候选人的优势所在。

四、注意格式和排版

求职信的格式和排版需保持整洁、专业，采用清晰易读的字体与字号，如宋体或微软雅黑。确保段落分明，每段只表达一个中心思想，并通过空行来分隔不同段落，以增强阅读体验。同时，务必仔细校对文本，避免出现错别字和语法错误，这些细节会直接影响招聘者对你职业素养的第一印象。

五、结尾有力

在求职信的结尾部分，应简明扼要地重申你对所申请职位的热情以及对未来可能面试机会的热切期待。同时，请附上你的联系方式，包括电话号码和电子邮箱，以便招聘者能够方便地与你取得联系。最后，别忘了向招聘者表达诚挚的感谢，感谢他们抽出宝贵时间审阅你的求职信及简历，这不仅体现了你的礼貌与尊重，也给对方留下了良好的印象。

下面附上一些求职信模板。

尊敬的招聘负责人：

您好！

我应聘的岗位是贵公司的土建技术员，衷心感谢您在繁忙的日程中抽出宝贵时间审阅我的简历及求职信，给予我这次自荐的机会。

我叫×××，是一名××大学土木工程专业的应届毕业生。在大学四年里，我系统地学习了建筑测量、三大力学、建筑制图、工程估价、CAD绘图等核心课程，GPA（平均绩点）达到3.8分（满分4分）。此外，我还通过实习实践将这些理论知识转化为实际工作经验，并考取了全国BIM一级证书。通过实习，我熟练掌握了工程测量、建筑结构设计、施工组织与管理等基本技能，并具备了一定的解决实际工程问题的能力。

我深知，土木建筑行业既充满机遇也面临诸多挑战，而我已做好充分准备，愿意以吃苦耐劳的精神，不断进取，迎接每一个挑战。除了在专业领域严格要求自己，我还特别注重个人综合素质的提升。在校期间，我积极参与各类校内外活动，从策划到执行，我全程参与了院系晚会的筹备工作，包括与主持人、演员、灯光音响师及布场团队的紧密协作，这一过程极大地锻炼了我的组织协调能力和应变能力。同时，我还投身于社团活动及校外公益活动，这些经历不仅丰富了我的大学生活，更让我学会了如何在团队中发挥领导力，增强了社会适应能力。

在此，我诚挚地希望贵公司能给予我一个展示自我、实现价值的平台。我相信，凭借扎实的专业知识、丰富的实践经验以及良好的团队协作能力，我能够迅速融入贵公司的团队，为公司的发展贡献自己的力量。期待有机会与您面谈，进一步探讨我能为贵公司带来的价值。

再次感谢您的审阅与考虑，此致敬礼！

[姓名]

[日期]

尊敬的招聘负责人：

您好！

我叫×××，现年31岁，非常荣幸能有机会申请贵公司的项目经理岗位。我在施工单位拥有9年的工作经验，参与了多个大型项目的实施和管理，共计完成了约50万平方米的项目面积，特别是在工业园、房地产和建筑领域积累了丰富的项目管理和实操经验，与岗位要求匹配度较高。

我毕业于××大学土木工程专业。在职业生涯中，我历经了施工员、施工部长、监理工程师、施工经理兼项目经理等职位，这使我熟悉并掌握了工程项目管理的全方位工作流程，同时还具备一级建造师、监理工程师专业资格证书，以及中级工程师职称。在项目管理过程中，我拥有较强的进度管理能力，能够从全局角度思考与看待问题，确保项目的顺利进行。我非常注重项目文件材料的审核，及时评估项目风险，并提出相应的改进措施。

我深知沟通在项目中的重要性。因此，我注重与项目各方建立良好的合作关系，善于与多方进行沟通交流，以最短的时间取得对方信任，达成双方互惠互利友好合作。我的职业素养也得到了广泛的认可，有较强的能动性和随机应变能力。

我特别注意到贵公司项目经理岗位的项目地址位于唐山曹妃甸，这是一个充满机遇和挑战的地区。我对该地区的发展前景充满信心，并期待有机会为贵公司的项目贡献力量。

感谢您阅读我的求职信，真诚地希望能够有机会与您进一步交流。

期待您的回复，祝您工作顺利！

[姓名]

[日期]

尊敬的招聘负责人：

您好！

我叫××，通过仔细研究贵公司发布的工程技术负责人岗位招聘信息，我深感自己与该岗位高度契合，特此撰写求职信，期望能为贵公司的未来发展贡献我的专业力量。

我毕业于××大学土木工程专业，具备扎实的专业基础。在过去的十年里，我积累了丰富的建筑设计及施工管理经验。在××地产集团担任前介工程师，这段经历让我对地产项目的早期介入、风险把控有了更深刻的理解。在××旅游集团项目设计部担任建筑设计师期间，我作为项目负责人，成功统筹了多个大型项目的建筑设计、方案优化及施工管理工作，对建筑设计规范、施工安全及质量控制有着深刻的理解和实践经验。此外，我还曾在××市建筑设计院工作多年，独立负责了多个住宅、商业综合体项目的深化设计和施工图绘制工作，进一步锤炼了我的专业技能和项目管理能力。

我深知工程技术负责人在项目中的关键作用，因此我始终致力于提升自己的技术和协调能力。我熟悉 CAD 等软件的使用，能够高效地进行施工图审核和技术问题修改。同时，我还具备较强的方案设计和审核优化能力，能够针对项目实际情况提出切实可行的技术解决方案。

在过往的工作中，我不仅积累了丰富的项目实践经验，还注重团队协作和沟通能力的培养。我能够与公司各部门紧密合作，确保项目顺利推进。

综上所述，我相信自己完全具备担任贵公司工程技术负责人的能力和条件。热切期望能够加入贵公司，与团队共同面对挑战，实现个人与公司的共同发展。

感谢您在百忙之中审阅我的求职信，期待您的回复。

[姓名]

[日期]

第四节　土木类专业面试常见问题及应对策略

在土木建筑行业的面试中，招聘方通常会重点关注求职者的专业基础知识是否扎实、有没有相关项目经验和实习经历、解决问题的能力是否高效、抗压能力是否强大以及团队合作精神和吃苦耐劳的态度。面试官可能会通过提问或情景模拟来评估这些方面的能力。为了给招聘方留下良好的印象，求职者需要提前准备好相关案例，展示自己在实际工作中如何运用专业知识解决复杂问题，并且能够适应高强度的工作环境，与团队成员有效协作。此外，保持积极乐观的心态面对挑战也是成功的关键因素之一。以下是一些常见的面试问题及应对策略。

一、请介绍一下你在校期间参与过的项目或实习经历。（考察你有没有相关项目经验或实习经历）

应对策略：

在面试过程中，当被问及在校期间参与的项目或实习经历时，回答应注重条理性和针对性。首先，建议挑选与应聘岗位相关的 2～3 段核心经历进行阐述，避免过多赘述短期或无关的经历。每段描述应包括三个关键要素：背景、职责和成果。此外，回答时要突出具体能力的提升，例如自主学习能力、沟通协调能力或抗压能力等，并提炼出 2～3 个个人优势加以强调。这样的回答既展现了自己的实践成果，也体现了对未来工作的适应潜力，能够有效赢得面试官的认可。

举例：

在大二暑期，我有幸进入某知名设计院实习，主要负责协助团队完成初步设计方案的制定与优化。在此期间，我不仅深化了对专业技能的理解与应用，还通过改进设计流程中的部分环节，帮助团队提升了 20%的工作效率。这次实习让我切身体会到团队协作与细节管理的重要性，同时也锻炼了我的问题解决能力。大三假期，我参与了导师主导的一项课题研究项目，承担资料收集与数据分析的相关工作。这一经历极大地提升了我的信息搜集能力和逻辑分析能力，使我学会了如何从庞杂的数据中提炼出有价值的内容，为后续研究提供支持。这些实践经历让我更加明确了自己的职业方向，并积累了宝贵的职场经验。

点评：

仅仅陈述自己曾在某公司实习以及简单列举工作内容，往往显得空洞且缺乏吸引力。相反，通过具体事件结合量化成果来展现个人能力，能够显著提升说服力。像上面那样的表达方式不仅直观呈现了个人贡献，还通过实际案例证明了自身具备的能力，从而让面试官对候选人留下深刻印象。因此，在准备面试时，应着重提炼实习经历中的亮点，并以事实和数据为支撑，突出自身的专业素养与实践能力。

二、你在项目中遇到过哪些挑战？是如何解决的？（考察你解决问题的能力和抗压能力）

应对策略：

既然这个问题是考察解决问题的能力以及抗压性的，那么就要提前准备一些具体的案例，这些案例都是你实习或者说校园活动中遇到的一些突发状况，你最后又是通过什么样的方式解决的。因为一切都是按部就班完成的工作，只能说明你的执行力还可以，但是人的抗压性只有在面对猝不及防的逆境时才能体现出来。所以，回答这个问题的时候一定要侧重在状况的难度，以及你采取了什么样的措施从而最终解决了这个问题。

举例：

在某次实习期间，我负责协助组织一场大型校园招聘活动。活动前夕，由于合作方临时取消场地支持，导致原定计划无法执行。面对这一突发状况，我迅速调整思路，一方面紧急联系备用场地资源，另一方面与团队重新规划现场布置和流程安排。最终，我们不仅按时完成了场地更换，还确保了活动顺利进行。这一经历让我深刻体会到，冷静分析问题、快速制定解决方案以及高效执行的重要性，同时也锻炼了我的抗压能力。在面试中，通过类似案例的分享，不仅可以生动展示你的实际能力，还能让面试官更直观地感受到你在压力环境下的应对表现。这将为你的求职竞争力增添重要砝码。

点评：

职场中，逆境和挑战是不可避免的常态。企业之所以高度重视候选人的抗压能力，正是因为工作中难免会遇到各种突发问题和不如意的情况。如果一个人在面对困难时情绪失控或轻易放弃，往往难以在复杂的环境中有优异的表现。因此，在面试中，通过具体的案例展示自己冷静应对压力、积极解决问题的能力尤为重要。上面这样的回答不仅体现了良好的抗压性，还展示了冷静思考和解决问题的综合能力，而这正是企业在招聘过程中极为看重的核心素质。

三、你对某个特定领域的专业知识掌握如何？如请谈谈你对结构设计的理解。

应对策略：

在应届生面试中，面试官常会通过专业性问题来评估候选人的理论基础与实践能力。回答此类问题时需结合理论知识与实际案例，展示扎实的专业基础。为了有效应对这类问题，建议提前梳理并复习与目标岗位相关的核心知识点，确保对基础理论和行业规范有清晰的理解。

举例：

结构设计的核心目标是要在满足建筑功能需求的同时，兼顾安全性和经济性的平衡。具体而言，结构设计不仅要确保建筑物在各种荷载条件下的安全性，还需通过合理的材料选择和构造优化，实现成本的有效控制。我在校时曾参与了某项目结构设计，通过对不同结构体系的对比分析，选择了更为经济且符合安全要求的方案，并通过精细化设计减少了材料浪费。

点评：

这是结合理论与实践的回答方式，不仅清晰表达了自己对结构设计的理解，同时用实践案例展示了自己在实际工作中是如何运用这一理论的。不仅能展现扎实的专业功底，还能体现解决实际问题的能力，从而为面试表现加分。

四、你如何看待团队合作？（考察团队协作能力）

应对策略：

在土木工程项目中，无论是设计、施工还是项目管理，都需要多方面的专业人才协同工作。一个项目的成功不仅依赖于个人的专业技能，更在于团队成员之间的有效沟通与协作。在回答关于团队合作的问题时，可以通过具体事例来展示你的沟通协调能力和团队精神。

举例：

我认为不管从事什么工作，都离不开团队协作，因此团队协作能力是必备能力，我在校期间就已经十分重视培养自己这方面的能力了。大学期间，我参与了一次校园建筑模型设计大赛。在这个项目中，我们团队由来自不同专业的同学组成，包括建筑设计、结构工程和材料科学等。作为项目负责人之一，我负责整体的协调工作。在初期阶段，我们遇到了意见不一致的问题，尤其是在设计方案的选择上。为了解决这个问题，我组织了多次小组讨论会，并鼓励每个成员表达自己的观点。通过耐心倾听和积极沟通，我们最终达成了一致意见，并制定了详细的工作计划。

在实施过程中，我也密切关注每位成员的工作进度，及时解决他们在工作中遇到的困难。比如，当我们的结构工程师在计算荷载时遇到了技术难题，我主动联系了学校的教授寻求帮助，并将解决方案分享给团队成员。通过这种支持和协作，我们最终按时完成了高质量的设计作品，并获得了比赛的一等奖。

点评：

首先亮明观点，我认为团队协作能力是工作中的必备能力，因此我十分重视培养这方面的能力，然后通过案例不仅展示了你在团队中的领导力和沟通协调能力，还体现了你对团队成员的支持和对任务的责任感。这将有助于你在面试中给面试官留下深刻的印象。

五、你对未来的职业规划是什么？（考察你的职业发展与公司长期发展战略是否匹配）

应对策略：

有没有清晰的职业规划，除了能考察你加入行业的决心之外，还能侧面反映你的战略思维及抽象思考能力。土木建筑行业作为国民经济的重要支柱产业之一，不仅具有广阔的发展前景，同时也为个人提供了实现职业理想的良好平台。在面试中首先要清晰地表达对这一行业的热爱与规划，其次可以通过对短期目标和长期目标的阐述展示你加入行业的决心以及你的思考能力。这样的规划既符合土木建筑行业对高素质复合型人才的需求，也能够体现出你对未来发展的深思熟虑和坚定信心。

举例：

我希望从事土木建筑行业，因为这是一个非常有发展前景的行业，同时也是能体现我个人价值的行业，因为我从小的愿望就是能成为一名头戴安全帽的工程师。为了这一理想，我在大学期间就思考过个人未来的职业发展，制定了短期目标和长期目标，希望在毕业后的前两年内，通过积累实际工作经验，逐步提升自己的专业技能，争取成为一名合格的项目工程师。在这个阶段，我愿意接受各种挑战，已做好了吃苦的准备，就是希望能通过积极参与各类工程项目而快速成长并为公司创造价值；在未来5～10年内我将继续逐步提升自己的管理能力和技术水平，最终目标是希望成为项目经理或技术专家。

点评：

通过这样的回答，不仅能展示你对土木建筑行业的热情，还能让面试官看到你对未来有明确的规划和积极的态度，从而增加你在面试中的竞争力。

六、你有考公务员或考研究生的计划吗？

应对策略：

面试官在问这个问题时其实是在测试你就业的决心，如果你表现犹豫，都有可能让面试官给你减分。因此正确的回答是："虽然考研究生是我的一个备选方案，但我更希望先通过实际工作积累经验，明确自己的发展方向后再决定是否继续深造。"

分析：

在应届生面试中，求职者常常会被问及是否计划考公务员或考研究生。很多求职者会下意识地如实回答："我确实打算考公务员或考研究生。"然而，这样的回答可能并不利于获得企业的录用机会。事实上，无论是考公务员还是考研究生，都存在一定的不确定性，并不能保证一定成功。而一旦错过了校招机会，又未能如愿考上，便可能导致就业进程的延误。此外，人的职业目标并非一成不变。也许在面试时你的确将考公务员或考研究生作为优先选项，但随着时间推移和环境变化，你的想法可能会发生转变，转而更倾向于直接就业。因此，在面对这类问题时，求职者的出发点应当明确：既然选择参加企业面试，目标就是争取获得这份工作机会。否则，不仅浪费了面试官的时间，也可能错失一次宝贵的职业发展契机。基于此，我们的应对策略应围绕如何最大化获取企业offer的可能性展开。

七、你对工作地点有什么要求？

应对策略：

我对工作地点没有特殊要求，现阶段我主要是以提升自己的工作能力，积累职场经验为主，只要公司能提供足够的发展空间和平台，我完全服从公司的安排。

点评：

土木建筑行业因其工作性质，往往具有较高的流动性，这就使得企业在招聘过程中尤为注重对应聘者服从性的考察。在面试中，企业通常不会直接询问“你是否能接受工作地点的变动”，而是会通过更隐晦的方式进行测试，例如提问：“你对未来的工作地点有什么期望？”面对这样的问题，许多应届生可能会下意识地回答：“我希望能在离家近的城市工作。”即便随后补充一句“如果没有合适的，我也愿意接受较远的地方”，企业依然可能认为你对工作地点存在一定的偏好或限制。因此，在回答此类问题时，建议完全避免提及具体的地点偏好。正确的应对方式是将重点放在个人职业发展的规划上。

八、你对薪资有什么要求？

应对策略：

可以基于自身当前的实际情况简单说明，而不主动提出具体的薪资数额或强硬要求。这样既能展现对自身价值的认知，也能避免因要求过高而错失机会。同时，需认识到第一轮面试的核心目的在于双向了解，而非立即敲定薪资细节。过早聚焦于薪资可能让企业认为你过于功利，从而影响整体评价。例如，可以这样回答，我相信公司会量才适用，根据我的能力来定一个合理的薪资，因为我当前还是一个行业小白，所以相比薪资我更关注公司是否能提供一个适合应届生成长的平台。

点评：

作为应届毕业生，在面试过程中谈论薪资问题时需保持谨慎。由于缺乏实际工作经验，应届生通常不具备与企业讨价还价的资格。当面试官询问期望薪资时，这更多是一种测试，而非真正开放的谈判空间。无论是否明确提出薪资要求，企业通常不会为了单一候选人破例调整其既定的薪酬体系。大部分企业的薪资结构经过系统化设计，针对不同岗位和职级均有明确标准，上下浮动的空间极为有限。

九、你为什么选择我们公司？

应对策略：

在回答这个问题时，首先要展示出你对公司进行了全面而深入的研究。这包括了解公司的业务范围、企业文化以及近期的重要项目等信息。通过这些研究，你可以更清晰地阐述自己为何认为该公司是实现个人职业目标的理想平台。

具体来说，在准备阶段，可以通过访问公司官网、阅读行业报告或新闻稿等方式收集相关信息。此外，还可以尝试联系在该公司工作的校友或其他业内人员，获取第一手的经验分享，以加深对企业的理解。在面试中，结合自身的职业规划来表达对加入该公司的渴望。例如，如果企业正在参与一些与你的专业背景相匹配的重大工程项目，可以强调这一点，并说明如何期待利用所学知识为项目贡献自己的力量；或者，如果你发现这家公司的文化非常符合你的价值观和发展愿景，也可以将其作为选择的理由之一进行说明。总之，通过展示你对企业的深刻认识和个人职业生涯规划之间的紧密联系，能够有效地传达出你是经过深思熟虑后作出的选择，从而给面试官留下积极的印象。

十、你对我们公司有什么想要了解的？

应对策略：

在面试过程中，提问环节是展示你对公司兴趣和职业规划的重要机会。土建类专业毕业生应当抓住这个机会展示自己对公司的兴趣以及对未来工作的认真态度。避免直接询问薪资、福利等信息，这可能会给面试官留下只关注个人利益的印象。以下是几个关键问题及其考察目的，可以帮助你在面试中给公司留下良好印象，并体现你的深思熟虑：

1. 晋升体系

问题：假如我有幸入职贵公司的话，请问我在当前职务上，晋升的下一个岗位是什么？

考察目的：了解公司是否有明确的晋升体系，以及你未来的职业发展路径。

2. 晋升标准

问题：贵公司晋升到该岗位最快用了多久的时间呢？您觉得他是做对了哪些事才使得他得以晋升呢？

考察目的：了解公司是否具有明确的晋升标准，以及成功晋升的关键因素。

3. 个人努力方向

问题：那么我需要做些什么才能让我尽快晋升到下一个岗位呢？

考察目的：进一步确认公司的晋升标准，并获取具体建议，以便于你在工作中有针对性地提升自己。

4. 培训体系

问题：贵公司针对应届生，都会提供哪些方面的培训内容呢？

考察目的：了解公司是否重视应届生的培养，以及是否有完善的培训体系来帮助新员工成长。

5. 应届生支持措施

问题：针对入职后表现欠佳的应届生，公司会采取什么样的措施呢？

考察目的：了解公司在面对应届生表现不佳时的态度和支持措施，判断公司对应届生的整体友好程度。

通过这些问题，可以全面了解公司的晋升机制、培训体系以及对应届生的支持情况，从而更好地评估公司是否适合你的职业发展。同时，这些问题也能向面试官展示你对职业发展的认真态度和对公司文化的关注。

在应届生面试过程中，求职者往往会面对各种类型的问题，包括常规性提问、情景模拟题以及一些看似刁钻的开放式问题。这些问题的设计目的在于全面考察应聘者的专业能力、逻辑思维、应变能力以及与岗位的匹配度。因此，应届生需要始终保持以不变应万变的心态，即围绕目标岗位的核心需求和关键能力来组织自己的回答。这种策略不仅能确保回答内容紧扣主题，还能有效避免因问题复杂或意外而偏离方向。为了更好地应对多样化的问题，建议应届生在每次面试前充分准备，包括了解企业背景、岗位职责及行业动态，同时梳理自身的实习经历、项目经验和技能优势。通过将个人特点与岗位需求有机结合，展现出高度的契合感和明确的职业目标。在整个过程中，保持清晰的思路、自信的态度以及良好的沟通技巧，是赢得面试官青睐的关键所在。

第五节　展现专业能力与沟通能力的技巧

一、展现专业能力的技巧

应届生作为职场新人，通常缺乏实际工作经验，这使得在面试中展现专业能力成为一项挑战。然而，专业能力的展示不仅是对应聘岗位胜任力的证明，更是赢得招聘方信任的关键因素。尽管经验不足可能成为短板，但通过充分准备和有效表达，应届生依然能够在面试中突出自身专业能力方面的优势。以下是一些有效的策略：

考试成绩：

通过提及大学期间的专业课程考试名次，可以直观地证明学术能力和专业知识掌握程度。考试名次不仅是学术能力的直观体现，也能有效证明你对专业知识的掌握程度。例如，若你在结构力学、土力学等核心课程中取得了优异成绩或名列前茅，可以在面试中适当提及这些具体成就。这不仅能增强面试官对你专业素养的认可，还能为你的能力提供有力的背书。此外，如果某些课程与应聘岗位高度相关，可以进一步结合实际案例说明这些知识如何帮助你解决实际问题，从而更全面地展现你的专业能力。

专业技能比赛：

参与并获奖的专业技能比赛是展示实践能力和专业素养的重要途径。无论是校内还是校外的比赛，例如结构设计大赛、桥梁模型制作比赛等，这些经历都能够有效证明你在实际操作中的表现和创新能力。通过比赛，你不仅能积累实践经验，还能培养解决复杂问题的能力，这对于未来的职业发展至关重要。

在面试中，可以详细描述参赛的过程，包括团队合作的细节、技术难点的攻克以及最终取得的成果。例如，在结构设计大赛中，你可能需要从零开始设计一个建筑模型，并通过反复试验优化其性能；或者在桥梁模型制作比赛中，你需要综合考虑材料选择、承重能力以及成本控制等多方面因素。这些具体的案例不仅能展现你的专业知识，还能突出你的逻辑思维和创新能力。

此外，如果你在比赛中获得了奖项或荣誉，这将成为你简历中的亮点。在面试中，可以结合具体的比赛成果，说明你如何通过努力克服挑战，最终达成目标。这样的经历不仅能增强面试官对你的信任，也能让你在众多候选人中脱颖而出。因此，积极参与专业技能比赛，并将这些经验转化为面试中的有力证明，是展现专业能力的有效方法之一。

学习能力：

在应届生面试中，展现学习能力是赢得企业青睐的重要一环。学习能力不仅体现在课堂知识的掌握上，更在于如何主动获取新技能并将其应用于实践。例如，可以强调自己在课余时间通过自学掌握了与专业相关的软件工具，如 AutoCAD、Revit 等，并说明这些技能如何帮助你更好地完成课程设计或实习任务。此外，参加行业相关的培训课程或考取专业证书（如英语四六级、BIM 等级认证等）也是体现学习能力的重要佐证。

同时，在项目合作中的快速适应和解决问题的能力同样能够展现你的学习潜力。例如，可以分享一次团队项目经历，讲述你如何在面对陌生领域或突发问题时，迅速查阅资料、请教他人，并最终找到解决方案的过程。这种“边学边干”的能力正是企业在应届生中非常看重的素质之一。通过具体事例来展示你的学习能力和成长轨迹，能够让面试官更加直观地感受到你的专业潜力和发展空间。

二、展现沟通能力的技巧

良好的沟通能力是职场中不可或缺的核心技能，尤其在土木建筑行业这种需要频繁与人打交道的领域，其重要性更加凸显。建筑项目通常具有高度的复杂性，涉及跨专业、跨部门甚至跨机构的合作。无论是与政府对接、与业主协商、与监理沟通，还是协调各专业分包商和内部团队，都需要从业者具备出色的沟通技巧。对于土木建筑行业的毕业生而言，仅仅掌握专业知识和技术能力是远远不够的。如果无法清晰表达自己的想法、准确理解他人的需求，并在多方协作中找到平衡点，便难以胜任实际工作中的各种挑战。

此外，在职场中，沟通能力不仅体现在平级之间的协作上，更体现在如何有效地进行“向上沟通”。例如，及时向领导汇报工作进展、主动展示自己的成果，能够让上级更好地了解你的能力和贡献。反之，如果只会埋头苦干而不懂得沟通，可能会导致自己的努力被忽视，从而错失发展机会。因此，沟通能力不仅是提升职业素养的重要一环，更是实现个人价值和职业目标的关键因素。对于即将踏入土木建筑行业的大学生来说，尽早意识到这一点，并通过实践不断磨练这一技能，将为未来的职业发展奠定坚实的基础。

因此，面试官在评估候选人时，往往会重点关注其是否具备清晰表达观点、有效传递信息以及与他人建立良好互动的能力。这是因为，无论是在团队协作、客户对接还是日常事务处理中，沟通能力都直接影响工作效率和人际关系的质量。那如何在面试时展示自己的沟通能力呢？具体而言，可以从以下几个方面来展示你的沟通能力。

1. 使用简洁语言，明确表达意图

良好的沟通能力首先体现在语言简洁明了，避免使用过于专业或复杂的术语，尤其是在面对非技术背景的面试官时。通过条理清晰的叙述，能够让对方迅速抓住你所要表达的重点。例如，在描述过往经历或项目经验时，可以采用“背景—问题—行动—结果”的结构来组织语言，使内容更具逻辑性和说服力。沟通的核心目的是让对方准确理解你的意思，因此避免使用生僻或晦涩难懂的语句是一项基本要求。如果你无法用简单易懂的语言解释复杂的问题，那么很难被认为具备出色的沟通能力。

此外，有效的沟通不仅是单向地表达自己的观点，更重要的是关注对方是否能够准确理解和接受这些信息。这需要你在表达过程中注意观察面试官的反应，适时调整自己的表述方式。例如，当发现对方对某一话题表现出疑惑时，可以通过补充说明或换一种表达方式来帮助对方更好地理解。

2. 倾听与反馈

在面试中展示自己的沟通能力，不仅是通过流畅的表达来体现，更重要的是展现你对双向互动的理解和实践。有效的沟通是一个动态的过程，既包括清晰地传递信息，也涵盖积极地倾听和反馈。会听的人才能更好地表达自己，因为倾听不仅是对对方的尊重，更是获取关键信息的重要途径。表现出对面试官话语的兴趣，能够鼓励对方更愿意分享企业的核心需求与职位的具体期望。

为了展现你的倾听能力，在面试中应给予面试官充分的时间和空间来表达他们的观点，避免急于打断或过早地转向自己的回答。通过适当的肢体语言（如点头、保持眼神交流）和口头确认（例如“我明白您的意思了”或“您提到的这一点非常重要”），可以向面试官传递出你在认真倾听并理解他们的意图。此外，适时提出相关问题以确认自己是否正确理解了对方的意思，例如“您刚才提到的团队协作具体是指哪些方面的工作？”这种主动澄清的行为不仅体现了你的细致和专注，还能进一步增强双方之间的互动性。

值得注意的是，能说并不等于沟通能力强。很多求职者误以为在面试中滔滔不绝地展示自己是一种优势，但实际上，如果忽视了面试官的反馈或未能准确回应对方的关注点，反而可能适得其反。有时候，倾听本身就是沟通能力的一种重要体现。通过倾听，可以捕捉到面试官话语中的潜在需求，并针对性地调整自己的回答，从而更精准地展示你的匹配度。

因此，在面试中，如果你能够向面试官传递出对其提问和观点感兴趣的态度，那么面试官也会对你展现出更多的善意和关注。这种积极的互动不仅能提升你的面试表现，还能帮助你更深入地了解企业和职位的实际需求，为后续的职业选择提供更有价值的参考。总之，沟通能力的核心在于平衡表达与倾听，只有在双向互动中展现出你的专业素养和人际敏感度，才能真正赢得面试官的认可。

3. 及时表达共情，建立情感连接

在面试过程中，及时表达共情并建立情感连接是一项能够显著提升沟通效果的重要能力。共情不仅是简单地理解对方的情绪和想法，更在于通过语言和行为展现出你对这些情绪和想法的尊重与回应。这种能力能够帮助你在短时间内拉近与面试官之间的心理距离，营造一种轻松、融洽的交流氛围，从而为你的表现加分。

具体而言，共情的核心在于换位思考，即站在对方的角度去理解问题，并给予适当的反馈。例如，当面试官提到某些具体的岗位挑战或团队协作中的难题时，你可以通过诸如“我理解这对您来说可能是一个需要平衡多方需求的情况”这样的表述，展现你对问题的深刻理解和对他人的关注。同时，避免一味地强调自己的观点或经历，而是更多地倾听对方的需求，并结合实际经验提出有针对性的回应。

此外，在面试中表达共情还需要注意语气和肢体语言的运用。真诚的微笑、适度的眼神接触以及温和而坚定的语调，都能够传递出你的诚意和专注。例如，当面试官用充满自信及自豪的语气来介绍企业及职位时，你可以用微笑点头来表示你的认同，或者用简短的回应如“通过您的描述我觉得这真的是一家值得选择的企业”来表明你在认真倾听并理解了他想传递的信息。

总之，共情能力不仅能帮助你更好地理解面试官的需求和期望，还能让对方感受到你的真诚与专业性，从而更容易赢得信任和支持。这种能力在应聘需要频繁沟通协调的岗位（如施工员、商务专员等）时显得尤为重要。通过有意识地练习和运用共情技巧，你将能够在面试中展现出更为成熟和全面的沟通能力，为成功争取职位奠定坚实基础。

案例 1

一位应聘项目经理岗位的候选人，在面试结束后向笔者抱怨道：“他们问的都是一些基础技术层面的问题，这难道是项目经理应该关注的重点吗？我甚至怀疑这家公司并不是在招聘项目经理，而是在招聘施工员。”然而，企业的反馈却同样令人深思，他们认为这位候选人技术底子不够扎实，整体表现与岗位需求存在较大差距。最终，双方未能达成共识，结局自然也不尽如人意。

分析

这种情况的根源在于双方缺乏换位思考的共情能力。从企业的角度来看，尤其是在新进入某一领域时，他们对岗位的工作内容可能存在认知上的局限性，因此更倾向于从技术层面考察候选人是否具备基本的专业素养。而作为应聘者，如果能够理解企业的这一背景，并在回答问题时展现出更多的耐心和包容心，不仅可以缓解面试中的紧张氛围，还能通过清晰的表达和积极的引导，帮助面试官更好地聚焦于岗位的核心需求，即项目经理所需的沟通协调能力、成本控制意识以及团队管理经验。当候选人能够在面试中站在企业角度思考问题，并通过实际行动传递出自己的专业素养与综合能力时，便更容易赢得面试官的认可，从而为自己争取到更多的机会。

案例 2

一位应聘项目经理职位的候选人因被认为沟通能力不足而未能通过面试。当面试官将这一反馈告知他时，他显得非常不解，甚至质疑企业的招聘诚意，认为自己在面试过程中已经充分表达了观点，“该说的都说到位了”。然而，从专业的角度来看，这位候选人的沟通方式实际上存在明显的局限性。

分析

沟通能力强不仅体现在“能说”或“会说”，而是需要满足三个关键维度：首先，能够准确理解对方表达的核心内容；其次，通过适当的回应让对方知道你确实理解了他的意思；最后，清晰地传递自己的信息，确保对方能够准确接收并理解你的意图。要做到这些，核心在于学会站在对方的立场思考问题，从而判断对方的关注点是什么，并确认自己的表达是否真正被接收和认同。

反观这位候选人，他在面试过程中始终以自我为中心，专注于阐述自己对每个问题的回答，却忽略了面试官提问背后的深层次意图。这种单向的表达方式，显然无法满足项目经理岗位对沟通协调能力的高要求。优秀的沟通者懂得察言观色，能够通过对方的表情、语气等非语言信号判断沟通效果，并及时调整策略。而这位候选人在面试中既没有观察到面试官的反应，也没有主动确认自己的回答是否切中要害，最终导致沟通效果大打折扣。这种以自我为中心的沟通方式，不仅难以赢得面试官的认可，还可能在未来的工作中影响团队协作与项目推进。

第六节　面试前的准备与心态调整

一、面试前的准备

面试前的准备对于土建类专业毕业生来说至关重要，这不仅能提升个人自信心，还能增加获得心仪职位的机会。准备工作包括了解公司基本情况、熟悉所应聘岗位职责、准备简历、常见面试问题的梳理、公司路线、面试着装以及携带必要的个人资料。

1. 了解公司基本信息

在面试前，深入了解应聘公司的背景信息和发展方向是展现职业素养的重要环节。这不仅能帮助求职者更好地判断自身与岗位的契合度，还能在面试中表现出对公司文化的认同和对职位的热情。获取这些信息的渠道多种多样，包括公司官网、社交媒体平台、行业报告，以及通过校友或在职员工的交流等。

具体而言，可以从以下几个方面入手：首先，了解公司的成立时间。通常来说，成立时间越悠久的企业，其组织架构和发展模式往往更为稳定，抗风险能力也较强。

其次，关注公司的资质等级。资质不仅是企业实力的直接体现，也在一定程度上决定了其在行业内的竞争力。具备较高资质等级的公司，不仅能为员工提供更优质的资源和平台，还有助于个人在未来积累更具分量的工程业绩。

再次，业务经营范围也是需要重点关注的内容。一些大型企业采取多元化经营模式，涉足多个领域，这类公司能够为员工提供更广泛的发展方向和跨领域的学习机会；而专注于细分赛道的企业则有助于员工深耕专业领域，提升技术深度和行业影响力。两者各有利弊，求职者应根据自身的职业规划作出选择。

最后，深入了解公司的价值观、使命、愿景以及发展历程。这些内容反映了企业的核心文化和长期目标，是判断自己是否适合这家公司文化氛围的重要依据。同时，在面试中展现出对这些方面的理解与认同，也能让面试官感受到你对公司的关注与兴趣，从而提高求职成功率。

2. 熟悉岗位职责

（1）了解岗位职责的必要性

在面试前，求职者应首先仔细阅读并深入理解应聘岗位的工作描述（Job Description，简称 JD），明确其核心职责与具体要求。特别需要注意的是，JD 中通常会包含企业对该岗位的人才画像，这能够帮助求职者清晰了解岗位所需的技能、经验和综合素质。通过将自身的能力与岗位需求进行匹配，可以更好地评估自己的适配程度，并在面试中展现出针对性的优势。

深入分析岗位职责不仅有助于求职者紧扣岗位要求展示自身能力，还能避免被面试官的提问带偏方向。一些面试官可能会通过反向提问或假设性问题来测试求职者的实际能力和应变水平。因此，提前逐条剖析岗位职责显得尤为重要。例如，针对施工单位对接、工程进度管理等具体职责，求职者可以结合过往的实践经验，准备好相关的案例和解决方案，从而在面试中更加从容应对。

此外，通过对岗位职责的全面解读，求职者可以清晰预见入职后需要承担的具体工作内容，并据此提炼出能够体现自身专业能力和适应性的关键点。这种充分的准备不仅能显著提升面试的成功率，还能让求职者在面对各类潜在问题时表现得更加自信和专业。总之，岗位职责的深入分析是面试准备的核心环节，也是赢得企业青睐的重要基础。

（2）如何解读岗位 JD

一份完整的岗位 JD 通常由两大部分组成：工作职责和任职要求。在工作职责部分，需要通过逐条分析岗位职责的描述，梳理出以下关键内容：该职位日常对接的内外部关系，例如需要与哪些部门或外部单位协作；该岗位的直接上级汇报对象，明确工作的主要负责人；以及该岗位所需具备的核心能力，例如项目管理、沟通协调或技术专长等。这些信息能够帮助求职者清晰了解岗位的具体任务及所需的综合能力。

在任职要求部分，除了硬性条件如学历、专业、工作经验等基本门槛外，还需重点关注软性素质的描述。例如，是否强调吃苦耐劳、团队合作、服从安排或抗压能力等特质。这些软性素质往往是企业在筛选候选人时的重要考量因素。因此，在面试过程中，求职者应结合岗位 JD 中的相关描述，有针对性地展示自己在这些方面的能力和经验，以提升与岗位的匹配度。

案例 3

某建筑企业土建施工员的岗位 JD

岗位职责：

①熟悉工程相关标准及施工工艺，根据图纸按要求施工；
②协助栋号长做好项目现场进度、质量、安全等方面的管理；
③督促施工材料、设备按时进场并处于合格状态，确保工程顺利完工；
④检查、记录当天完成的工作内容、质量情况、进度；
⑤完成上级交代的其他工作。
任职要求：
①大专以上学历、工程管理或相关专业毕业；
②有房建、市政施工单位施工员岗位实习经验；
③了解土建工程项目现场施工管理流程，会看图纸，现场组织、协调能力强，会用相关软件；
④有一定的沟通交际能力，能吃苦，责任感强，具有团队合作精神；
⑤能够服从公司统一安排。

分析

以上是一份土建施工员的岗位 JD，从岗位职责描述中看到该岗位的直接汇报对象可能是栋号长；内外需要协调的是施工材料以及设备，那么材料及设备归哪个部门管理就是面试时需要了解的情况；需要的核心能力是需看懂图纸（熟悉工程相关标准及施工工艺，根据图纸按要求施工）；从任职资格中看到软性素质要求是能吃苦、有责任心、服从公司安排、有一定的沟通协调能力。

案例 4

某建筑幕墙公司施工员岗位 JD
岗位职责：
①在项目经理的领导下，执行有关施工生产计划、指令、文件，并对信息进行反馈。
②协助组织编制生产计划及材料需用计划并监督执行。
③根据施工计划，安排劳务施工队进行幕墙安装工作。
④负责文明施工、安全生产和施工环境的管理、控制。灵活协调各施工单位，处理突发事件。
⑤完成上级领导交代的其他工作。
应聘要求：
①大专及以上学历，土木工程或工程管理等相关专业。
②工作经验不限。
③能够熟练操作 Office 办公软件、CAD 等绘图软件。
④具备较强的现场综合协调能力，较好的语言表达能力。
⑤工作勤奋、踏实、认真，能够承受压力，具有较强的团队整合能力。
注：工作地点为长三角区域（上海、江苏、浙江），具体工作地点服从公司分配。

分析

该岗位是施工员，汇报对象有可能是项目经理，请在看简历的时候一定要注意类似描述：在××带领下完成什么样的工作，或者说协助××完成什么样的工作，类似这样的描述里面就体现了你未来的汇报对象以及内外协调的部门有哪些；需要对接协调的部门包括生产部、劳务分包等（协助组织编制生产计划及材料需用计划并监督执行、根据施工计划安排劳务施工队进行幕墙安装工作）；需要的核心能力是沟通协调能力（负责文明施工、安全生产和施工环境的管理、控制。灵活协调各施工单位，处理突发事件）。从任职资格看，需要的软性素质是协调能力、抗压性、团队协作能力、资源整合能力、服从安排（具备较强的现场综合协调能力，较好的语言表达能力）；工作勤奋、踏实、认真，能够承受压力，具有较强的团队整合能力；工作地点为长三角区域（上海、江苏、浙江），具体工作地点服从公司分配。

3. 简历回顾

在面试前，回顾并优化简历是求职过程中不可忽视的重要环节。首先，确保简历中的所有信息均为最新且准确无误，包括个人基本信息、教育背景、工作经历及业绩成果等。这不仅有助于展现你的专业性，还能避免因信息错误导致的尴尬局面。其次，针对简历中提到的工作经历、核心技能和主要成就，准备一些具体的案例作为支撑。例如，可以详细梳理实习期间负责的项目、课程设计中解决的实际问题或参与竞赛时取得的成果。这些实例不仅能帮助面试官更直观地了解你的能力，也能让你在回答问题时更加自信流畅。通过这种方式，简历不仅是过往经历的总结，更是展示个人价值的重要工具。

4. 路线规划

在面试前，务必提前规划好前往公司的路线，确保能够准时到达。建议在面试前一天实地考察一下路线，以避免因交通堵塞或其他意外情况导致迟到。面试时千万不要迟到，特别是对于心仪的公司。迟到不仅会给面试官留下不好的印象，还可能使公司认为你缺乏时间观念和责任感，从而对你的其他能力产生怀疑。准时到达不仅能展示你的专业素养，还能为你赢得更多的面试机会。

5. 着装准备

面试着装是求职过程中不可忽视的重要环节，尤其对于土建类专业毕业生而言，得体的着装能够有效展现个人的职业素养与对岗位的重视程度。在面试前，建议准备一套整洁、专业的正装，例如西装套装，并确保衣物干净平整，整体形象清爽干练。即便所应聘的岗位对仪表要求不高，也应避免穿着过于随意或不修边幅，以免给面试官留下不良印象。尤其是涉及商务洽谈或对外沟通性质的岗位，个人形象更可能直接影响录用结果。因此，注重面试着装不仅是对面试官的尊重，更是对自身职业发展的负责表现。

6. 常见问题准备

在面试前，土建类专业毕业生应提前思考并练习回答一些常见的面试问题，例如“请介绍一下你自己”“为什么选择我们公司？”以及“你的职业规划是什么？”“你对我们公司有什么想要了解的？”等。这些问题不仅考察了个人背景和动机，还反映了对未来的规划和目标。特别是针对可能涉及的专业技术问题，要确保自己有足够的准备，以便能够清晰、准确地展示自己的专业能力和知识。为了更好地应对面试，建议进行几次模拟面试。通过模拟面试，可以提升自己的表达能力，同时也能帮助你更加自信地面对真实的面试场景。

关于更多面试问题的准备，可以参考本书的“面试常见问题及应对策略”章节，以获得更全面的指导。

7. 携带必要材料

在面试前，土木类毕业生需要准备所有必需的文件资料，包括简历、成绩单和获奖证书等，并确保这些材料整洁有序。尽管部分公司会提前打印好你的简历，但自行携带简历和其他相关文件不仅体现了你对此次面试的重视程度，还能给面试官留下良好的第一印象。此外，对于一些特别注重业绩证明的企业来说，提前准备好相关证明材料更有可能在众多候选人中脱颖而出。

二、面试前的心态调整

良好的心态不仅能帮助你在面试中更好地展示自己，也是未来职业生涯中不可或缺的重要素质。因此，面试前的心态调整至关重要。

1. 保持放松的心态

很多同学一想到面试便感到紧张，这其实是正常现象，首先学会保持放松的心态，因为过度紧张不仅会限制你的思维发挥，还可能影响你在面试中的表现。因此，通过深呼吸、正面思考等方法来缓解紧张情绪是非常有帮助的。其次，展现出自信和从容的态度能够给面试官留下深刻印象，增加获得职位的机会。记住，良好的心理状态是成功面试的基础之一。

2. 保持不卑不亢

在面试过程中，土建类专业毕业生应当注意自己的态度和表现。一方面，不要表现出过分急切地想要获得该岗位，因为这可能会让你在薪酬谈判和其他条件协商中处于被动地位；另一方面，也不应显得过于高傲冷淡，以免给面试官留下不好的印象。总体而言，保持不卑不亢的态度最为适宜。具体来说，可以适度表达对企业的认可和兴趣，同时也可以委婉地表明自己对于工作机会的选择有一定的标准和期望。这样既展示了你的专业素养，也为自己争取到了更多的主动权。

3. 面试官极度不友好怎么办？

在面试过程中，部分企业会采用压力面试的方式，通过制造一些尴尬情境来考察应聘者的抗压能力和应变能力。面对这种情形，土建类专业毕业生应当保持冷静，以平和且专业的态度应对。面试官可能会通过尖锐的问题、刻意的难堪或特殊的环境布置等方式，测试你在极端情况下的反应。因此，在准备面试时，除了专业知识和技能的复习外，还应注重心理素质的培养，学会如何在紧张的情况下保持镇定，并有效地表达自己的观点。这样不仅能展现出你的专业素养，还能体现良好的心理承受能力，从而给面试官留下深刻印象。

4. 做好最坏的打算，往最好的方向去努力

即使经过了充分的准备和调整，你可能仍然会感到紧张。这时，不妨告诉自己，即便未能通过面试也无妨，将其视为一次宝贵的经验积累。这样的心态有助于减轻压力，使你在面试过程中更加从容不迫。记住，每次面试都是一个学习和成长的机会，它将为你的下一次表现提供宝贵的参考。以积极的态度面对每一次挑战，不断提升自我，最终会找到最适合自己的岗位。

案例 5

近期一位求职者因在面试中未向企业提出任何问题，被企业解读为对该职位缺乏热情，最终遭到拒绝。企业在面试环节通常会预留时间询问候选人是否有想了解的内容，这不仅是考察候选人对企业及岗位的关注度，也是双向选择的重要体现。因此，无论你是否对这家公司抱有强烈兴趣，都应在面试前充分准备，列出希望了解的问题清单。当企业询问时，切勿简单回答“没有问题”，而是应抛出经过深思熟虑的问题。这不仅能展现你的职业态度，还能为你争取更多的选择机会。即使内心对该企业兴趣有限，也应保持专业姿态，避免因过早暴露真实想法而错失潜在机遇。

案例 6

某大型央企下属咨询公司招聘分公司负责人，候选人的履历背景与岗位要求高度契合，并且在长达两个小时的面试中表现出色，最终却因形象问题被企业婉拒。企业在作出这一决定时虽经历了一番权衡，但依然认为，该岗位需频繁出席商务场合，良好的外在形象对工作开展至关重要。由此可见，对于涉及对外事务或商务性质的岗位，候选人应在面试中注重仪表和着装。尽管外貌是先天条件，无法改变，但通过得体的穿衣打扮可以有效提升整体形象，从而弥补不足。合适的着装不仅体现对面试的重视，也能增强自信，为求职者赢得更多机会。

案例 7

一位来自大型国企的高管因参加面试迟到 10 分钟，导致双方未能达成进一步合作意向。虽然企业方并未当场表现出不满，但最终反馈却是“感觉不对”。这位候选人平时工作繁忙，能够抽出时间参加面试已属不易，但由于迟到，她不仅感受到企业的冷淡态度，也对企业产生了负面印象，最终双方不欢而散。

这一案例提醒我们，企业在安排面试时通常会精心规划时间，尤其是高层领导参与的面试，往往会在紧凑的日程中预留出特定时段。一旦候选人迟到，不仅压缩了面试时间，还可能打乱企业的整体安排，从而影响面试官对候选人的评价。此外，迟到行为容

易让企业认为候选人缺乏时间观念和职业素养。因此，作为求职者，务必高度重视面试的准时性。提前规划行程、预留充足的时间应对突发状况（如交通堵塞等），并在遇到不可抗力导致可能迟到时，及时与企业沟通说明情况，都是确保面试顺利进行的重要举措。准时不仅是对企业的尊重，更是展现自身职业素养和责任感的第一步。

第七节　实习与项目经验的重要性

大学期间参与实习是提升职业竞争力的重要途径，尤其对于计划本科毕业后直接就业的学生而言，这一环节显得尤为必要。在校园招聘中，拥有实习经历的毕业生往往比缺乏实践经验的学生更具优势。究其原因，学习的最终目标是为了实现更好的就业，而实习正是连接校园知识与职场实践的关键桥梁。通过积极参与校内外实习，学生不仅能丰富个人简历内容，还能在实际工作中锻炼和提升专业技能，为未来的职业发展奠定基础。

实习的核心价值在于帮助学生提前接触真实的职场环境，了解行业运作模式以及岗位的具体要求。这种体验不仅能消除对职场的陌生感，还能让学生更清晰地规划自己的职业方向。同时，校内项目经验同样不可忽视，它展现了学生在团队协作、问题解决以及主动学习方面的能力，这些都是企业在招聘时极为看重的素质。接下来，我们来了解一下实习经历到底是如何提升职业竞争力的。

1. 丰富简历内容，提升面试概率

在大学期间参加实习或参与校园项目，对于应届生而言具有重要意义。一份精心准备的简历能够显著增加获得面试的机会，从而提升就业概率。然而，由于缺乏实际工作经验，许多应届生在撰写简历时常感到无从下手。此时，校内外的实践经历便成为解决这一问题的关键所在。无论是暑期或寒假为期一个月的短期实习，还是参与校园内的科研项目、竞赛或社团活动，这些经历都能为简历增添亮点。它们不仅展示了你对职场环境的初步认知，还能够突出你的学习能力、适应能力以及团队合作和领导力等核心素质。通过合理提炼和呈现这些经历，你的简历将更加充实且具备说服力，从而有效提高获得面试机会的可能性。因此，大学生应重视并积极参与各类实践活动，为未来的职业发展奠定坚实基础。

2. 提前了解职场，为正式就业做准备

职场环境与校园生活之间存在显著差异，这种差异常常使许多应届毕业生在面对就业时产生抵触情绪。究其原因，这种心理状态多源于对未知环境的恐惧和缺乏了解。人类天性中对不熟悉的事物抱有一定的抗拒感，这是一种正常的心理反应。然而，为了缓解这种焦虑，在校期间的实习经历显得尤为重要。通过实习，学生能够提前接触并深入了解未来工作的真实面貌，逐步适应职场氛围，从而减轻对未知环境的不安感。同时，实习也有助于增强学生的自信心，为正式踏入工作岗位做好充分的心理准备。

对土建类专业的学生而言，实习的价值尤为突出。由于该专业的工作环境通常较为复杂且具有挑战性，提前通过实习了解工地的实际运作情况，不仅能帮助学生更好地理解专业知识的应用场景，还能让他们对未来可能面临的职业环境形成清晰的认知。因此，建议学生在校期间积极寻找与自身专业相关的实习机会，充分利用每一次实践经历来丰富自我、提升能力，为即将到来的职业生涯奠定坚实的基础。通过这样的积累，学生不仅能更从容地应对从校园到职场的过渡，还能在职业发展的初期占据更有利的位置。

3. 锻炼工作所需能力，提升就业竞争力

在大学期间，参加实习是学生从校园走向职场的重要桥梁。尽管学校教育为学生奠定了扎实的理论基础，但这些知识往往局限于书本层面，与实际工作场景存在一定差距。良好的学习成绩能够体现学习能力与专业知识的掌握程度，却无法完全反映一个人在真实职场中的综合表现。因此，通过实习和项目实践来积累经验显得尤为重要。

实习不仅为学生提供了一个将理论知识应用于实际问题的机会，还能帮助他们在实践中提升专业技能。更重要的是，在实习过程中，学生能够锻炼一系列软技能，例如沟通协调能力、团队合作能力以及解决复杂问题的能力。这些能力往往是职场成功的关键因素，却难以单纯依靠课堂学习获得。

此外，丰富的实习经历和项目经验也是求职过程中的重要加分项。在竞争激烈的就业市场中，拥有 2～3 段高质量的实习经历，能够让求职者在众多候选人中脱颖而出，展现自己的实践能力和职业潜力。然而，需要明确的是，实习的核心意义在于体验职场环境，而非追求短期的技术飞跃。通过实习，学生可以提前了解行业动态，熟悉职场文化，并为未来的职业发展做好心理准备。

4. 实习和项目经历为能力提供背书

在求职过程中，许多应聘者倾向于反复强调自己具备某些方面的能力。然而，这样的主观描述往往缺乏说服力。面试官不会仅凭这些自我评价就认定你确实拥有相关能力。因此，通过具体的实习经历和项目经验来证明自己的能力显得尤为重要。实习经历能够展示你在实际工作环境中的表现，包括你的专业技能、团队合作能力和解决问题的能力，而项目经验则能更直观地体现你的专业水平和成果产出。比如，相关的实习项目不仅可以让你提前了解行业的工作流程和规范，还能帮助你将所学的理论知识应用到实践中去。这段经历对于招聘方来说是评估你实际操作能力和适应性的关键依据。再比如，在校期间积极参与各类科研课题、设计竞赛或志愿服务等活动，并尽可能地承担重要角色，这些经历是招聘方评估你是否具备团队协作能力、解决问题能力的关键依据。除此之外，良好的沟通表达能力、时间管理技巧以及面对困难时坚持不懈的态度同样非常重要，而这些都是通过不断实践才能获得并提升的宝贵财富。

在当今竞争激烈的就业市场中，仅仅拥有扎实的理论知识已经不足以使求职者脱颖而出。只有通过不断地实践与学习，逐步提高自身各方面的能力，才能让自己在众多求职者中脱颖而出。真正的实力来源于日常工作的点滴积累，而不仅仅是书本上的知识。实习经历和参与实际项目的经验能够帮助大学生锻炼吃苦耐劳的精神、坚持不懈的态度、快速学习的能力以及良好的沟通协调技巧，这些都是企业非常看重的核心能力。

案例 8

近期，笔者面试了一位 2018 年毕业的女生，她拥有重点大学电气工程及其自动化专业的本科学历。从学历背景和专业方向来看，她的求职之路理应顺遂，但实际情况却令人惋惜。尽管毕业已两年有余，她的实际工作时间仅有一年，并且从事的工作与本专业毫无关联。深入了解后发现，她在毕业后选择暂缓进入职场，一年后才开始求职。然而，这段空白期成为她职业发展的绊脚石——由于间隔时间过长，她迟迟未能找到满意的工作。尽管她渴望回归本专业领域，但随着毕业时间的推移，重返专业领域的难度显著增加。如果她能在学校期间就重视实习，及早就业也许不会出现如此尴尬的局面。

这一案例揭示了应届生及时就业的必要性。推迟就业看似对职业生涯影响不大，但实际上，用人单位往往会对求职者的空白经历深入探究。这种追问不仅是为了了解求职者的职业轨迹，更是为了评估其价值观和对职场的态度。作为缺乏职场经验的应届生，在求职过程中本就处于劣势，若再因空白期引发用人单位对其职业准备度的质疑，优质企业和理想职位很可能会与其失之交臂。

因此，对于即将毕业的学生而言，抓住应届生身份的优势尤为关键。无论是通过校招、网络招聘还是其他渠道，尽早迈出求职的第一步，不仅是积累职业经验的起点，也是为未来职业发展奠定基础的重要举措。切勿因一时的犹豫或懈怠，错失宝贵的机会。行动起来，才能将手中的“好牌”打出理想的结局。

案例 9

一位工程管理专业的女学生，她因希望从事与人打交道的工作，在校招期间专注于寻找人力资源相关岗位。然而，尽管她面试了许多公司，收到的 offer 却寥寥无几。最终，她选择了一份销售工作，但频繁跳槽让她感到困惑和苦恼。经过深入交流发现，这位女生性格沉稳内敛，甚至略显内向，并不具备擅长与人沟通的特质。这表明，仅凭兴趣选择职业方向可能会导致与自身能力不匹配的结果。

事实上，许多土建类专业毕业生都跟这位案例中的女生一样，由于不想去工地或者不喜欢自己的专业，就一直执着于想找到自己喜欢的工作，结果导致进入职场多年后依然迷茫，频繁更换行业和企业，最终难以积累核心竞争力。原因在于，他们过于执着寻找“喜欢的工作”，而忽视了对自身能力的客观认知。喜欢的事情未必是擅长的事情，而擅长什么可能连自己都未曾明确。人的自我认知需要通过实践不断深化，因此与其纠结于兴趣爱好，不如大学期间先去多参与实习，在实践中自己的想法也会越来越明确。在明确自身能力的基础上，选择一份最符合预期的工作，并持续专注投入几年时间。通过深耕某一领域，逐步沉淀出属于自己的职场优势，这才是未来获得更多选择权的关键所在。对于应届生而言，职业规划的起点决定了终点，只有理性评估自身能力，才能为长远发展奠定坚实基础。

思考题：

1. 简历包含哪些内容？撰写简历的重点是什么？
2. 撰写简历时如何突出项目经验和专业技能？
3. 求职信的撰写策略与注意事项有哪些？
4. 面试中有哪些常见问题以及考察重点？
5. 实习经历对应届生求职有哪些帮助？

第七章思考题参考答案

参考文献

[1]　马丁·耶特. 终极求职简历[M]. 北京：中信出版社, 2010.

[2]　尼古拉斯·鲁林. 面试心理学[M]. 北京：人民邮电出版社, 2019.

[3]　鲁克德. 500 强企业面试题与面试流程全记录[M]. 南昌：江西人民出版社, 2017.

附录一

教育部办公厅关于印发《大学生职业发展与就业指导课程教学要求》的通知

教高厅〔2007〕7号

各省、自治区、直辖市教育厅(教委)、高校毕业生就业工作主管部门，有关部门(单位)教育(人事)司(局)，部属各高等学校：

为认真贯彻党的十七大精神，落实《国务院办公厅关于切实做好2007年普通高等学校毕业生就业工作的通知》(国办发〔2007〕26号)和《教育部 人事部 劳动保障部关于积极做好2008年普通高等学校毕业生就业工作的通知》(教学〔2007〕24号)要求，进一步提升高校就业指导服务水平，提高广大毕业生的就业能力，现将《大学生职业发展与就业指导课程教学要求》(以下简称《教学要求》)印发给你们，并就有关事宜通知如下：

一、切实加强领导。职业发展与就业指导课程建设是高校人才培养工作和毕业生就业工作的重要组成部分，要认真落实国办发〔2007〕26号文件关于“将就业指导课程纳入教学计划”的要求，高度重视，加强领导。各地主管部门要作出明确安排和部署，高校要切实把就业指导课程建设纳入人才培养工作，列入就业“一把手”工程，做好相关工作。要将就业指导课程建设和效果列入就业工作评估范围。

二、明确列入教学计划。从2008年起提倡所有普通高校开设职业发展与就业指导课程，并作为公共课纳入教学计划，贯穿学生从入学到毕业的整个培养过程。现阶段作为高校必修课或选修课开设，经过3～5年的完善后全部过渡到必修课。各高校要依据自身情况制订具体教学计划，分年级设立相应学分，**建议本课程安排学时不少于38学时。**

三、加强师资队伍建设。建设一支相对稳定、专兼结合、高素质、专业化、职业化的师资队伍，是保证大学生职业发展与就业指导课程教学质量的关键。要加强就业指导教师培训，加强实践锻炼，提升他们的能力和素质，提高就业指导的水平。就业指导课的专任教师应享受学校教学人员的相应待遇。

四、改进教学内容和方法。教学内容应力求实践性、科学性和系统性，突出强调理论联系实际，切实增强针对性，注重实效。要在遵循课程体系和课堂教学规律的前提下，引入多种教学方法，有效激发学生学习的主动性和参与性，提高教学效果。

五、落实经费保障。各高校要保证对大学生职业发展与就业指导课程的经费投入，保证课程开发研究和教师培训的经费。

各高校根据《大学生职业发展与就业指导课程教学要求》制订本校就业指导课程教学大纲和教学计划。

附件：大学生职业发展与就业指导课程教学要求

教育部办公厅

二〇〇七年十二月二十八日

附件：

大学生职业发展与就业指导课程教学要求

党的十七大报告明确指出要“积极做好高校毕业生就业工作”。根据《国务院办公厅关于切实做好2007年普通高等学校毕业生就业工作的通知》(国办发〔2007〕26号)“将就业指导课程纳入教学计划”的要求，现制订《大学生职业发展与就业指导课程教学要求》，旨在进一步明确课程的教学目标、内容、方式、管理与评估，各高等学校要按照《教学要求》，结合本校实际，制定科学、系统和具有特色的教学大纲，组织实施本校的大学生职业发展与就业指导课程建设和教学活动，积极促进高校毕业生就业。

一、课程性质与目标

大学生职业发展与就业指导课现阶段作为公共课，既强调职业在人生发展中的重要地位，又关注学生的全面发展和终身发展。通过激发大学生职业生涯发展的自主意识，树立正确的就业观，促使大学生理性地规划自身未来的发展，并努力在学习过程中自觉地提高就业能力和生涯管理能力。

通过课程教学，大学生应当在态度、知识和技能三个层面均达到以下目标。

态度层面：通过本课程的教学，大学生应当树立起职业生涯发展的自主意识，树立积极正确的人生观、价值观和就业观念，把个人发展和国家需要、社会发展相结合，确立职业的概念和意识，愿意为个人的生涯发展和社会发展主动付出积极的努力。

知识层面：通过本课程的教学，大学生应当基本了解职业发展的阶段特点；较为清晰地认识自己的特性、职业的特性以及社会环境；了解就业形势与政策法规；掌握基本的劳动力市场信息、相关的职业分类知识以及创业的基本知识。

技能层面：通过本课程的教学，大学生应当掌握自我探索技能、信息搜索与管理技能、生涯决策技能、求职技能等，还应该通过课程提高学生的各种通用技能，比如沟通技能、问题解决技能、自我管理技能和人际交往技能等。

二、主要内容

第一部分：建立生涯与职业意识

通过本部分的学习，使大学生意识到确立自身发展目标的重要性，了解职业的特性，思考未来理想职业与所学专业的关系，逐步确立长远而稳定的发展目标，增强大学学习的目的性、积极性。

(一)职业发展与规划导论

教学目标：通过介绍职业对个体生活的重要意义以及对高校毕业生就业形势的介绍与分析，激发大学生关注自身的职业发展；了解职业生涯规划的基本概念和基本思路；明确大学生活与未来职业生涯的关系。

教学内容：

1. 职业对个体生活的重要意义、高校毕业生就业形势；

2. 所学专业对应的职业类别，以及相关职业和行业的就业形势；

3. 职业发展与生涯规划的基本概念；

4. 生涯规划与未来生活的关系；

5. 职业角色与其他生活角色的关系；

6. 大学生活（专业学习、社会活动、课外兼职等）对职业生涯发展的影响。

教学方法：课堂讲授、课堂活动与小组讨论。

（二）影响职业规划的因素

教学目标：使学生了解影响职业发展与规划的内外部重要因素，为科学、有效地进行职业规划做好铺垫与准备。

教学内容：

1. 影响职业生涯发展的自身因素；

2. 影响职业生涯发展的职业因素；

3. 影响职业生涯发展的环境因素。

教学方法：课堂讲授、课堂活动、小组讨论、案例分析。

第二部分：职业发展规划

通过本部分的学习，使学生了解自我、了解职业，学习决策方法，形成初步的职业发展规划，确定人生不同阶段的职业目标及其对应的生活模式。

（一）认识自我

教学目标：引导学生通过各种方法、手段来了解自我，并了解自我特性与职业选择和发展的关系，形成初步的职业发展目标。

教学内容：

1. 能力与技能的概念；能力、技能与职业的关系；个人能力与技能的评定方法；

2. 兴趣的概念；兴趣与职业的关系；兴趣的评定方法；

3. 人格的概念；人格与职业的关系；人格的评定方法；

4. 需要和价值观的概念；价值观与职业的关系；价值观的评定方法；

5. 整合以上特性，形成初步的职业期望。

教学方法：课堂讲授、使用测评工具、案例分析。

（二）了解职业

教学目标：使学生了解相关职业和行业，掌握搜集和管理职业信息的方法。

教学内容：

1. 我国对产业、行业的划分及概述；我国劳动力市场的基本状况；国内外职业分类方法；

2. 影响劳动力市场的因素；

3. 根据设定的职业发展目标确定职业探索的方向；

4. 职业信息的内容：工作内容、工作环境、能力和技能要求、从业人员共有的人格特征、未来发展前景、薪资待遇、对生活的影响等；

5. 搜集职业信息的方法：可利用学校、社区、家庭、朋友等资源。

教学方法：课堂讲授、分组调查、课堂讨论等。

（三）了解环境

教学目标：使学生了解所处环境中的各种资源和限制，能够在生涯决策和职业选择中充分利用资源。

教学内容：

1. 探索学校、院系、家庭以及朋友等构成的小环境中的可利用资源；

2. 了解国家、社会、地方区域等大环境中的相关政策法规、经济形势，探索其对个人职业发展的意义和价值。

教学方法：课堂讲授、完成作业。

（四）职业发展决策

教学目标：使学生了解职业发展决策类型和决策的影响因素，思考并改进自己的决策模式。引导学生将决策技能应用于学业规划、职业目标选择及职业发展过程。

教学内容：

1. 决策类型；职业生涯与发展决策的影响因素（教育程度、工作及家庭对决策的影响，个人因素及环境因素）；

2. 决策相关理论；决策模型在职业生涯与发展决策过程中的应用；

3. 作出决策并制定个人行动计划；

4. 识别决策过程中的影响因素，提高问题解决技能；

5. 识别决策过程中的消极思维，构建积极的自我对话。

教学方法：课堂讲授、个人经验分析、课后练习。

第三部分：提高就业能力

通过本部分的学习，使学生了解具体的职业要求，有针对性地提高自身素质和职业需要的技能，以胜任未来的工作。

教学目标：具体分析已确定职业和该职业需要的专业技能、通用技能，以及对个人素质的要求，并学会通过各种途径来有效地提高这些技能。

教学内容：

1. 目标职业对专业技能的要求；这些技能与所学专业课程的关系；评价个人目前所掌握的专业技能水平；

2. 目标职业对通用技能（表达沟通、人际交往、分析判断、问题解决、创新能力、团队合作、组织管理、客户服务等）的要求；识别并评价自己的通用技能；掌握通用技能的提高方法；

3. 目标职业对个人素质（自信、自立、责任心、诚信、时间管理、主动、勤奋等）的要求；了解个人的素质特征；制定提高个人素质的实施计划；

4. 根据目标职业要求，制定大学期间的学业规划。

教学方法：职场人物访谈、小组讨论、团队训练。

第四部分：求职过程指导

通过本部分的学习，使学生提高求职技能，增进心理调适能力，维护个人合法权益，进而有效地管理求职过程。

（一）搜集就业信息

教学目标：使毕业生能够及时、有效地获取就业信息，建立就业信息的搜集渠道，帮助毕业生提高信息收集与处理的效率与质量。

教学内容：

1. 了解就业信息；
2. 搜集就业信息；
3. 分析与利用就业信息。

教学方法：课堂讲授、经验交流。

（二）简历撰写与面试技巧

教学目标：使学生掌握求职过程中简历和求职信的撰写技巧，掌握面试的基本形式和面试应对要点，提高面试技能。

教学内容：

1. 简历制作的注意事项；
2. 求职礼仪；
3. 面试基本类型与应对技巧；
4. 面试后注意事项。

教学方法：课堂讲授、小组训练、模拟面试、面试录像。

（三）心理调适

教学目标：使学生理解心理调适的重要作用；指导学生掌握适合自己的心理调适方法，更好地应对求职挫折，抒解负面情绪。

教学内容：

1. 求职过程中常见的心理问题；
2. 心理调适的作用与方法；
3. 建立个性化的心理调适方法。

教学方法：课堂讲授、小组讨论、经验分享、团体训练。

（四）就业权益保护

教学目的：使学生了解就业过程中的基本权益与常见的侵权行为，掌握权益保护的方法与途径，维护个人的合法权益。

教学内容：

1. 求职过程中常见的侵权、违法行为；
2. 就业协议与劳动合同的签订；

3. 违约责任与劳动争议；

4. 社会保险的有关知识。

教学方法：课堂讲授、案例分析。

第五部分：职业适应与发展

通过本部分学习，使学生了解学习与工作的不同、学校与职场的区别，引导学生顺利适应生涯角色的转换，为职业发展奠定良好的基础。

（一）从学生到职业人的过渡

教学目标：引导学生了解学校和职场、学生和职业人的差别，建立对工作环境客观合理的期待，在心理上做好进入职业角色的准备，实现从学生到职业人的转变。

教学内容：

1. 学校和职场的差别；学生和职业人的差别；

2. 初入职场可能会面临的问题以及解决方式。

教学方法：课堂讲授、经验分享。

（二）工作中应注意的因素

教学目标：使学生了解影响职业成功的因素，积累相关技能，发展良好品质，成为合格的职业人。

教学内容：

1. 影响职业成功的因素——所需知识、技能及态度的变化；

2. 有效的工作态度及行为；

3. 工作中的人际沟通；

4. 职业道德培养。

教学方法：职场人物访谈、实习见习。

第六部分：创业教育

教学目标：使学生了解创业的基本知识，培养学生创业意识与创业精神，提高创业素质与能力。

教学内容：

1. 创业的内涵与意义；

2. 创业精神与创业素质；

3. 成功创业的基本因素；

4. 创业准备及一般创业过程；

5. 创业过程中应注意的常见问题及对策；

6. 大学生创业的相关政策法规。

教学方法：课堂讲授、小组讨论、模拟教学、创业计划大赛。

三、课程设置

按照《教学要求》，各高校应当根据实际情况，结合本校学生的培养目标设计就业指导课程体系，规定最低课时要求。**以下是3种组合方式，供设计课程体系时参考：第一**

种方式为开设一门课程，覆盖整个大学过程；第二种方式为开设两门课程，分别是《职业生涯与发展规划》与《就业指导》；第三种方式为开设三门课程，课程名称为《职业生涯与发展规划》、《职业素养提升》和《就业指导》。每种方式的课程内容由学校结合实际进行组合，但应包括课程的主要内容。

高职高专学校参考上述课程体系建议，制定本校具体教学计划。

四、教学模式

1. 职业发展与就业指导课程既有知识的传授，也有技能的培养，还有态度、观念的转变，是集理论课、实务课和经验课为一体的综合课程。态度、观念的转变和技能的获得比知识的掌握重要，态度、观念的改变是课程教学的核心，因此，它的经验课程属性更为重要。

2. 在教学中，应当充分发挥师生双方在教学中的主动性和创造性。教师要引导学生认识到职业生涯与发展规划的重要性，了解职业生涯与发展规划的过程；通过教师的讲解和引导，学生要按照课程的进程，积极开展自我分析、职业探索、社会实践与调查、小组讨论等活动，提高对自我、职业和环境的认识，作出合理的职业发展规划。

3. 本课程应采用理论与实践相结合、讲授与训练相结合的方式进行。教学可采用课堂讲授、典型案例分析、情景模拟训练、小组讨论、角色扮演、社会调查、实习见习等方法。

4. 在教学的过程中，要充分利用各种资源。除了教师和学生自身的资源之外，还需要使用相关的职业生涯与发展规划工具，包括职业测评、相关图书资料等；可以调动社会资源，采取与外聘专家、成功校友、职场人物专题讲座和座谈相结合的方法。

五、教学评估

1. 在评价内容方面，要从学生对知识的理解和掌握程度以及实际形成的职业发展规划能力两大方面进行评价。职业发展规划是和实际生活紧密联系的，需要评价的学生职业发展规划能力，包括对个人和工作世界的了解程度、短期和长期职业发展目标的制定和实施情况。

2. 在评价重点方面，采用过程评价和结果评价相结合的方式，应加强过程评价。提倡每个学生建立成长档案，记录职业发展规划过程中的自我了解、职业了解和职业决策过程。

3. 在评价方式方面，要采用定量和定性评价相结合的方式。对于知识可以使用考试等量化的评价方式；对于实际的操作能力，可以通过学生的自我评价，学生之间互相评价以及老师和学生的访谈等方式进行。

六、教学管理与条件支持

1. 大学生职业发展与就业指导课程应当纳入到高校的教学计划中，遵守教学管理部门对课程设置与讲授的管理规定，健全教学文档和管理文档。

2. **加强就业指导教师队伍建设。**学校应当建立资历和学历结构合理的专业化师资队伍，加强教师的培养和培训工作，鼓励教师积极开展教学研究，鼓励团队教学；聘请各方面专家加入到教学队伍中来，创造性地开展各种形式的教学活动，促进学术水平和教学效果的不断提高。

3. 学校应积极创造条件，努力为本课程的教学提供相应的设备，比如职业生涯测评系统、计算机化的生涯辅导工具等；还应当争取社会各方面的支持，与用人单位建立广泛稳定的联系，为学生提供职业实践的环境，开展多种形式的职业发展规划辅导相关活动。

4. 学校应当结合就业指导机构的建设，建立职业发展规划资料室，搜集各种教学资源和学习资源，例如与职业生涯发展相关的书籍、报刊、影视资料、网络资料等。

附录二

教育部办公厅关于印发首届全国大学生职业规划大赛《大学生职业发展与就业指导课程教学赛道方案》的通知

教就业厅函〔2024〕3号

各省、自治区、直辖市教育厅（教委），新疆生产建设兵团教育局，有关省、自治区人力资源社会保障厅，部属各高等学校、部省合建各高等学校：

为办好首届全国大学生职业规划大赛，根据赛事安排，现将《大学生职业发展与就业指导课程教学赛道方案》印发给你们。请遵照执行，做好有关赛事准备和组织工作。

教育部办公厅

2024年2月1日

大学生职业发展与就业指导课程教学赛道方案

一、比赛内容

围绕落实立德树人根本任务、促进高质量充分就业，考察高校开设的大学生职业发展与就业指导课程建设情况和实施效果，以及授课教师教学水平。

二、参赛组别和对象

（一）参赛组别：设高教组和职教组，高教组面向普通本科院校，职教组面向职教本科和高职（专科）院校。

（二）参赛对象：参赛教师依托其所在普通高等学校开设的1门大学生职业发展与就业指导课程报名参赛，每校限1人。参赛教师为参赛课程的主讲教师（须是学校在编及正式聘用人员），参赛课程近5年开设至少3轮（不含创新创业类课程）。

三、赛程安排

（一）省赛选拔（2024年2月—3月）

1. 省赛由各地负责组织，参照本赛道方案自主确定高校参赛名额、比赛环节、评审方式和奖项设置等。本通知发布前，已举办省赛的地方可不再重复组织比赛，结合本赛道方案及省赛成绩推荐选手，推荐方案报大赛组委会备案。推荐选手要注重优中选优、兼顾高校类型。鼓励各地同期开展教师教育培训、课程研讨等交流活动。

2. 大赛组委会综合各地高等教育规模、大学生职业发展与就业指导课程开设情况等因素，分配全国总决赛参赛名额。各地3月22日前完成全国总决赛选手推荐工作，同步完成组织参赛选手依照大赛官网通知要求提交参赛材料。

（二）全国总决赛（2024 年 4 月或 5 月）

1. 网络评审（4 月上旬）：大赛组委会将组织专家对选手提交的参赛材料进行评审，约 80 人晋级现场比赛。

2. 现场比赛（4 月或 5 月）：在上海市举办，选手现场进行课程建设情况汇报、互动答辩、教学或指导情景模拟三个环节的比赛。

四、参赛材料要求

（一）参赛选手需提交的材料

1. 课程教学赛道参赛申报表。包括课程概述、课程目标、课程团队、课程内容与教学安排、教材及教辅材料、教研成果及教学改革、特色创新点、推荐意见等方面内容，详见附件 1。

2. 课堂教学实录视频及配套材料。提交 2 个参赛课程完整教学实录视频，每个视频应为 1 学时课程实录，时长约 45 分钟，其中至少 1 个视频由参赛选手本人录制，另 1 个视频可由课程团队其他教师录制，配套提供课堂教学实录视频信息表和对应教学课件（PPT 或 PPTX 格式，不超过 20M），详见附件 2。

3. 课程支撑材料。包括教学日历、教材及课程教案、代表性作业或考试（考核）试题及答案（成果）、学生成绩、评教结果、课程内容学术性评价意见、网络教学环境资源及其他证明材料（合并成单个 PDF 格式文件，不超过 30M），详见附件 3。

4. 全国总决赛现场比赛课程汇报材料。提交时间、内容及格式等要求另行通知。选手逾期未提交，视作放弃参赛。

（二）各地需提交的材料

1. 各地高校毕业生就业工作部门向大赛组委会提交加盖公章的纸质版课程教学赛道推荐汇总表，详见附件 4。

2. 参评优秀组织奖的各地高校毕业生就业工作部门，向大赛组委会报送的总结材料中，应包含本省课程教学赛道组织实施情况等内容。

五、现场比赛环节

（一）课程建设情况汇报（8 分钟）。选手在规定时间内展示课程基本信息、课程设计、课程建设与改革、特色创新点、实施成效等方面。

（二）互动答辩（5 分钟）。选手根据现场评审团成员提问作答，主要考察选手对讲授课程的理解思考。

（三）教学或指导情景模拟（5 分钟）。主要考察选手综合运用生涯教育相关理论解决实际问题、开展就业课程教学和指导、咨询的能力等。选手提前 20 分钟随机抽题，根据题目模拟就业观念引导、政策解读、简历修改、面试辅导等课堂教学或指导咨询场景。

六、奖项设置

课程教学赛道全国总决赛设金奖、银奖、铜奖，另设优秀奖、优秀组织奖等奖项。现场比赛选手最终成绩由网络评审和现场比赛两部分成绩组成，分别占 60%和 40%。比赛奖项评审标准及进入现场比赛后评审分值分配详见附件5。

七、工作要求

（一）做好宣传动员。各地各高校要把组织参与大赛作为高校强化大学生职业发展与就业指导课程建设的重要载体，鼓励发动更多高校就业指导教师了解参与大赛。

（二）严格遵守纪律。各地各高校要坚持公平、公正、公开的原则，坚持依法办赛、廉洁办赛、规范办赛，认真做好选手资格审核、材料审查及组织推荐工作。

（三）保护知识产权。参赛教师应保证相关参赛材料的原创性，不得抄袭、剽窃他人作品，如产生侵权行为或涉及知识产权纠纷，由参赛教师及所在高校承担相应责任。

附件：

1. 首届全国大学生职业规划大赛大学生职业发展与就业指导课程教学赛道申报表

2. 首届全国大学生职业规划大赛大学生职业发展与就业指导课程课堂教学实录视频信息表

3. 首届全国大学生职业规划大赛大学生职业发展与就业指导课程支撑材料一览表

4. 首届全国大学生职业规划大赛大学生职业发展与就业指导课程教学赛道推荐汇总表

5. 首届全国大学生职业规划大赛大学生职业发展与就业指导课程教学赛道评审标准

附件 5

首届全国大学生职业规划大赛
大学生职业发展与就业指导课程教学赛道评审标准

一、课程设置评分表（占比 45%）

评价维度	评价要点	分值
1. 课程定位及目标	围绕国家发展需求和学校办学定位设置课程，与思想政治教育、专业教育深度融合，体现就业育人理念，突出专业性、前瞻性、实操性	10 分
	课程目标落实立德树人要求，以服务学生发展为中心，遵循学生成长规律，引导学生从实际出发选择职业和工作岗位、提升学生生涯规划能力和求职就业能力，促进高质量充分就业	
	合理确定课程开设年级、学时及学分	
	采取多元评价，体现过程性与终结性评价相结合，鼓励形成科学规范的量化评价模式	
2. 课程性质	课程正式纳入人才培养方案，结合校情、学情设置必修课或选修课，优先支持必修课	10 分
3. 课程覆盖面	课程面向有就业意愿或求职需要的学生群体开设，优先支持所有学生全覆盖课程	10 分
4. 课程教师团队	课程教师团队带头人具备较高专业素养，熟练掌握生涯教育理论，具备就业指导专业能力，就业工作经验丰富	15 分
	课程教师团队成员相对稳定，具有良好的梯队结构、学缘结构、职称结构，校外兼职教师配备合理，体现所在学校的学科专业或行业特色，满足课程教学实际需要	
	课程教师团队规模与授课学生覆盖面相匹配	
5. 课程内容	课程内容围绕生涯规划指导、就业观念引导、就业政策解读、求职技能提升等其中一个或多个方面组织设计，体现思想性、学术性和时代性相统一，兼顾课程共性与学校个性	15 分
	强化职业体验和就业实习实践，与理论授课协同配合，提升实践教学的有效性。鼓励学生结合课程学习完成大赛平台生涯闯关	
6. 教材及教辅材料	出版或选用高质量教材，按需组织修订或更新调整	10 分
	教案、讲义等教辅材料质量高，满足教学需要	
7. 课程建设与改革	课程开设 5 年以上，在建设发展过程中持续改进优化，课程资源等建设成果突出	10 分
	形成较有特色课程建设模式，教学研究及教改成果丰富，获得代表性教学奖励	
	有今后 3 年的课程建设计划，改进方向明确，问题导向、效果导向突出，改进措施具体可行	
8. 课程特色创新点	紧密结合学校人才培养目标，课程教学各要素特色鲜明，课程与就业工作实现良性互促	10 分
	探索教学理论和理念创新，有效运用现代教育技术手段，具备较强的借鉴和推广价值	
9.课程实施成效	注重课程实施效果的实证评估，基于学生评教结果开展教学研究，持续改进优化课程教学	10 分

续表

评价维度	评价要点	分值
9.课程实施成效	课程教学满足学生生涯规划和求职就业的真实需求，学生的评教结果满意度水平高	10分
	课程达到预期目标，学生更加积极投入专业学习、主动开展实习实践，学生就业去向与学校定位、人才培养目标总体一致	
总分		100分

二、课堂教学实录视频评分表（占比15%）

评价维度	评价要点	分值
1. 教学设计	紧密围绕课程目标开展教学设计，思路清晰、内容充实、重点难点突出	30分
	教学资源、教学案例运用合理到位，及时将就业市场新需求、就业形势新变化、就业政策新精神融入教学内容	
	价值导向鲜明，重视对学生正确就业观念的培养，重视对学生生涯规划能力和求职就业能力的训练，潜移默化中启发学生将自身生涯规划与国家社会发展紧密结合	
	突出学校和学生特点，体现为学生就业服务	
2. 教学实施	教学活动丰富多样，综合运用多种教学策略、方法和技术，教学进程把控得当，教学设计得到充分体现	40分
	体现出对所讲授课程相关理论和就业指导实践技能积累的深度广度，能够回答或解决学生关于生涯规划和求职就业的具体现实问题	
	注重启发式、互动式、案例式教学，教学活动循序渐进，符合学生认知特点，强化学生学习主体意识	
	普通话授课，语言表达清晰、流畅、准确、生动，语速节奏恰当	
3. 课堂效果	教师授课精神饱满、特色鲜明、感染力强，教态仪表着装自然得体	30分
	能够激发学生学习兴趣，课堂氛围活跃，师生实现良性互动	
	有规范的课堂教学反馈机制，通过课堂小结或小测等检验教学效果，实现预期教学目标	
总分		100分

三、现场比赛评分表（占比40%）

评价维度	评价要点	分值
1. 课程建设情况汇报与互动答辩	规定时间内汇报课程建设核心要素，内容饱满、条理清晰、重点突出、特色鲜明，回答问题反映对讲授课程的深入理解和实践思考	50分
2. 教学或指导情景模拟	熟练运用生涯教育相关理论解决实际问题，具备开展就业课程教学和指导、咨询的能力	50分
	遇到实际问题能够灵活应变，有针对性地开展就业教育或指导	
总分		100分